技工院校数控类专业教材（高级技能层级）

CAD/CAM应用技术
（Creo 8.0）

魏小兵　主编

U0273390

中国劳动社会保障出版社

简介

本书主要内容包括 Creo Parametric 8.0 入门、草图绘制、实体造型、曲面造型、Creo Parametric 建模综合练习、零部件装配、工程图基础、注塑模具分模设计、NC 加工。本书使用 Creo 8.0 软件，采用任务驱动的模式编写，内容简明，图文并茂，通俗易懂。本书既可作为数控专业学生数控造型和自动编程用教材，也可作为数控专业造型技术人员的自学教材。

本书由魏小兵任主编，高进祥、陈烨研、徐小燕参加编写，狄菲菲任主审，张静、黄艳伟参加审稿。

图书在版编目（CIP）数据

CAD/CAM 应用技术：Creo 8.0 / 魏小兵主编 .
北京：中国劳动社会保障出版社，2024. --（技工院校数控类专业教材）. -- ISBN 978-7-5167-6573-9
Ⅰ. TH122；TH164
中国国家版本馆 CIP 数据核字第 2024SE4347 号

中国劳动社会保障出版社出版发行

（北京市惠新东街 1 号　邮政编码：100029）

*

北京市白帆印务有限公司印刷装订　　　新华书店经销

787 毫米 × 1092 毫米　16 开本　24.25 印张　516 千字
2024 年 12 月第 1 版　　2024 年 12 月第 1 次印刷

定价：**61.00 元**

营销中心电话：400-606-6496

出版社网址：https://www.class.com.cn

https://jg.class.com.cn

前言

为了更好地适应技工院校数控类专业的教学要求，全面提升教学质量，我们组织有关学校的骨干教师和行业、企业专家，在充分调研企业生产和学校教学情况，广泛听取教师对教材使用反馈意见的基础上，对技工院校数控类专业高级技能层级的教材进行了修订。

本次教材修订工作的重点主要体现在以下几个方面：

第一，更新教材内容，体现时代发展。

根据数控类专业毕业生所从事岗位的实际需要和教学实际情况的变化，合理确定学生应具备的能力与知识结构，对部分教材内容及其深度、难度做了适当调整。

第二，反映技术发展，涵盖职业技能标准。

根据相关工种及专业领域的最新发展，在教材中充实新知识、新技术、新设备、新工艺等方面的内容，体现教材的先进性。教材编写以国家职业技能标准为依据，内容涵盖数控车工、数控铣工、加工中心操作工、数控机床装调维修工、数控程序员等国家职业技能标准的知识和技能要求，并在配套的习题册中增加了相关职业技能等级认定模拟试题。

第三，精心设计形式，激发学习兴趣。

在教材内容的呈现形式上，较多地利用图片、实物照片和表格等将知识点生动地展示出来，力求让学生更直观地理解和掌握所学内容。针对不同的知识点，设计了许多贴近实际的互动栏目，以激发学生的学习兴趣，使教材"易教易学，易懂易用"。

第四，采用 CAD/CAM 应用技术软件最新版本编写。

在 CAD/CAM 应用技术软件方面，根据最新的软件版本对 UG、Creo、Mastercam、CAXA、SolidWorks、Inventor 进行了重新编写。同时，在教材中不仅局限于介绍相关的软件功能，而是更注重介绍使用相关软件解决实际生产中的问题，以培养学生分析和解决问题的综合职业能力。

第五，开发配套资源，提供教学服务。

本套教材配有习题册和方便教师上课使用的多媒体电子课件，可以通过登录技工教育网（https://jg.class.com.cn）下载。另外，在部分教材中使用了二维码技术，针对教材中的教学重点和难点制作了动画、视频、微课等多媒体资源，学生使用移动终端扫描二维码即可在线观看相应内容。

本次教材的修订工作得到了河北、辽宁、江苏、山东、河南等省人力资源和社会保障厅及有关学校的大力支持，在此我们表示诚挚的谢意。

目　录

模块一 Creo Parametric 8.0 入门

课题 1 认识 Creo Parametric 8.0

一、学习目标

1．掌握启动及退出 Creo Parametric 8.0 软件的方法。

2．初步认识 Creo Parametric 8.0 软件界面。

3．熟悉 Creo Parametric 8.0 软件基本设置的操作。

二、任务描述

PTC Creo Parametric 8.0 简称 Creo 8.0，它是一款行业领先的 3D 建模应用软件，具有一系列三维图形 CAD、CAM、CAE 等开发工具和套件，常用于完成零件建模、自动创建及更新二维工程图、焊件设计、机构装配等工作，能帮助用户更快速、便捷地完成设计工作。同时，Creo 8.0 软件整合了 Pro/ENGINEER、CoCreate 和 ProductView 三大软件里的所有功能，可以说是一应俱全，采用了全新的方法实现方案，轻松处理了机械 CAD 领域中未解决的重大问题，包括基本的易用性、互操作性和装配管理，甚至提供了一组可伸缩、各功能模块间实现无缝对接、开放且易于使用的机械设计应用程序，让每一位用户使用起来都得心应手。

学习 CAD/CAM 软件前，先要掌握软件的启动及退出方法，了解软件的窗口界面和基本设置。本课题通过图 1–1 所示的窗口界面进行有关操作，从而初步认识 Creo Parametric 8.0 软件。

三、任务实施

1. 启动 Creo Parametric 8.0 软件

（1）通过快捷方式图标启动

双击桌面快捷方式图标▣，即可启动 Creo Parametric 8.0 软件。

（2）通过开始菜单启动

单击"开始"→"PTC"→"Creo Parametric 8.0"，也可启动 Creo Parametric 8.0 软件，启动后的界面如图 1–1 所示。

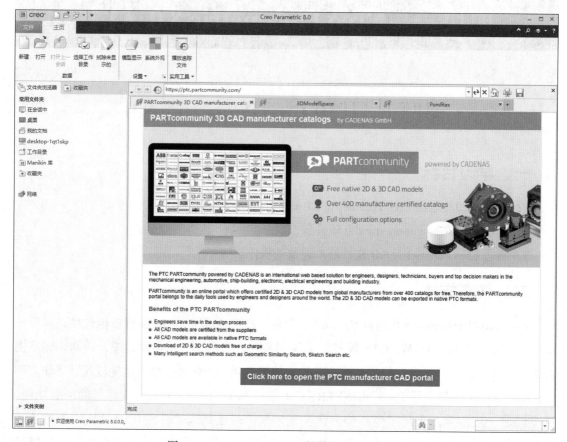

图 1-1　Creo Parametric 8.0 软件启动后的界面

2. 认识软件工作界面

直接双击桌面快捷方式图标或者从开始菜单里打开 Creo Parametric 8.0 软件，创建零件文件，进入 Creo Parametric 8.0 软件的零件创建工作界面。下面以零件模式为例介绍 Creo Parametric 8.0 软件的工作界面。工作界面包括选项卡、快速访问工具栏、组、标题栏、图形工具栏、图形窗口、选择过滤器、状态栏、导航器、功能区、文件菜单，如图 1-2 所示。

（1）选项卡

"模型"选项卡如图 1-3 所示。

（2）快速访问工具栏

如图 1-4 所示，快速访问工具栏中包含新建、保存、修改模型及设置 Creo Parametric 8.0 环境的一些命令，单击按钮，即可执行相关的命令。

（3）组

"基准"组如图 1-5 所示。

（4）标题栏

标题栏显示了活动的模型文件名称和当前软件版本，如图 1-6 所示。

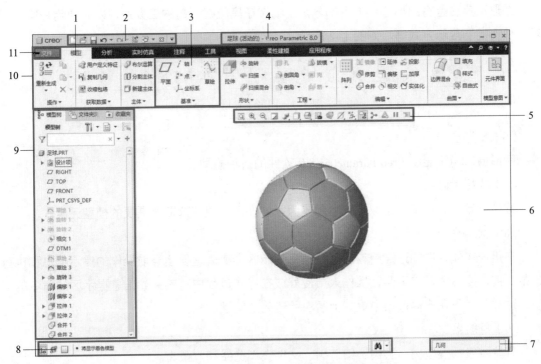

图 1-2　Creo Parametric 8.0 软件工作界面

1—选项卡　2—快速访问工具栏　3—组　4—标题栏　5—图形工具栏　6—图形窗口

7—选择过滤器　8—状态栏　9—导航器　10—功能区　11—文件菜单

图 1-3　"模型"选项卡

图 1-4　快速访问工具栏

图 1-5　"基准"组

足球 (活动的) - Creo Parametric 8.0

图 1-6　标题栏

（5）图形工具栏

图形工具栏是将图形选项卡中部分常用的按钮集成在一起的工具条，以方便用户实时调用、快速控制显示方式等，如图 1-7 所示。

图 1-7　图形工具栏

（6）图形窗口

图形窗口用于显示 Creo Parametric 8.0 软件的各种模型。

（7）选择过滤器

选择过滤器又称智能选取栏，主要是为了方便用户快速选取所需要的模型元素。

（8）状态栏

在用户操作软件的过程中，状态栏信息提示区会实时地显示当前操作的提示信息和执行结果。信息提示区非常重要，操作人员应养成在操作过程中时刻关注信息提示区的命令的习惯，这样有助于在建模过程中更好地解决所遇到的问题。

（9）导航器

导航器包括模型树、层树、细节树、文件夹浏览器和收藏夹。

（10）功能区

功能区集合了大量的 Creo Parametric 8.0 软件操作命令，其初始界面包括模型、分析、实时仿真、注释、工具、视图、柔性建模、应用程序共八个选项卡，如图 1-8 所示。在使用选项卡中的其一命令时，系统也会弹出相应的命令选项卡。例如，在"模型"选项卡的"形状"组中单击"拉伸"按钮，系统弹出"拉伸"选项卡，其窗口界面如图 1-9 所示。

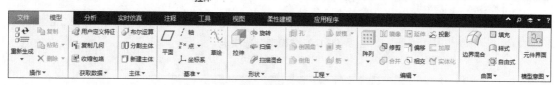

图 1-8　功能区

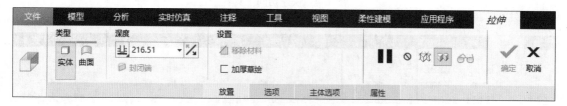

图 1-9　"拉伸"选项卡

（11）文件菜单

文件菜单中包含文件操作的命令，如新建（N）、打开（O）、保存（S）、另存为（A）、打印（P）和关闭（C）等操作命令，如图 1-10 所示。

图 1-10　文件菜单

　　菜单中有的命令下有次级菜单，打开后可以使用相关命令。例如，在"管理文件（F）"和"管理会话（M）"下拉菜单中，可以对内存中和目前显示的模型进行重命名或删除操作；在"发送（S）"下拉菜单中可以通过发送命令发送文件；在"帮助"下拉菜单中可以使用帮助命令获得帮助。

3. 鼠标与键盘的相关操作

　　Creo Parametric 8.0 软件通过鼠标与键盘输入命令、文字和数值等。鼠标左键用于选择命令和对象，鼠标中键用于确认或者缩放、旋转及移动视图，鼠标右键则用于在绘图过程中弹出相应的浮动工具栏和快捷菜单。

　　缩放：直接滚动鼠标中键，向前滚，模型缩小；向后滚，模型变大。

　　旋转：按下鼠标中键后移动鼠标，即可使模型旋转。

　　平移：同时按下 <Shift> 键和鼠标中键，移动鼠标即可移动模型。

4. Creo Parametric 8.0 软件配置文件简介

（1）配置文件

　　Creo Parametric 8.0 软件的配置文件是 Creo 软件的一大特色，Creo Parametric 8.0 软件中的所有设置都是通过其配置文件来完成的。例如，在选项里可以设置中英文双语菜单、单位、公差以及更改系统颜色等。掌握各种配置文件的使用方法，根据自己的需求制作配置文件，可以有效提高工作效率，减少不必要的麻烦，也有利于实现绘图标准化。配置文件包括系统配置文件和其他配置文件。

系统配置文件用于配置整个 Creo Parametric 8.0 系统，包括 config.pro 文件。Creo Parametric 8.0 软件安装完成后，这个文件存在于 Creo Parametric 8.0 安装目录下的"text"文件夹内。一般配置文件的路径为"×：\Program Files\PTC\Creo 8.0\Common Files\text\config.pro"，其中"×"代表用户安装 Creo Parametric 8.0 软件时所使用的安装盘。

（2）配置文件的更改

例 1-1　长度和质量单位的修改。

下面以更改绘图设置选项为例，说明如何对系统配置文件进行更改。

方法：直接通过软件提供的"Creo Parametric 选项"进行修改。

单击"文件"下拉菜单中的"选项"命令，系统弹出"Creo Parametric 选项"对话框，选择对话框左侧"配置编辑器"选项。此时，在该对话框中可以完成工程图模板、零件图模板、装配图模板的指定，以及长度单位、质量单位的设置。

在"Creo Parametric 选项"对话框中，选择"drawing_setup_file"选项对其值进行更改。

单击其"值"下拉列表框右侧的溢出按钮，如图 1-11 所示，在下拉列表中选择"浏览"（英文环境下为"Browse"），此时弹出"选择文件"对话框，选择"standard_mm.dtl"，路径为"C：\Program Files\PTC\Creo 8.0.0.0\Common Files\creo_standards\draw_standards\"，将文件打开即可，如图 1-12 所示；然后在"Creo Parametric 选项"对话框中单击"确定"按钮 确定 ，弹出"Creo Parametric 选项"提示框，如图 1-13 所示。

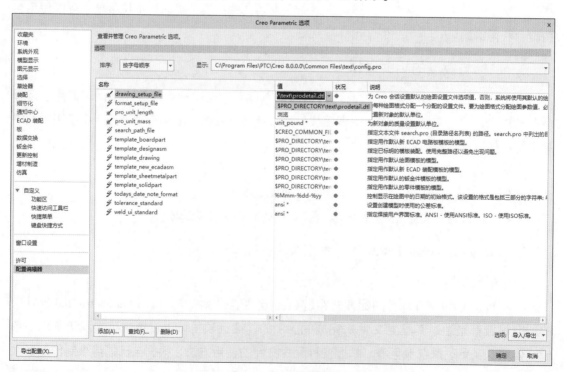

图 1-11　"Creo Parametric 选项"对话框

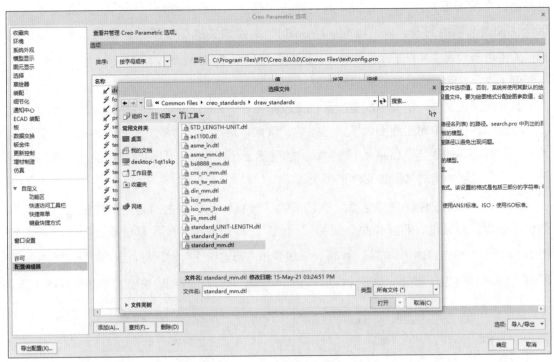

图 1-12　"选择文件"对话框

图 1-13　"Creo Parametric 选项"提示框

如果单击"是（Y）"按钮 <kbd>是(Y)</kbd> ，则弹出"另存为"对话框，系统默认在启动目录中生成新的系统配置文件"config.pro"，再单击"确定"按钮 <kbd>确定</kbd> ，则系统配置文件保存了绘图设置选项的更改，以"standard_mm.dtl"文件定义的工程图格式作为当前环境的格式；如果单击"否（N）"按钮 <kbd>否(N)</kbd> ，则此设置只对本次操作生效。

例 1-2 工程图格式和标准的修改。

除系统配置文件外的其他配置文件的更改都要在"config.pro"文件中指定才能生效。

我国国家标准中对工程图做了很多规定，例如，对尺寸文本的方位与字高、尺寸箭头的大小等都有明确的规定。Creo 8.0 软件默认的是第三角投影法，我国国家标准采用第一角投影法，下面说明如何对其配置文件进行更改。

打开 Creo 8.0 软件，在"主页"选项卡的"数据"组中单击"新建"按钮 <kbd>新建</kbd>，系统弹出"新建"对话框，将"类型"设为"绘图"，取消选中"使用默认模板"复选框，如图 1-14 所示。单击"确定"按钮 <kbd>确定</kbd> ，系统弹出"新建绘图"对话框，选中"指定模板"选项中"空"单选按钮，单击"确定（O）"按钮 <kbd>确定(O)</kbd> ，进入工程图模块模式，如图 1-15 所示。

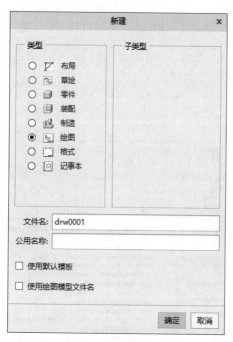

图 1-14 "新建"对话框

图 1-15 "新建绘图"对话框

依次单击"文件"→"准备（R）"→"绘图属性（I）"，系统弹出"绘图属性"对话框，如图 1-16 所示。

单击"细节选项"下的"更改"按钮 <kbd>更改</kbd>，弹出"选项"对话框，在"选项（O）"下的文本框中输入"projection_type"，单击"值（V）"下拉列表框右侧的溢出按钮，选取"first_angle"，单击"添加 / 更改"按钮 <kbd>添加/更改</kbd>，单击"确定"按钮 <kbd>确定</kbd>，完成工程图配置文件的更改，如图 1-17 所示。

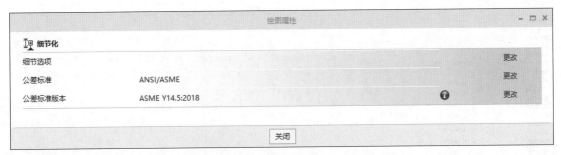

图 1-16 "绘图属性"对话框

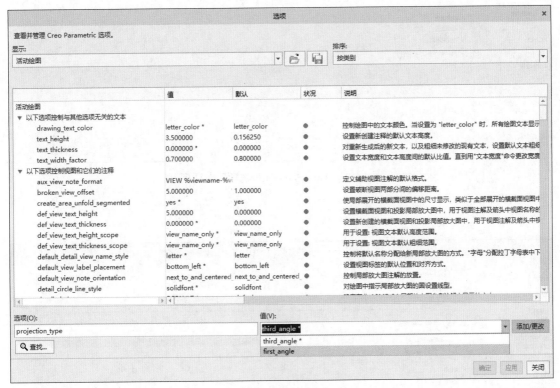

图 1-17 "选项"对话框

（3）颜色设置

颜色设置主要用来设置操作环境下的各种颜色，如绘图区背景、窗口面板、基准平面、轴、坐标系等的颜色。

Creo Parametric 8.0 软件绘图区默认背景颜色为过渡色。使用时，往往需要改变背景颜色，例如，截屏时大多需要将背景颜色改为白色等，具体操作如下：

1）单击"文件"→"选项"，系统弹出"Creo Parametric 选项"对话框，如图 1-18 所示。

2）在"Creo Parametric 选项"对话框中依次单击"系统外观"→"系统颜色"的溢出按钮菜单并选择"白底黑色"，绘图区背景即可改成白色，如图 1-19 所示。

3）单击"确定"按钮 确定 ，关闭"系统颜色"对话框。

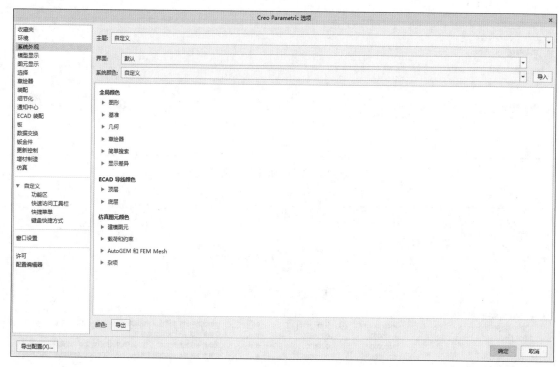

图 1-18 "Creo Parametric 选项"对话框

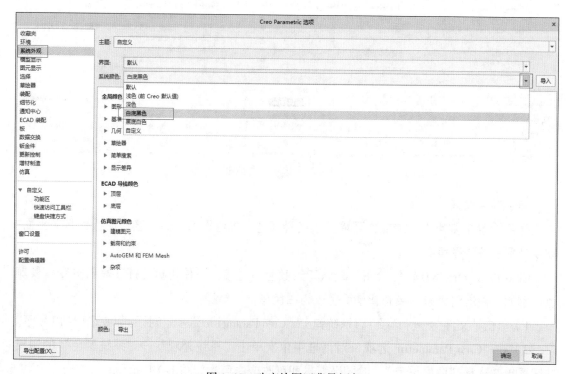

图 1-19 改变绘图区背景颜色

提示

"全局颜色"对话框中包括图形、基准、几何、草绘器、简单搜索、显示差异六个选项卡，每个选项卡包含多个对象，单击"图形"下任一模块的溢出按钮，均弹出用于设置系统颜色的对话框，点击不同颜色块，设置系统预设的颜色，如图 1-20 所示。或者单击"更多颜色（M）..."按钮 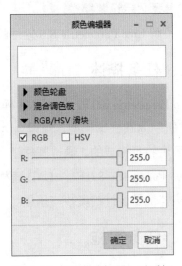 更多颜色(M)...，就会弹出"颜色编辑器"对话框，如图 1-21 所示。用户可通过"颜色轮盘""混合调色板""RGB/HSV 滑块"三种方法之一修改所选项目的颜色。

图 1-20　设置系统颜色的对话框

图 1-21　"颜色编辑器"对话框

5. 退出 Creo Parametric 8.0 软件

使用 Creo Parametric 8.0 软件完成相应的工作后，进行以下操作即可退出软件：

（1）单击"文件"→"退出（X）"，系统弹出"确认"提示框，如图 1-22 所示。

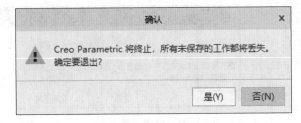

图 1-22　"确认"提示框

（2）根据具体情况，单击"是（Y）"或"否（N）"按钮，完成退出 Creo Parametric 8.0 软件的操作。

四、任务拓展

任务拓展 1　将 Creo Parametric 8.0 软件绘图区背景改为红色。

任务拓展 2　将 Creo Parametric 8.0 软件绘图区背景改回系统默认颜色。

课题 2　体会 Creo Parametric 8.0 造型

一、学习目标

1. 掌握新建文件的方法。
2. 掌握保存文件的方法。
3. 熟悉显示设置操作。
4. 了解 Creo Parametric 8.0 软件的 CAD 建模过程。

二、任务描述

Creo Parametric 8.0 软件中零件模型通常由多个特征构成，图 1-23 所示为圆柱销模型，可以认为它是由一个拉伸体、两个倒角共三个特征构成的。通过圆柱销三维模型的创建，可以快速了解 Creo Parametric 8.0 软件 CAD 建模的一般操作过程，同时感受三维实体造型设计的奥妙与乐趣。

图 1-23　圆柱销模型

三、任务实施

1. 创建新文件

（1）通过快捷方式图标启动 Creo Parametric 8.0 软件。

（2）在"主页"选项卡的"数据"组中单击"选择工作目录"按钮 ，根据需要设置临时工作目录，如图 1-24 所示，例如，设定为"F：\Creo"。

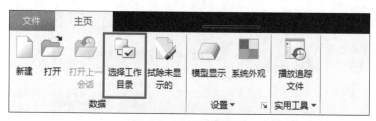

图 1-24　设置工作目录

提示

也可设定永久工作目录，此项操作以后不再提示。

（3）在"主页"选项卡的"数据"组中单击"新建"按钮 ，如图 1-25 所示。

（4）系统弹出"新建"对话框，接受系统默认的"零件"类型和"实体"子类型，在"文件名"文本框中输入"圆柱销"作为零件名，取消选中"使用默认模板"复选框，如图 1-26 所示。

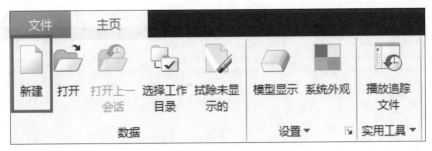

图 1-25　单击"新建"按钮

（5）单击"新建"对话框中的"确定"按钮 确定 ，系统弹出"新文件选项"对话框，在"模板"选项下选择"mmns_part_solid_abs"，如图 1-27 所示。

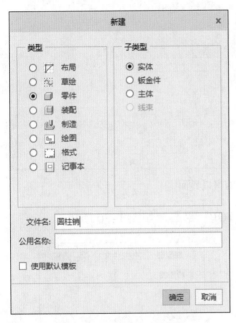

图 1-26　"新建"对话框

图 1-27　"新文件选项"对话框

提示

　　采用该模板时，长度单位为毫米（mm），力单位为牛顿（N），时间单位为秒（s），温度单位为摄氏度（℃），绝对值。

（6）单击"新文件选项"对话框中的"确定"按钮 确定 ，完成"圆柱销"文件的创建工作，其中包括系统默认基准和零件坐标系，新建文件后的窗口界面如图 1-28 所示。

（7）将绘图区背景设置为白色。

2. 绘制草图

（1）在"模型"选项卡的"基准"组中单击"草绘"按钮 ，系统弹出"草绘"对话框，并根据软件左下角提示的"选择一个平面或曲面以定义草绘平面"进行操作，如图 1-29 所示。

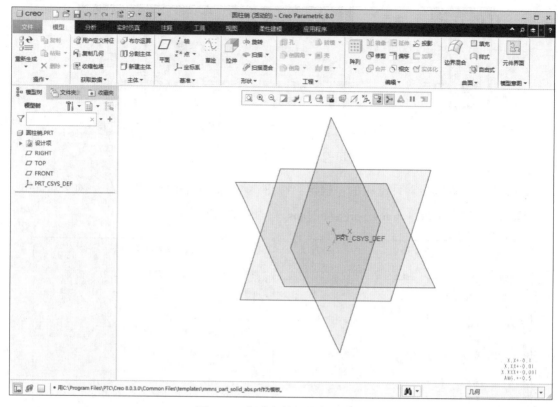

图1-28　新建文件后的窗口界面

（2）将光标移至"导航器"→"模型树"→"TOP"平面，如图1-30所示。

图1-29　"草绘"对话框

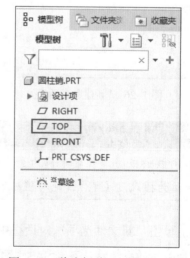

图1-30　将光标移至"TOP"平面

> **提示**
>
> 　　曲线是造型的基础，在Creo parametric 8.0软件中，可以通过草绘曲线和插入基准曲线两种方法建立曲线。

（3）单击鼠标左键，选择"TOP"平面为草绘平面，如图 1-31 所示。

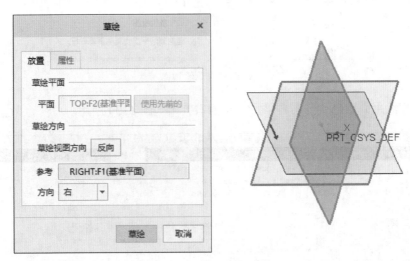

图 1-31　选择草绘平面

（4）接受系统默认的"草绘平面"和"草绘方向"选择，单击"草绘"按钮 [草绘]，系统弹出"草绘"选项卡，进入绘制草图操作后的窗口界面如图 1-32 所示。

（5）单击图形工具栏中的"草绘视图"按钮 [图标]，如图 1-33 所示。

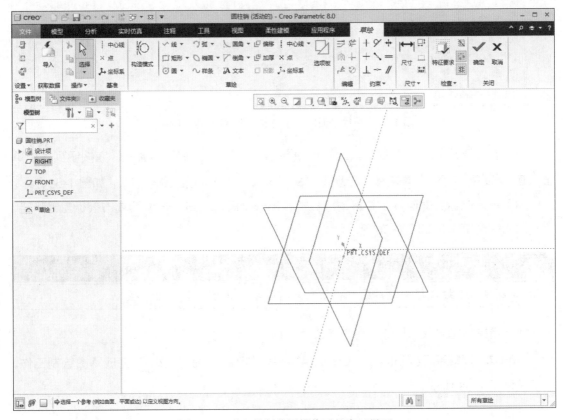

图 1-32　进入绘制草图操作后的窗口界面

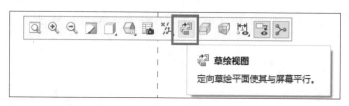

图 1-33 草绘视图

（6）使草绘平面定向至与屏幕平行，其窗口界面如图 1-34 所示。

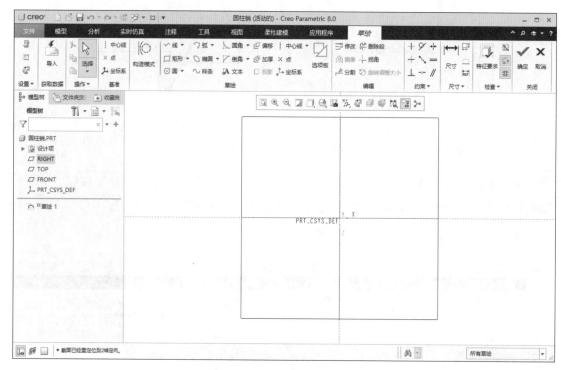

图 1-34 草绘平面定向至与屏幕平行后的窗口界面

（7）在"草绘"选项卡的"草绘"组中单击"圆"溢出按钮 ◎ 圆 ▾，在按钮列表中单击"圆心和点"按钮 ◎ 圆心和点，出现带 "✕" 的光标，将其移至坐标原点，如图 1-35 所示。

（8）单击鼠标左键确认，并移动鼠标拖拉出一个圆，到适当位置后单击鼠标左键确定，完成圆的绘制工作，如图 1-36 所示。

提示

绘制结束后按鼠标中键，系统将结束当前命令，并显示当前圆直径。

（9）用鼠标左键双击尺寸，将其修改为"10"，如图 1-37 所示。

（10）在"草绘"选项卡的"关闭"组中单击"确定"按钮 ✓ 确定，完成草图绘制工作，绘图区如图 1-38 所示。

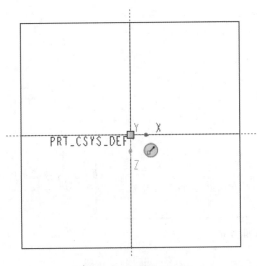

图 1-35 捕捉坐标原点

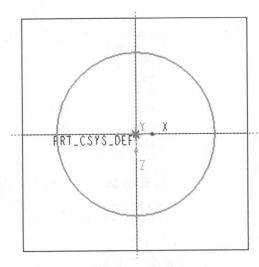

图 1-36 绘制圆

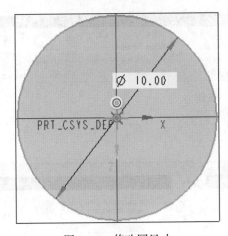

图 1-37 修改圆尺寸

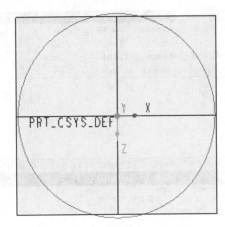

图 1-38 完成草图绘制工作

3. 创建拉伸体

（1）单击图形工具栏中的"已保存方向"溢出按钮 ，在按钮列表中选择"标准方向"，如图 1-39 所示。

提示

也可以按快捷键"Ctrl+D"实现操作。

（2）在"模型"选项卡的"形状"组中单击"拉伸"按钮 拉伸，如图 1-40 所示。

（3）系统弹出"拉伸"选项卡，其窗口界面如图 1-41 所示。

（4）在"拉伸"选项卡的"深度"文本框中输入拉伸深度值"40"，然后按"ENTER"键，如图 1-42 所示修改拉伸深度值。

（5）在"拉伸"选项卡中单击"确定"按钮 确定，得到的拉伸体如图 1-43 所示。

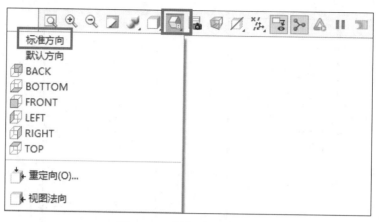

图 1-39　选择"标准方向"

图 1-40　单击"拉伸"按钮

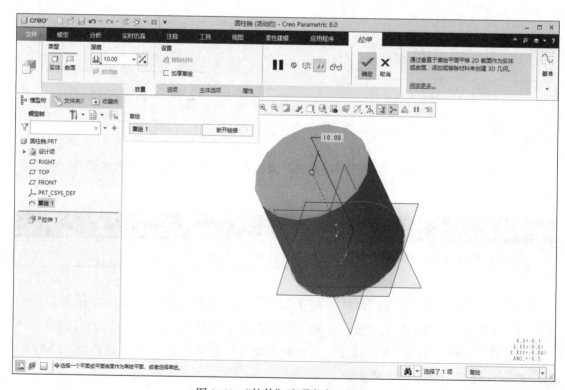

图 1-41　"拉伸"选项卡窗口界面

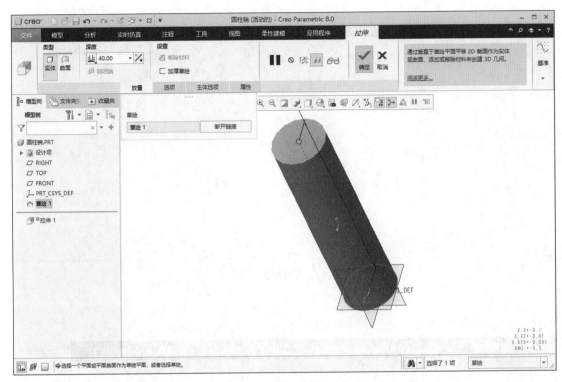

图 1-42　修改拉伸深度值

4. 创建倒角特征

（1）在"模型"选项卡的"工程"组中单击"倒角"按钮 ，系统弹出"边倒角"选项卡，如图 1-44 所示。

（2）在"边倒角"选项卡"尺寸标注"组的文本框中，根据实际情况设置倒角参数，如图 1-45 所示。

（3）选择圆柱两端面边线，如图 1-46 所示。

（4）单击"边倒角"选项卡中的"确定"按钮 ，完成倒角特征的创建工作，如图 1-47 所示。

（5）单击图形工具栏中的"基准显示过滤器"溢出按钮 ，在按钮列表中取消选中"平面显示"复选框，关闭基准平面显示，如图 1-48 所示。

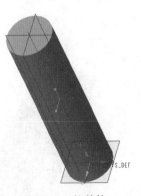

图 1-43　拉伸体

提示

采用类似方法关闭"轴显示"和"坐标系显示"复选框，所得圆柱销如图 1-49 所示。将光标置于按钮上若干秒后，将显示按钮的名称和基本信息。

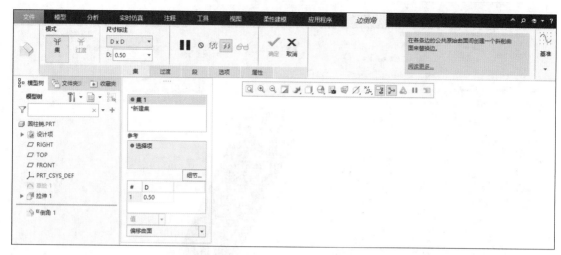

图 1-44 "边倒角"选项卡

图 1-45 设置倒角参数

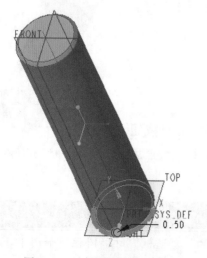

图 1-46 选择圆柱两端面边线

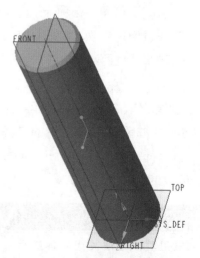

图 1-47 完成倒角特征的创建

图1-48　关闭基准平面显示　　　　　图1-49　关闭有关显示后的圆柱销

5. 进行显示设置

Creo Parametric 8.0软件中的模型有带反射着色、带边着色、着色、消隐、隐藏线、线框六种显示模式，单击图形工具栏中的"显示样式"溢出按钮 □ ，如图1-50所示，单击其中一个按钮，即可改变模型显示模式。

□	带反射着色	Ctrl+1
□	带边着色	Ctrl+2
□	着色	Ctrl+3
□	消隐	Ctrl+4
□	隐藏线	Ctrl+5
□	线框	Ctrl+6

a)　　　　　　　　　　　b)　　　　　　　　　　　c)

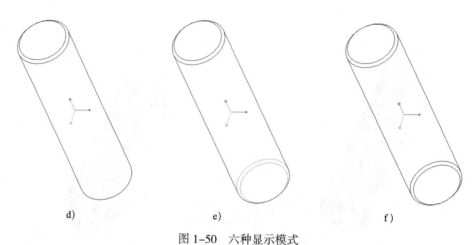

d)   e)   f)

图 1-50   六种显示模式

a）带反射着色   b）带边着色   c）着色   d）消隐   e）隐藏线   f）线框

提示

系统默认的显示模式为"着色"。

---

6. 保存文件

至此，本课题任务全部完成。

在快速访问工具栏中单击"保存（S）"按钮 [保存(S)]，系统弹出"保存对象"对话框，保存路径默认为设置的工作目录文件夹，单击"确定"按钮 [确定]，完成文件的保存。

提示

在此步骤可以重新选择保存目录，也可以对文件重新命名。

四、任务拓展

任务拓展 1　试创建图 1-51 所示的 $S\phi 100$ mm 球模型。

图 1-51　球模型

提示

先创建直径为 100 mm、高为 100 mm 的圆柱，再倒 $R50$ mm 的圆角。

任务拓展 2　试创建图 1–52 所示的圆锥体模型（直径为 100 mm，高为 100 mm）。

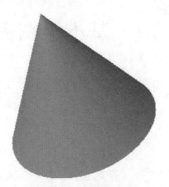

图 1–52　圆锥体模型

模块二 草图绘制

课题 1 基本绘图命令

一、学习目标

1．掌握绘制直线的方法。
2．掌握绘制矩形的方法。
3．掌握绘制圆和圆弧的方法。
4．了解裁剪的操作方法。
5．掌握修改草绘尺寸的方法。

二、任务描述

在 Creo Parametric 8.0 软件中，构建实体特征前必须先选择草绘平面和参考平面，因此，草图绘制是学习该软件的基础。

Creo Parametric 8.0 软件为用户提供了以下两种草绘模式：

1．由草绘模块进入草绘模式

在"主页"选项卡的"数据"组中单击"新建"按钮 新建 ，系统弹出"新建"对话框，如图 2-1 所示。将"类型"设为"草绘"，在"文件名"文本框中输入文件名称，单击"确定"按钮 确定 ，进入草绘模式。该模式下创建的二维草图文件扩展名为".sec"，该文件可供以后建模时调用。

提示
零件的名称支持全中文或者英文名称。

2．由零件模块进入草绘模式

在"主页"选项卡的"数据"组中单击"新建"按钮 新建 ，系统弹出"新建"对话框，接受系统默认的"零件"类型和"实体"子类型，在"文件名"文本框中输入文件名称，取消选中"使用默认模板"复选框，单击"新建"对话框中的"确定"按钮 确定 ，系统弹出"新文件选项"对话框，在"模板"选项下选择"mmns_part_solid_abs"，单击"确定"按钮 确定 ，进入零件模块模式。

在"模型"选项卡的"基准"组中单击"草绘"按钮 草绘 ，设置草绘平面和参考平面，系统弹出"草绘"选项卡，草绘曲线完成后单击"确定"按钮 ✔ 确定，系统自动退出草绘环境。

试采用第二种草绘模式，通过绘制图 2-2 所示的草图曲线学习草图绘制方法。

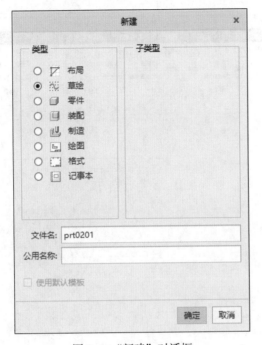

图 2-1 "新建"对话框

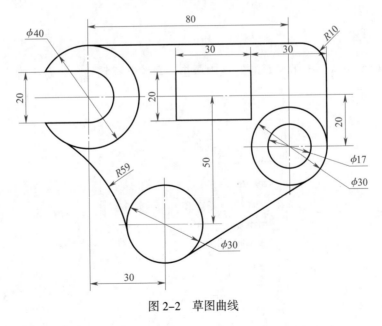

图 2-2 草图曲线

三、任务实施

1. 创建新文件

（1）通过快捷方式图标启动 Creo Parametric 8.0 软件。

（2）在"主页"选项卡的"数据"组中单击"新建"按钮 ，新建文件"prt0201"，并将绘图区背景设为白色，窗口界面如图 2-3 所示。

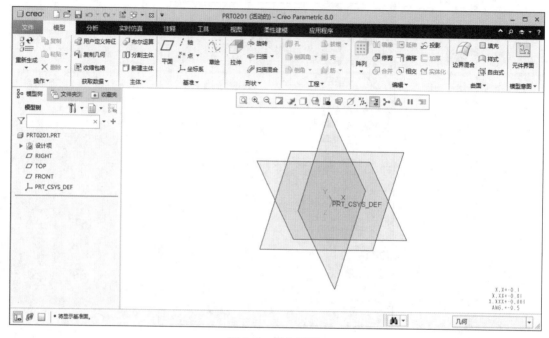

图 2-3　窗口界面

2. 绘制草图

（1）在"模型"选项卡的"基准"组中单击"草绘"按钮 ，系统弹出"草绘"对话框，如图 2-4 所示。

图 2-4　"草绘"对话框

（2）根据提示，选择"TOP"平面为草绘平面，接受默认的参考平面和方向选择，单击"草绘"按钮 ，系统弹出"草绘"环境界面，如图 2-5 所示。

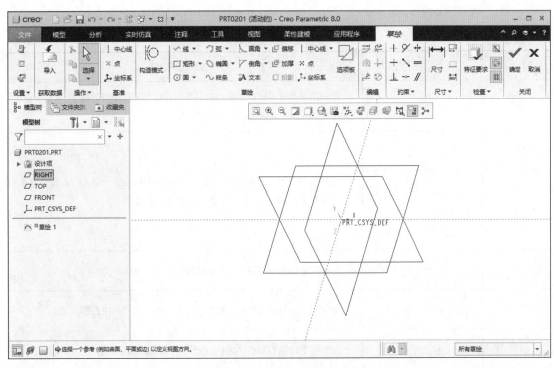

图 2-5　"草绘"环境界面

提示

　　"草绘"选项卡主要包括设置、获取数据、操作、基准、草绘、编辑、约束、尺寸、检查等组，如图 2-6 所示。

　　设置组：设置草绘栅格的属性、图元线条样式。

　　获取数据组：导入外部数据。

　　操作组：对草图进行复制、粘贴、剪切。

　　基准组：绘制基准中心线、基准点、基准坐标系。

　　草绘组：绘制直线、矩形、圆等图元，并构造图元。

　　编辑组：镜像、修剪、分割草图，调整草图比例及修改尺寸值。

　　约束组：添加几何约束。

　　尺寸组：添加尺寸约束。

　　检查组：检查草图开放端点、重复图元和封闭环等。

　　图元是指组成草图的图像元素，如直线、圆弧、圆、样条曲线、点、文本和坐标等。

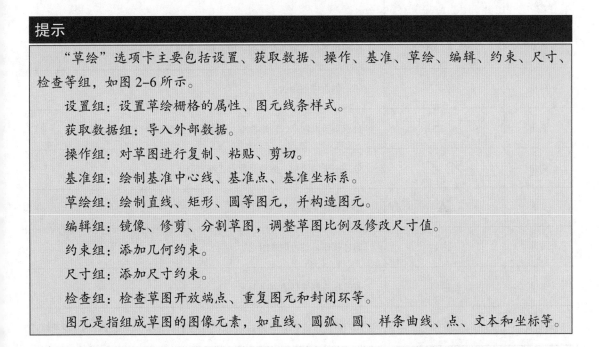

图 2-6　"草绘"选项卡

草绘工具相关说明见表 2-1。

表 2-1   **草绘工具相关说明**

工具名称	按钮图标	相关说明
选择		单击鼠标左键，可以一次选取一个项目或图元；也可以按下 "Ctrl" 键，同时单击鼠标左键选取多个项目或图元
中心线		分别位于基准组和草绘组，用于创建基准中心线、构造中心线、基准点、构造点、基准坐标系、构造坐标系等几何图元
点		
坐标系		
线		分别用于创建由多条直线组成的线链和相切直线
矩形		分别用于创建拐角矩形、斜矩形、中心矩形和平行四边形
圆		分别用于以圆心和点、同心、3 点、3 相切方式绘制圆
弧		分别用于以 3 点 / 相切端、圆心和端点、3 相切、同心、圆锥方式绘制圆弧
椭圆		分别用于创建轴端点椭圆、中心和轴椭圆
样条		用于创建样条曲线
圆角		分别用于以圆形、圆形修剪、椭圆形、椭圆形修剪方式绘制圆角
倒角		分别用于以倒角、倒角修剪方式绘制倒角
文本		用于创建文本
偏移		通过偏移一条边创建图元
加厚		通过在两侧偏移边创建图元
选项板		用户可将在选项板中存储的草图轮廓调用到当前活动对象中作为草绘截面

（3）单击图形工具栏中的"基准显示过滤器"溢出按钮 ，在按钮列表中分别取消选中"平面显示"和"坐标系显示"复选框，关闭基准平面、坐标系显示；单击图形工具栏中的"旋转中心"按钮 ，关闭旋转中心显示，窗口界面如图 2-7 所示。

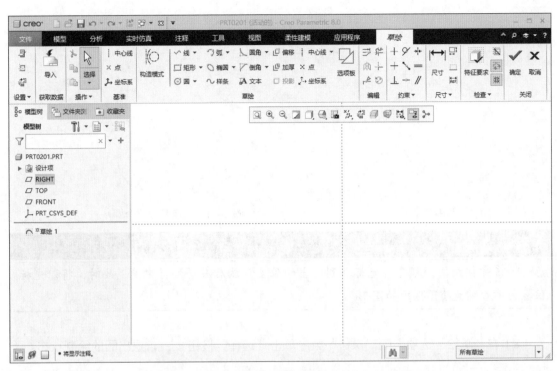

图 2-7　窗口界面

提示

各按钮的具体功用可通过将光标置于其上查获。

（4）在"草绘"选项卡的"草绘"组中单击"圆"溢出按钮 ⊙圆 ▾，在按钮列表中单击"圆心和点"按钮 ⊙ 圆心和点 ，移动鼠标，捕捉到圆心，如图 2-8 所示。

（5）单击鼠标左键确定，移动鼠标拉出一个圆，达到适当大小后，单击鼠标左键确定，初步绘制第一个圆，如图 2-9 所示。

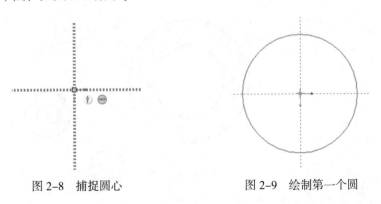

图 2-8　捕捉圆心　　　　　　　　图 2-9　绘制第一个圆

（6）用类似的方法绘制第一个圆的同心圆，如图 2-10 所示完成第二个圆的绘制工作。第二个圆也可通过单击"同心"按钮 ◎ 同心 绘制。

（7）绘制其他三个圆，如图 2-11 所示。

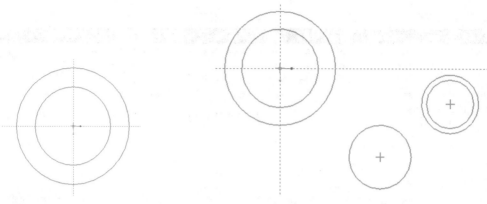

图 2-10　绘制第二个圆　　　　　　　　　　　　图 2-11　绘制其他三个圆

提示

　　为了方便绘图，可先将光标移到适当的位置，然后滚动鼠标中键，此时，将以光标位置为中心缩放绘图区中的图形。

（8）在"草绘"选项卡的"操作"组中单击"选择"按钮 ，退出圆的绘制状态。

（9）在图形工具栏中单击"草绘显示过滤器"溢出按钮 ，在按钮列表中选中"尺寸显示"复选框，为标注尺寸做好准备，其窗口界面如图 2-12 所示。

（10）直接在垂直方向的位置尺寸上双击鼠标左键，绘图区如图 2-13 所示。

（11）将垂直方向位置尺寸修改为"50"，完成尺寸修改，如图 2-14 所示。

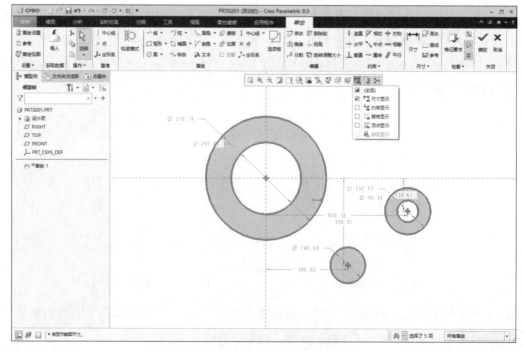

图 2-12　尺寸标注前的窗口界面

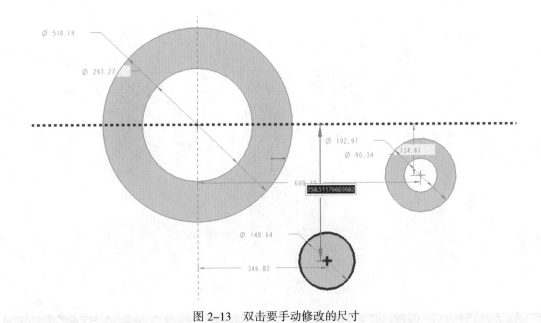

图 2-13　双击要手动修改的尺寸

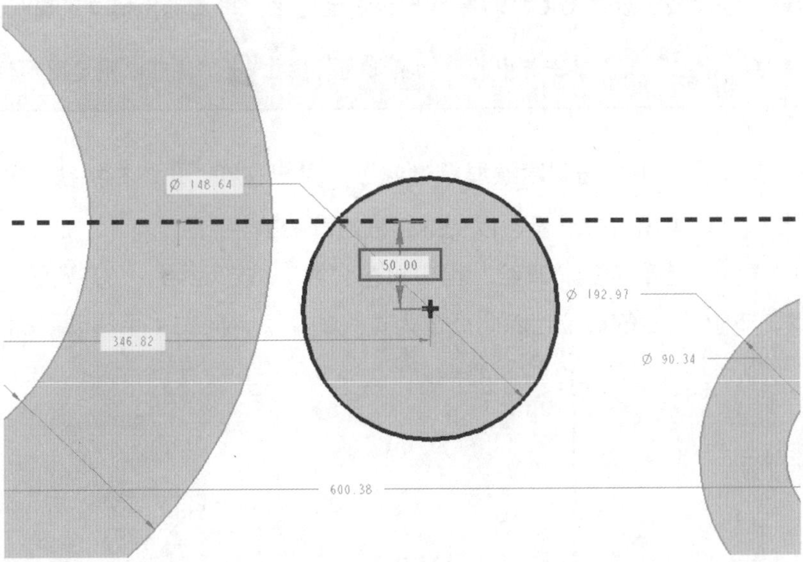

图 2-14　完成尺寸修改

提示

双击尺寸修改数值的方法较快捷，多用于草绘图形较简单的情况。

（12）完成其他尺寸的修改，如图 2-15 所示。

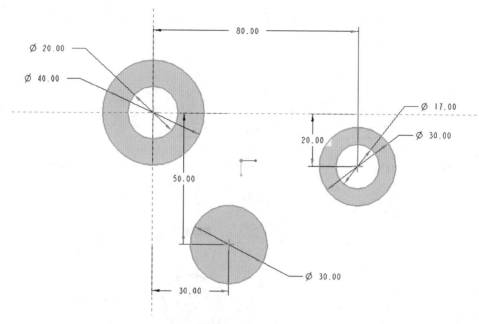

图 2-15　完成其他尺寸的修改

提示

　　另一种手动修改尺寸的方法如下：通过单击"编辑"组中的"修改"按钮 修改 进行修改。为避免修改尺寸后误动图形而导致尺寸发生变化，用鼠标左键单击圆弧边，系统弹出浮动快捷菜单 ，单击其中的"切换锁定"按钮，就可以锁定图形位置与尺寸。

　　（13）在图形工具栏中单击"草绘显示过滤器"溢出按钮，在按钮列表中取消选中"尺寸显示"复选框，关闭尺寸显示，以便继续进行草图的绘制工作。

　　（14）在"草绘"选项卡的"草绘"组中单击"线"按钮 线 ▾，开始绘制直线。移动鼠标，捕捉到图 2-16 所示的点位，以此点作为直线的起点，向右水平移动鼠标到另一位置，

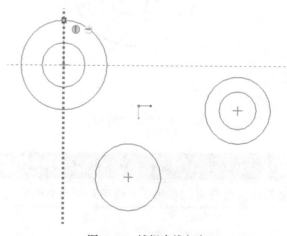

图 2-16　捕捉直线起点

作为直线的终点，单击鼠标左键，完成第一条水平直线的绘制工作，如图2-17所示。

（15）单击鼠标中键结束本条直线的绘制工作。

提示

系统为用户提供了直线的连续绘制功能，在绘制非连续直线时，可单击鼠标中键退出直线的连续绘制状态。

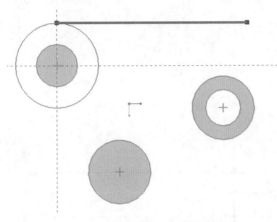

图2-17 绘制第一条水平直线

（16）用类似的方法完成另外两条水平直线的绘制工作，如图2-18所示。

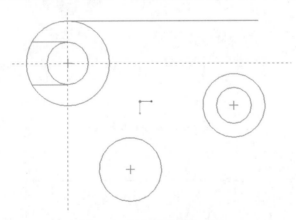

图2-18 绘制另外两条直线

（17）完成竖直线的绘制工作，如图2-19所示。

（18）在"草绘"选项卡的"草绘"组中单击"线"溢出按钮 〉线▼，在按钮列表中单击"直线相切"按钮 〉 直线相切，根据系统提示，在相应的圆上选取起始位置和结束位置，完成相切斜线的绘制工作，如图2-20所示。

（19）根据系统提示，单击鼠标中键终止直线相切命令。

（20）在"草绘"选项卡的"草绘"组中单击"圆角"溢出按钮 〉 圆角▼，在按钮列表中单击"圆形修剪"按钮 〉 圆形修剪，根据系统提示，分别选取两个图元（两个圆），在两圆之间绘制相切圆弧，如图2-21所示。

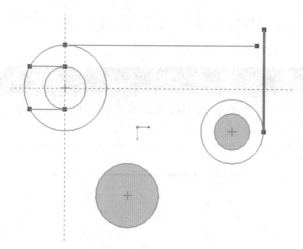

图 2-19　绘制竖直线

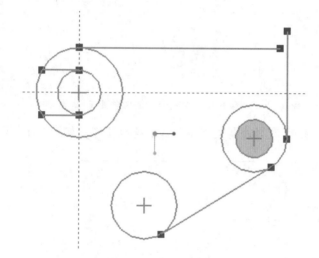

图 2-20　绘制相切斜线

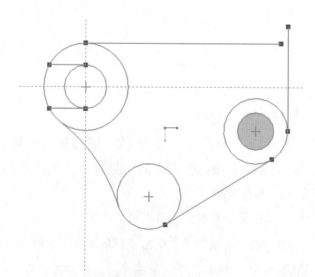

图 2-21　绘制相切圆弧（1）

（21）继续选取两个图元（上方水平直线和竖直直线），在两直线之间绘制相切圆弧，如图 2-22 所示。

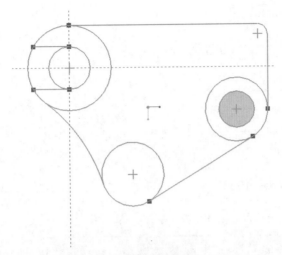

图 2-22　绘制相切圆弧（2）

提示

　　删除多余线段的操作参见步骤（28）。

（22）单击鼠标中键，结束圆弧绘制工作。

（23）在"草绘"选项卡的"草绘"组中单击"矩形"按钮 □ 矩形 ▼ ，将光标移到图 2-23 所示相应位置，单击鼠标左键，确定矩形一对角点；向右下侧移动鼠标，拖拉出一个矩形，如图 2-24 所示。

（24）单击鼠标左键确定，完成矩形绘制工作，如图 2-25 所示。

（25）单击鼠标中键，终止矩形绘制命令。

（26）在图形工具栏中单击"草绘显示过滤器"溢出按钮 ，在按钮列表中选中"尺寸显示"复选框，显示所有尺寸，如图 2-26 所示。

（27）按图 2-27 所示要求修改尺寸。

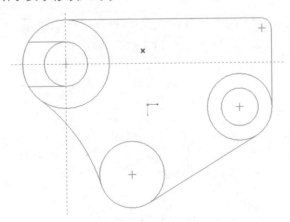

图 2-23　确定矩形一对角点

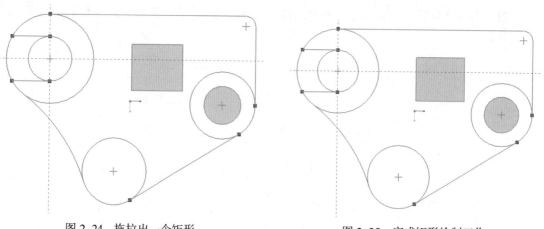

图 2-24　拖拉出一个矩形　　　　　　图 2-25　完成矩形绘制工作

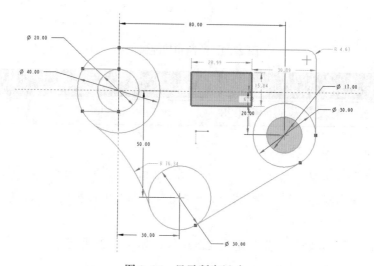

图 2-26　显示所有尺寸

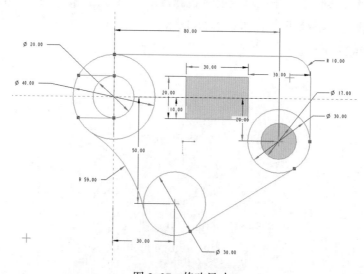

图 2-27　修改尺寸

（28）在"草绘"选项卡的"编辑"组中单击"删除段"按钮 ，按住鼠标左键移动鼠标，使其轨迹划过需要删除的线段，如图 2-28 所示。

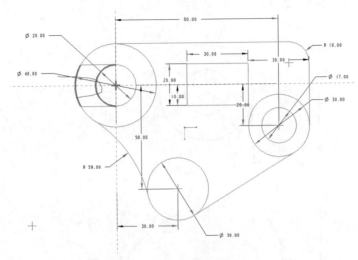

图 2-28 选取要删除的线段

（29）松开鼠标左键，完成相应线段的删除操作，如图 2-29 所示。

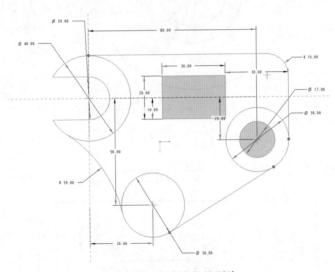

图 2-29 完成线段的删除

3. 保存文件

至此，本课题任务全部完成。

在快速访问工具栏中单击"保存（S）"按钮 ，系统弹出"保存对象"对话框，单击"确定"按钮 ，完成文件的保存。

四、任务拓展

任务拓展 1　试绘制图 2-30 所示草图曲线（1）。

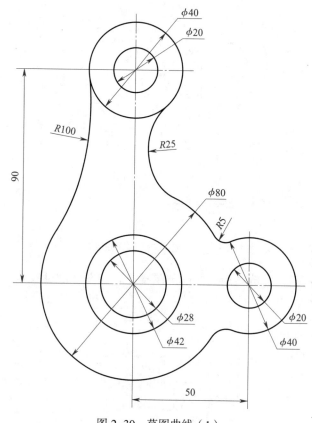

图 2-30　草图曲线（1）

任务拓展 2　试绘制图 2-31 所示草图曲线（2）。

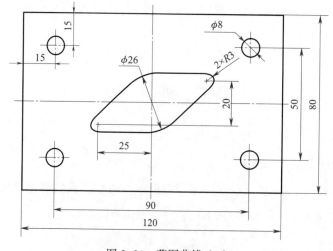

图 2-31　草图曲线（2）

课题 2　约束条件及手动标注

一、学习目标

1．能使用形位约束绘制图形。

2．掌握手动标注尺寸的方法。

3．掌握基本绘图命令的使用方法。

二、任务描述

在绘制草图时常常遇到约束问题，约束就是几何限制条件，在 Creo Parametric 8.0 软件中包括水平、竖直、平行、重合、相切等约束种类。例如，在绘制直线的操作中，单击鼠标左键确定起点后，在移动鼠标拉出直线时，如果确定的终点与起点的连线近似水平，系统会自动使直线成为水平线。另外，约束条件的引入会减少尺寸标注的数目，提高绘图效率。

试采用约束条件及手动标注的方式绘制图 2-32 所示的草图。

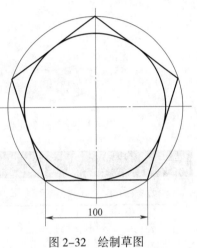

图 2-32　绘制草图

三、任务实施

1．创建新文件

（1）通过快捷方式图标启动 Creo Parametric 8.0 软件。

（2）在"主页"选项卡的"数据"组中单击"新建"按钮 ，新建文件"prt0202"，并将绘图区背景设为白色。

2．绘制草图

（1）在"模型"选项卡的"基准"组中单击"草绘"按钮 ，系统弹出"草绘"对话框。

（2）根据提示，选择"TOP"平面为草绘平面，接受系统默认的参考平面和方向选择，单击"草绘"按钮 ，系统弹出"草绘"选项卡。

（3）单击图形工具栏中的"基准显示过滤器"溢出按钮 ，在按钮列表中分别取消选中"平面显示"和"坐标系显示"复选框，关闭基准平面、坐标系显示；单击图形工具栏中的"旋转中心"按钮 ，隐藏旋转中心显示。

（4）在"草绘"选项卡的"草绘"组中单击"圆"溢出按钮 ，在按钮列表中单击

"圆心和点"按钮 ⊙ 圆心和点 ，绘制两个同心圆，如图 2-33 所示。

（5）在"草绘"选项卡的"草绘"组中单击"线"按钮 ⌇线▼ ，绘制一个五边形，如图 2-34 所示。

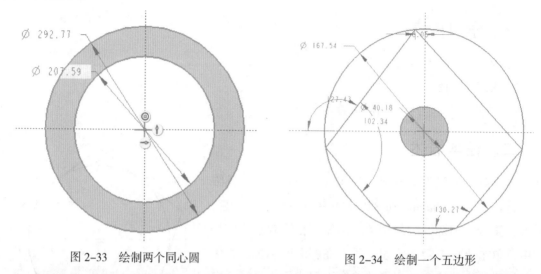

图 2-33　绘制两个同心圆　　　　　图 2-34　绘制一个五边形

提示

> 为提高草绘效率，应确保线段端点落在大圆周上，否则以后要添加约束。

"法向"选项的标注方法见表 2-2。

表 2-2　　　　　　　　　　　　　"法向"选项的标注方法

标注类型		标注方法
线性标注	线段长度标注	单击鼠标左键选择线段，移动鼠标到要放置尺寸的位置，单击鼠标中键确认
	两点距离标注	单击鼠标左键依次选择两个点，移动鼠标到要放置尺寸的位置，单击鼠标中键确认
	点、线距离标注	单击鼠标左键依次选择线段和点，移动鼠标到要放置尺寸的位置，单击鼠标中键确认
	两圆弧距离标注	单击鼠标左键依次选择第一段圆弧和第二段圆弧，移动鼠标到要放置尺寸的位置，单击鼠标中键确认
	平行线距离标注	单击鼠标左键依次选择第一条线段和第二条线段，移动鼠标到要放置尺寸的位置，单击鼠标中键确认
	圆弧、直线距离标注	单击鼠标左键依次选择直线和圆弧，移动鼠标到要放置尺寸的位置，单击鼠标中键确认
角度标注	两直线夹角标注	单击鼠标左键依次选择第一条直线和第二条直线，移动鼠标到要放置尺寸的位置，单击鼠标中键确认
	圆弧角度标注	单击鼠标左键依次选择圆弧的第一个端点和第二个端点，在圆弧上单击鼠标左键，移动鼠标到要放置尺寸的位置，单击鼠标中键确认
直径与半径标注	半径标注	单击鼠标左键选择圆或圆弧，移动鼠标到要放置尺寸的位置，单击鼠标中键确认
	直径标注	按住鼠标左键，双击圆或者圆弧，移动鼠标到要放置尺寸的位置，单击鼠标中键确认
对称标注		单击鼠标左键选择需要标注的图元和中心线，移动鼠标到要放置尺寸的位置，单击鼠标中键确认

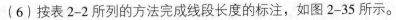

（6）按表 2-2 所列的方法完成线段长度的标注，如图 2-35 所示。

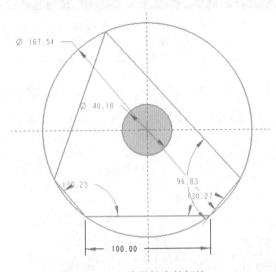

图 2-35　线段长度的标注

（7）在"草绘"选项卡的"约束"组中单击"相等"按钮 ═ 相等 ，系统进入手动设置约束环境。

在 Creo 8.0 软件中草绘可以自动判断约束条件，也可以手动设置约束条件。自动判断约束是指系统根据用户绘图意向，自动判断给定的约束条件。手动约束包含竖直、水平、垂直、相切等 9 种，相关说明见表 2-3。

表 2-3　　　　　　　　　　　　　　　　手动约束相关说明

种类	图标	相关说明
竖直	＋	使直线或两点连线竖直
水平	＋	使直线或两点连线水平
垂直	⊥	使两图元正交
相切	⅊	使两图元相切
中点	＼	在线或弧的中点放置点
重合	⊸	创建相同点、图元上的点或共线约束
对称	⊹	使两点或顶点关于中心线对称
相等	＝	创建等长、等半径、等尺寸或相同曲率的约束
平行	∥	使各条线平行

注：进入约束环境后，系统将进行操作提示并弹出"选取"对话框，用户只需根据提示进行操作即可。

（8）根据提示，首先选择水平线，然后依次选择五边形的另外四条线，"相等"约束结果如图 2-36 所示。

提示

　　多边形的画法分为两种，一是先绘制直线，再通过约束获得多边形；二是通过选项板获得多边形。

（9）在"草绘"选项卡的"约束"组中单击"相切"按钮 ✓ 相切。

（10）根据提示，选择内圆和水平线作为两个相切图元，结果如图 2-37 所示。

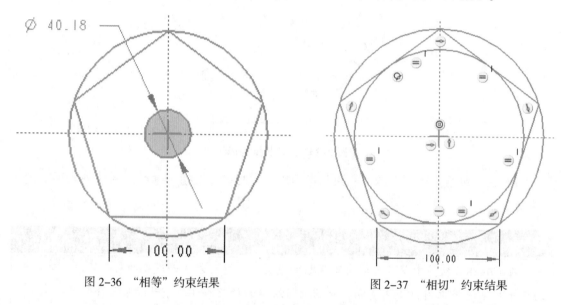

图 2-36　"相等"约束结果　　　　　图 2-37　"相切"约束结果

（11）在图形工具栏中单击"草绘显示过滤器"溢出按钮 📐，在按钮列表中取消选中"约束显示"复选框，绘图区如图 2-38 所示。

（12）在图形工具栏中单击"草绘显示过滤器"溢出按钮 📐，在按钮列表中取消选中"尺寸显示"复选框，绘图区如图 2-39 所示。

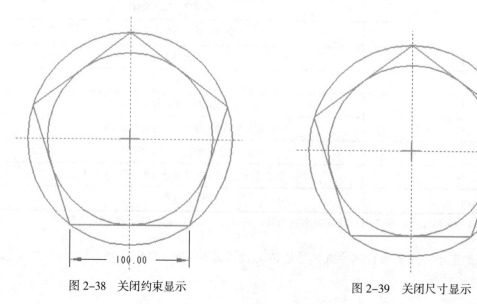

图 2-38　关闭约束显示　　　　　图 2-39　关闭尺寸显示

（13）单击鼠标中键，退出"相切"约束环境。

（14）单击鼠标左键选择正五边形外接圆，在绘图区空白处单击鼠标左键，系统弹出浮动快捷菜单，如图 2-40 所示。

（15）用鼠标左键单击"构造"按钮 ⫯⊙ ，外接圆变为构造线，如图 2-41 所示。

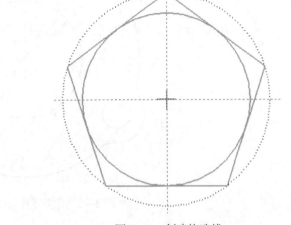

图 2-40　浮动快捷菜单　　　　　　　　　图 2-41　创建构造线

提示

在 Creo 8.0 软件中，构造线以虚线表示，并只能作为绘图结构的参考，不能作为实体或生成特征的边线。另外，还可在选择图元后，用鼠标左键单击"构造"按钮 ⫯⊙ ，将构造线变为实线。

3. 保存文件

至此，本课题任务全部完成。

在快速访问工具栏中单击"保存（S）"按钮 ⊞ 保存(S) ，系统弹出"保存对象"对话框，单击"确定"按钮 确定 ，完成文件的保存。

四、任务拓展

任务拓展 1　试绘制图 2-42 所示的盘类零件轮廓图。

任务拓展 2　试绘制图 2-43 所示的六边形零件轮廓图。

任务拓展 3　试绘制图 2-44 所示的五角星图形。

任务拓展 4　试绘制图 2-45 所示的叉形零件轮廓图。

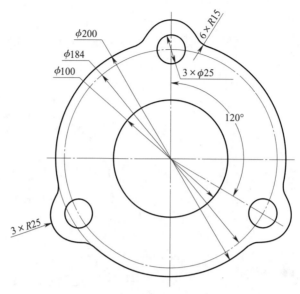

图 2-42　盘类零件轮廓图

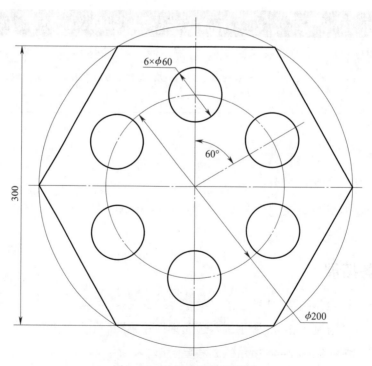

图 2-43　六边形零件轮廓图

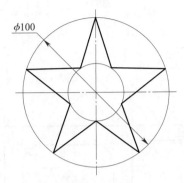

图 2-44　五角星图形

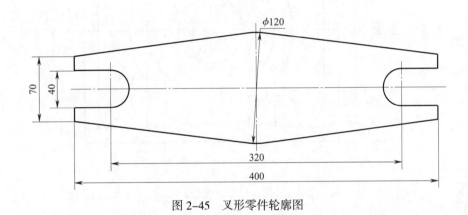

图 2-45　叉形零件轮廓图

课题 3　图形编辑命令

一、学习目标

1．掌握绘制草图的方法。
2．掌握图形编辑命令的使用方法。
3．能进行修改尺寸的操作。
4．能灵活进行图形的绘制操作。

二、任务描述

在完成草图绘制工作后，一般需要进行编辑操作，编辑命令包括裁剪、分割、镜像、旋转和复制等，图 2-46 所示为部分编辑操作示例。

试通过完成图 2-47 所示图形的绘制工作，进一步掌握草图绘制命令，并熟悉相关编辑命令的使用方法。

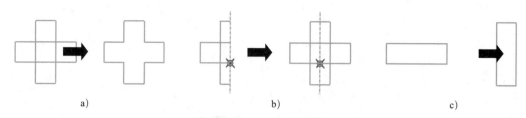

a)   b)   c)

图 2-46　部分编辑操作示例

a）裁剪　b）镜像　c）旋转

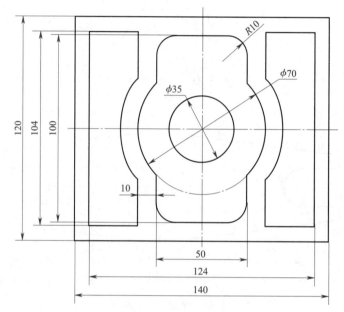

图 2-47　草图绘制图样

三、任务实施

1. 创建新文件

（1）通过快捷方式图标启动 Creo Parametric 8.0 软件。

（2）在"主页"选项卡的"数据"组中单击"新建"按钮 ，新建文件"prt0203"，并将绘图区背景设为白色。

2. 绘制及编辑图形

（1）在"模型"选项卡的"基准"组中单击"草绘"按钮 ，系统弹出"草绘"对话框。

（2）根据提示，选择"TOP"平面为草绘平面，接受系统默认的参考平面和方向选择，单击"草绘"按钮 草绘 ，系统弹出"草绘"选项卡。

（3）单击图形工具栏中的"基准显示过滤器"溢出按钮 ，在按钮列表中分别取消选中"平面显示"和"坐标系显示"复选框，关闭基准平面、坐标系显示；单击图形工具栏中的"旋转中心"按钮 ，隐藏旋转中心显示。

（4）在"草绘"选项卡的"草绘"组中单击"矩形"按钮 □ 矩形 ▼ ，绘制图2-48所示的矩形。

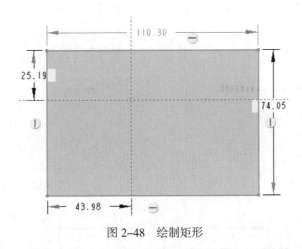

图2-48　绘制矩形

（5）选择要修改的尺寸后，在"草绘"选项卡的"编辑"组中单击"修改"按钮 ⇉ 修改，对矩形进行尺寸约束，系统弹出"修改尺寸"对话框，如图2-49所示。

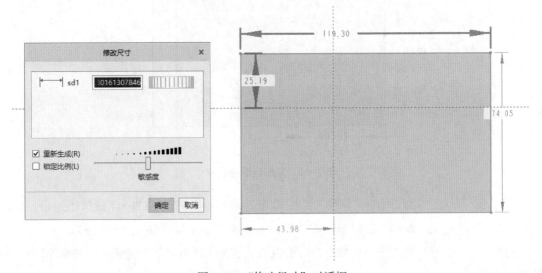

图2-49　"修改尺寸"对话框

（6）取消选中"重新生成（R）"复选框，将尺寸"sd1"修改为"140"，如图2-50所示。

（7）单击另一水平尺寸，将其修改为"70"；按类似的方法完成其他尺寸的修改，如图2-51所示。

（8）在"修改尺寸"对话框中单击"确定"按钮 确定 ，完成矩形的绘制工作，如图2-52所示。

提示

　　若选中"重新生成（R）"复选框，则每修改一个尺寸并按"Enter"键后，绘图区内的图形就会重新生成一次。这样，当图形较复杂、尺寸变动较大时，容易使图形结构发生较大的变化。

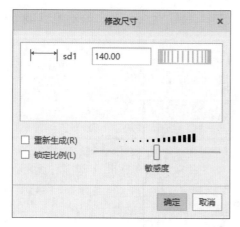

图 2-50　修改尺寸

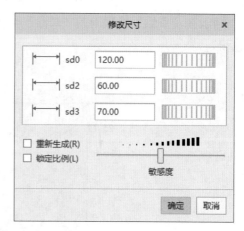

图 2-51　修改其他尺寸

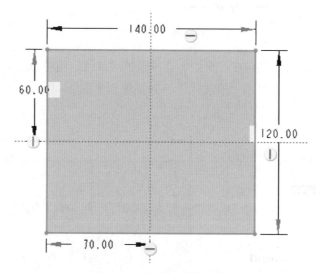

图 2-52　完成矩形的绘制

（9）在"草绘"选项卡的"草绘"组中单击"圆"溢出按钮 ⊙圆▼，在按钮列表中单击"圆心和点"按钮 ⊙ 圆心和点，绘制两同心圆，并进行尺寸约束，如图 2-53 所示。

（10）在"草绘"选项卡的"草绘"组中单击"矩形"按钮 □矩形▼，绘制矩形，如图 2-54 所示。

（11）在"草绘"选项卡的"草绘"组中单击"圆角"按钮 ╲圆角▼，创建 4 个 R10 mm 的圆角，如图 2-55 所示。

（12）在"草绘"选项卡的"编辑"组中单击"删除段"按钮 ⊱删除段，删除多余线段，如图 2-56 所示。在图形工具栏中单击"草绘显示过滤器"溢出按钮 ⊡，在按钮列表中取消选中"尺寸显示"和"约束显示"复选框。

提示

裁剪有动态裁剪和静态裁剪之分，其功能和操作方法见表 2-4。

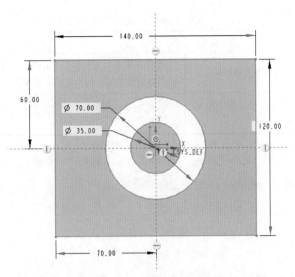

图 2-53 绘制两同心圆

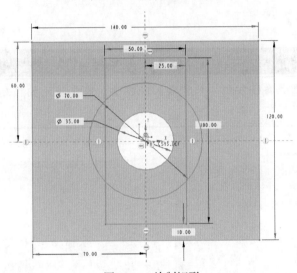

图 2-54 绘制矩形

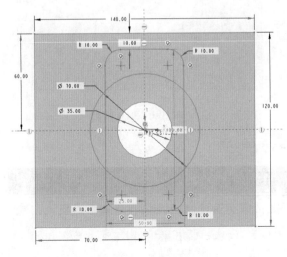

图 2-55 创建圆角

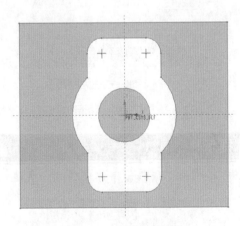

图 2-56 删除多余线段

表 2-4   裁剪的功能和操作方法

种类	功能	操作方法
动态裁剪	快速将多余的线段修剪掉	按住鼠标左键进行移动，使其路径通过要裁剪的线段，松开鼠标左键完成裁剪；通过鼠标左键单击要裁剪的线段也可实现裁剪
静态裁剪	依照设置的边界，对图形进行修剪或延伸	先单击鼠标左键选择边界对象，再单击鼠标左键选择需要裁剪的对象

（13）在"草绘"选项卡的"草绘"组中单击"偏移"按钮 📋 偏移 ，系统弹出"类型"对话框，如图 2-57 所示。

（14）根据提示"选择要偏移的图元或边"，选择左侧大圆弧，系统弹出"于箭头方向输入偏移［退出］"消息输入窗口，如图 2-58 所示。

（15）输入偏移距离"10"，单击"接受值"按钮 ✔ ，偏移圆弧的结果如图 2-59 所示。

图 2-57   "类型"对话框

提示

图元上的箭头表示偏移方向，只需输入偏移量，若要改变偏移方向，偏移量输入负值即可。

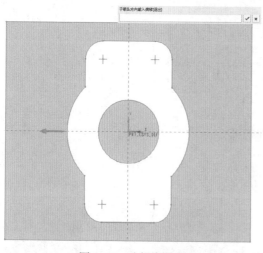

图 2-58   选择大圆弧

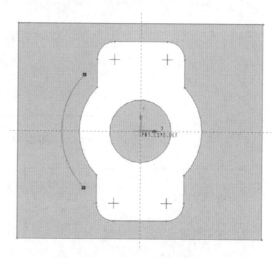

图 2-59   偏移圆弧

（16）完成另外两个图元的偏移操作，如图 2-60 所示。

提示

利用"偏移"操作可通过一条边创建图元；若要通过在两侧偏移边来创建图元，可利用"加厚"按钮 📋 加厚 来实现；而利用"投影"按钮 ⬚ 投影 ，则可通过已创建的实体边来创建图元。

（17）用类似的方法完成其他图元的偏移操作，分别向矩形内部偏移 8 mm，如图 2-61
所示。

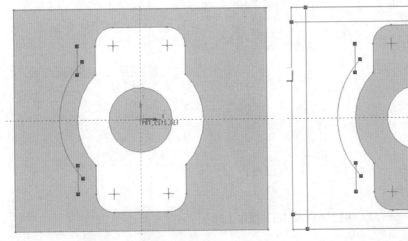

图 2-60　偏移其他图元　　　　　　　　　　图 2-61　其他图元的偏移

（18）在"草绘"选项卡的"编辑"组中单击"拐角"按钮 ┼拐角 ，根据提示分别选择
上方水平偏移线和左侧上方竖直偏移线，其结果如图 2-62 所示。

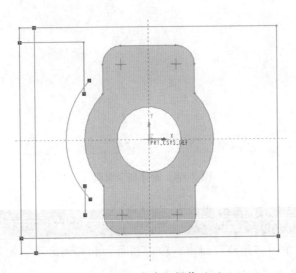

图 2-62　"拐角"操作（1）

（19）用类似的方法完成左下方"拐角"操作，如图 2-63 所示。

（20）在"草绘"选项卡的"编辑"组中单击"删除段"按钮 ⅛删除段 ，完成多余线段
的删除操作，如图 2-64 所示。

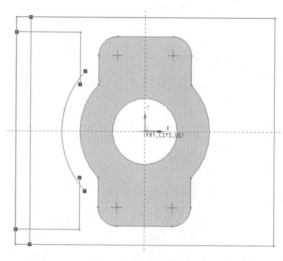

图 2-63 "拐角"操作（2）

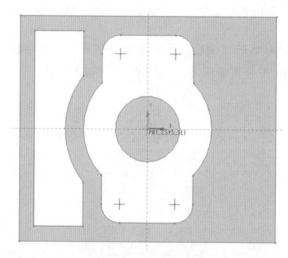

图 2-64 删除多余线段

提示

在"草绘"选项卡的"编辑"组中，除"拐角"和"删除段"按钮外，还有"分割"按钮 ✗分割 ，其功能为"在选择点的位置处分割图元"，通过它可将一条线段分割成两段，操作时，只需将光标移到要分割的线段上，单击鼠标左键选取分割位置（点）即可。

（21）在"草绘"选项卡的"基准"组中单击"中心线"按钮 ┊中心线 ，绘制竖直中心线，如图 2-65 所示。

（22）按住"Ctrl"键，选择左侧封闭图形（共六条边），在"草绘"选项卡的"编辑"组中，先单击"镜像"按钮 ⱈⱈ镜像 ，再单击竖直中心线，完成"镜像"操作，如图 2-66 所示。

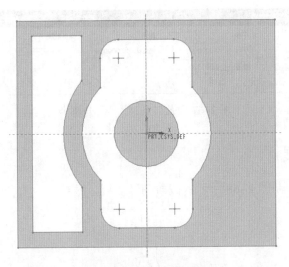

图 2-65 绘制竖直中心线

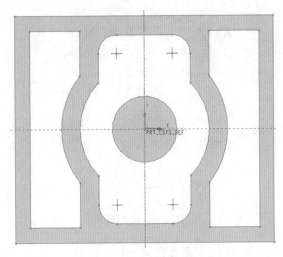

图 2-66 完成"镜像"操作

3. 保存文件

至此,本课题任务全部完成。

在快速访问工具栏中单击"保存(S)"按钮 ，系统弹出"保存对象"对话框,单击"确定"按钮 ，完成文件的保存。

> **提示**
>
> 还可通过"旋转调整大小"按钮 实现对选定图元的偏移、旋转和缩放操作,操作时,系统将弹出图 2-67 所示的"旋转调整大小"选项卡,用户根据提示即可完成所需的操作,这里不再赘述。

图 2-67　"旋转调整大小"选项卡

四、任务拓展

任务拓展 1　试绘制图 2-68 所示的截面图形。

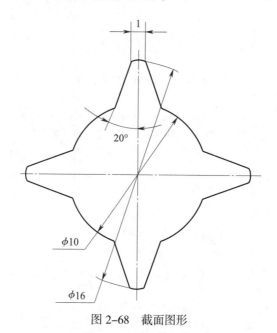

图 2-68　截面图形

任务拓展 2　试完成图 2-69 所示图形变更操作。

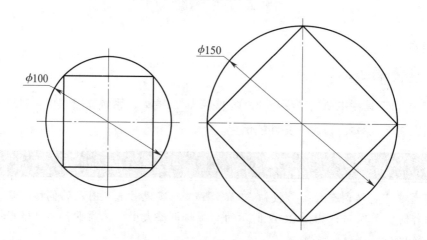

图 2-69　图形变更

任务拓展3　试完成图2-70所示图形的草绘工作。

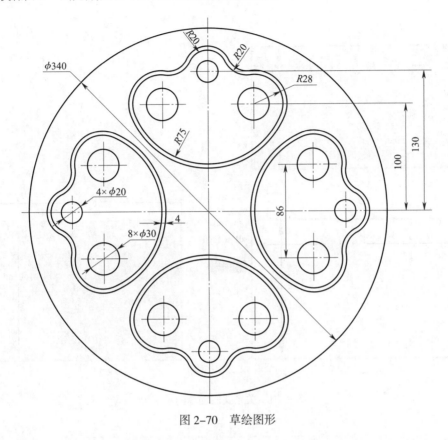

图2-70　草绘图形

课题4　关系式及文字

一、学习目标

1. 掌握创建文字的方法。

2. 掌握创建关系式的方法。

3. 掌握尺寸的参数驱动方法。

二、任务描述

在Creo Parametric 8.0软件中，关系式（又称参数关系）是用户定义的符号尺寸和参数之间的等式，图2-71所示为关系式驱动草图示例。通过关系式，可以方便地捕获设计意图，并用于驱动模型，即改变关系也就改变了模型。另外，文字也是Creo 8.0软件建模中一个不可或缺的好帮手。

试通过关系式和文字绘制图 2–72 所示的草图。

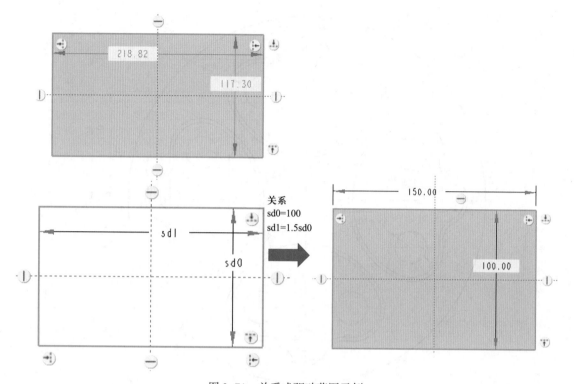

图 2–71　关系式驱动草图示例

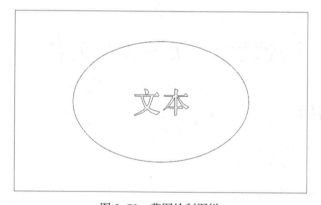

图 2–72　草图绘制图样

三、任务实施

1. 创建新文件

（1）通过快捷方式图标启动 Creo Parametric 8.0 软件。

（2）在"主页"选项卡的"数据"组中单击"新建"按钮 ，新建文件"prt0204"，并将绘图区背景设为白色。

2. 绘制及编辑图形

（1）在"模型"选项卡的"基准"组中单击"草绘"按钮 **草绘**，系统弹出"草绘"对话框。

（2）根据提示，选择"FRONT"平面为草绘平面，接受系统默认的参考平面和方向选择，单击"草绘"按钮 **草绘**，系统弹出"草绘"选项卡。

（3）单击图形工具栏中的"基准显示过滤器"溢出按钮，在按钮列表中分别取消选中"平面显示"和"坐标系显示"复选框，关闭基准平面、坐标系显示；单击图形工具栏中的"旋转中心"按钮，关闭旋转中心显示。

（4）在"草绘"选项卡的"草绘"组中单击"矩形"按钮 **矩形▾**，绘制图 2-73 所示的矩形。

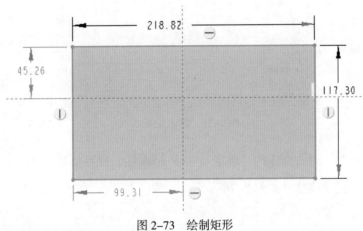

图 2-73　绘制矩形

（5）在"工具"选项卡的"模型意图"组中单击"d= 关系"按钮 **d= 关系**，系统弹出"关系"对话框，如图 2-74a 所示。

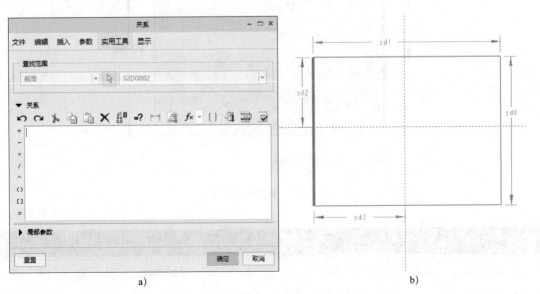

a)　　　　　　　　　　　　　　　　b)

图 2-74　"关系"对话框和矩形

提示

此时，各尺寸由数值的形式切换为图 2-74b 所示的尺寸名称。

（6）在"关系"对话框中输入相应的关系式，如图 2-75 所示。

图 2-75　输入关系式

（7）单击"关系"对话框中的"确定"按钮 确定 ，保存关系，退出"关系"对话框，在绘图区显示参数驱动尺寸，如图 2-76 所示。

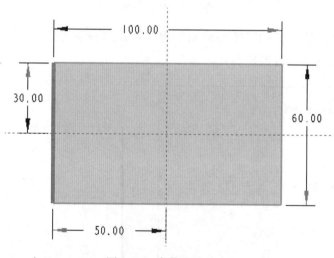

图 2-76　参数驱动尺寸

提示

在创建一些重要而精确的草绘曲线时，关系式是一个好帮手；另外，在"关系"对话框中单击"在尺寸值和名称间切换"按钮 可实现两者间的切换。

（8）在"草绘"选项卡的"草绘"组中单击"文本"按钮 ⏃A 文本 。

（9）在绘图区中自下而上依次单击鼠标左键两次，确定文本的高度和位置，系统弹出"文本"对话框，在"文本"对话框的"输入文本"文本框中输入相应的文字，如图 2-77 所示。

（10）单击"文本"对话框中的"确定"按钮 确定 ，通过单击"修改"按钮 ⇉ 修改 ，修改相关尺寸，以改变文字位置，如图 2-78 所示。

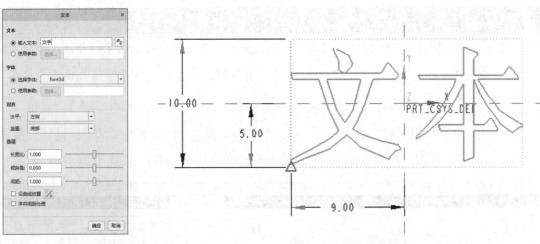

图 2-77　"文本"对话框　　　　　　　图 2-78　修改相关尺寸

提示

打开坐标系显示。

（11）在"草绘"选项卡的"关闭"组中单击"确定"按钮 ✓ 确定 ，完成草绘工作。

3. 绘制基准曲线

（1）在"模型"选项卡的"基准"组中单击"基准"溢出按钮 基准▼ ，在按钮列表中依次单击"曲线"→"来自方程的曲线"选项，如图 2-79 所示。

（2）系统弹出"曲线：从方程"选项卡，如图 2-80 所示。

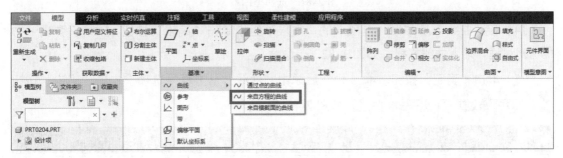

图 2-79　选择相应选项

图 2-80 "曲线：从方程"选项卡

（3）在"曲线：从方程"选项卡的"参考"面板中单击"坐标系"下的溢出按钮，选择"笛卡尔"选项，在图形窗口选择系统默认坐标系"PRT_CSYS_DEF"，如图 2-81 所示。

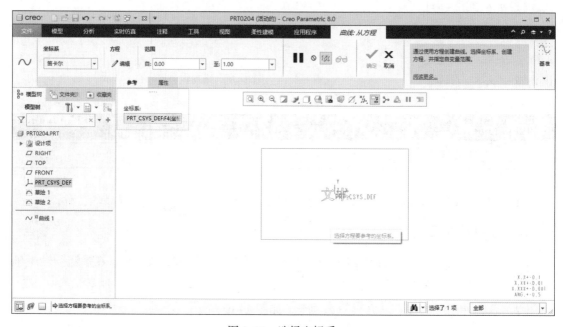

图 2-81 选择坐标系

（4）在"曲线：从方程"选项卡的"方程"组中单击"编辑"按钮 ✎编辑，弹出"方程"对话框，输入曲线方程，如图 2-82 所示。

（5）单击"确定"按钮 确定 ，然后单击"曲线：从方程"选项卡中的"确定"按钮 ✔确定 ，即可通过方程创建基准曲线，如图 2-83 所示。

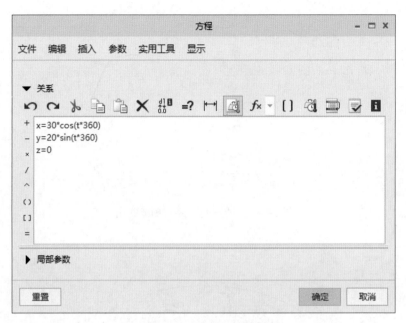

图 2-82 "方程"对话框

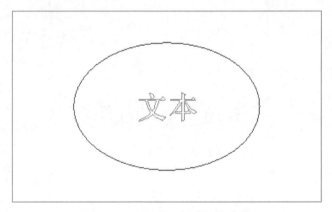

图 2-83 通过方程创建基准曲线

4. 保存文件

至此，本课题任务全部完成。

在快速访问工具栏中单击"保存（S）"按钮 保存(S)，系统弹出"保存对象"对话框，单击"确定"按钮 确定 ，完成文件的保存。

四、任务拓展

任务拓展 1 试采用柱坐标创建图 2-84 所示的曲线，已知 r=150 mm，theta=t*360，z=9*sin（10*t*360）。

任务拓展 2 将本课题的任务修改为图 2-85 所示的草绘图形。

任务拓展 3 试创建图 2-86 所示的螺旋曲线，已知螺距为 10 mm，半径为 50 mm，共 5 圈。

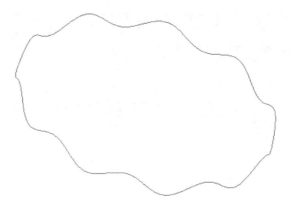

图 2-84　用柱坐标关系式创建曲线

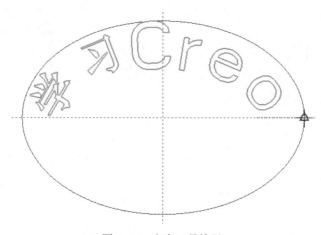

图 2-85　文字工具练习

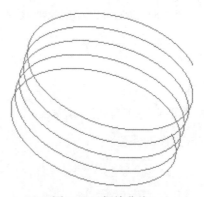

图 2-86　螺旋曲线

提示

螺旋曲线参考方程如图 2-87 所示。

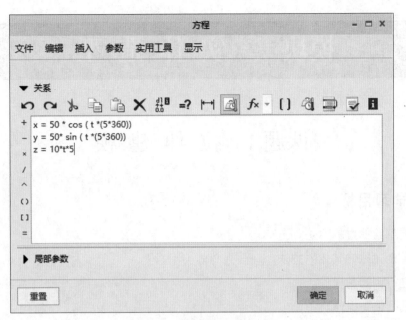

图 2-87 螺旋曲线参考方程

模块三 实体造型

课题1 拉伸建模

一、学习目标

1. 掌握草绘偏置的方法。
2. 掌握创建拉伸实体的方法。
3. 能进行倒圆角操作。
4. 能进行倒角操作。

二、任务描述

Creo Parametric 8.0 软件的零件实体模型由许多特征组成，其创建过程如下：根据设计需要在基准面上绘制截面图形（草图），再利用基本建模方法（如拉伸等）获得实体特征。

拉伸是创建实体最基本的方法，它从草绘平面按草绘截面和草绘平面拉伸方向直接拉伸生成模型，如图 3-1 所示。在基准平面上建立新的实体模型，则为拉伸增材料；若在实体上进行拉伸，可以通过选择决定拉伸增材料还是拉伸减材料。

试采用拉伸方法完成图 3-2 所示模型的实体造型。

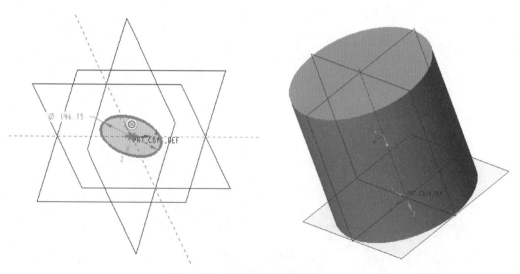

图 3-1　拉伸生成模型

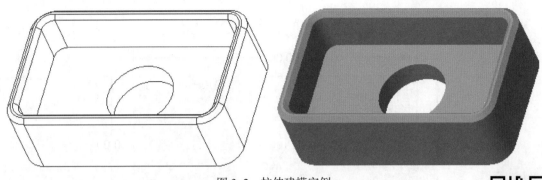

图 3-2 拉伸建模实例

三、任务实施

1. 创建新文件

（1）通过快捷方式图标启动 Creo Parametric 8.0 软件。

（2）在"主页"选项卡的"数据"组中单击"新建"按钮 ，新建文件"prt0301"，并将绘图区背景设为白色。

提示
切记在"模板"选项下选择"mmns_part_solid_abs"，下同。

2. 绘制草图

（1）在"模型"选项卡的"基准"组中单击"草绘"按钮 ，系统弹出"草绘"对话框。

（2）根据提示，选择"TOP"平面为草绘平面，接受系统默认的参考平面和方向选择，单击"草绘"按钮 草绘 ，系统弹出"草绘"选项卡。

（3）单击图形工具栏中的"基准显示过滤器"溢出按钮 ，在按钮列表中分别取消选中"平面显示"和"坐标系显示"复选框，关闭基准平面、坐标系显示；单击图形工具栏中的"旋转中心"按钮 ，关闭旋转中心显示。

（4）完成图 3-3 所示草图的绘制。

（5）在"草绘"选项卡的"关闭"组中单击"确定"按钮 ，完成草图绘制工作。

3. 创建拉伸实体

（1）在"模型"选项卡的"形状"组中单击"拉伸"按钮 ，系统弹出"拉伸"选项卡，其窗口界面如图 3-4 所示。

（2）在"拉伸"选项卡的"深度"文本框中输入拉伸深度值"30"，如图 3-5 所示。

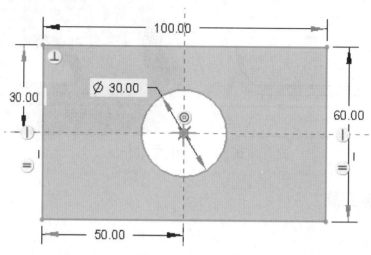

图 3-3　绘制草图

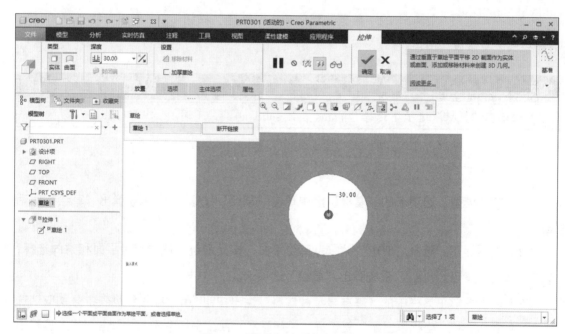

图 3-4　"拉伸"选项卡窗口界面

图 3-5　输入拉伸深度值

提示

　　系统默认的拉伸方向仅在草绘平面的一侧，实际操作中还可通过选项卡上的"选项"按钮 选项 定义三种形式，拉伸选项相关说明见表3-1。

表 3-1　　　　　　　　　　　　　　　　拉伸选项相关说明

拉伸深度形式	按钮图标	相关说明
可变	↟	从草绘平面以指定的深度值拉伸
到参考	↥	拉伸至选定的点、曲线、平面或曲面
对称	⊟	在草绘平面的两侧对称拉伸

　　（3）单击"拉伸"选项卡中的"确定"按钮 ✔确定，完成拉伸实体的创建工作。

　　（4）单击图形工具栏的"已保存方向"溢出按钮 ⬛，在按钮列表中选择"标准方向"，如图 3-6 所示。

　　（5）绘图区即可发生变化，图 3-7 所示为创建的拉伸实体。

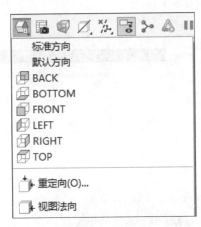

图 3-6　按钮列表

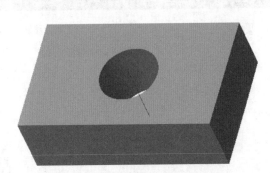

图 3-7　创建的拉伸实体

4．创建倒圆角

　　（1）在"模型"选项卡的"工程"组中单击"倒圆角"按钮 ⟍倒圆角 ▼，系统弹出"倒圆角"选项卡，其窗口界面如图 3-8 所示。

　　（2）在"倒圆角"选项卡"尺寸标注"组下方的"半径"文本框中输入"10"，通过单击鼠标左键分别选择拉伸实体的 4 条边线，按图 3-9 所示进行倒圆角操作。

　　（3）单击"倒圆角"选项卡中的"确定"按钮 ✔确定，完成倒圆角操作，结果如图 3-10 所示。

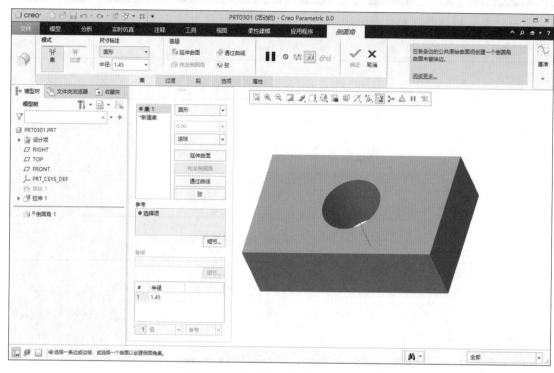

图 3-8 "倒圆角"选项卡窗口界面

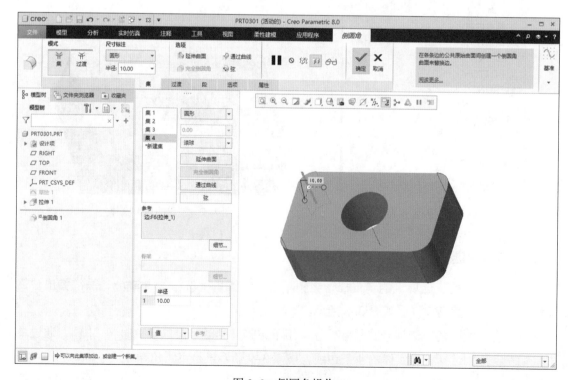

图 3-9 倒圆角操作

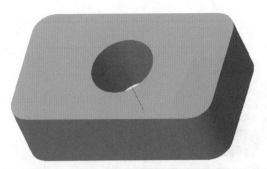

图 3-10　倒圆角结果

提示

　　倒圆角是机械零件常用的一种倒钝锐边的方法，依据倒圆角半径不同，可分为恒定半径、可变半径、完全倒圆角和由曲线驱动的圆角四种，相关说明见表 3-2。

表 3-2　　　　　　　　　　　　　　　　倒圆角相关说明

类型	图例	相关说明
恒定半径		通过选取边线、曲面—曲面或边线—曲面，再给出固定倒圆角半径建立的倒圆角
可变半径		通过选取边缘的各端点，可以分别指定不同的倒圆角半径，如果选定点不够，还可以自行增加基准点来变更倒圆角半径
完全倒圆角		将整个曲面用圆弧来代替，无须指定圆角半径，有曲面—曲面、边线—曲面和边线—边线三种选取方式

续表

类型	图例	相关说明
由曲线驱动的圆角	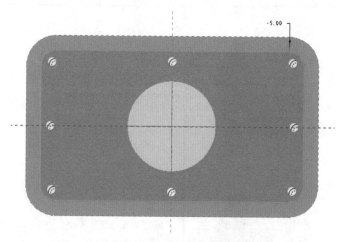	将特征的边缘沿着一条曲线倒圆角，倒圆角半径会根据曲线距离边缘的位置来确定

5. 拉伸减材料操作

（1）在"模型"选项卡的"基准"组中单击"草绘"按钮 ，根据系统提示，选择拉伸体上表面作为草绘平面，接受系统默认的参考平面和方向选择，单击"草绘"按钮 ，系统弹出"草绘"选项卡。

（2）在"草绘"选项卡的"草绘"组中单击"偏移"按钮 ，根据提示，选择要偏移的 4 条边和 4 段圆弧，并将偏移距离设为"5"，绘制偏移曲线，如图 3-11 所示。

图 3-11　绘制偏移曲线

提示

偏移类型可设置为"链"。

（3）在"草绘"选项卡的"关闭"组中单击"确定"按钮 ，结束草绘操作。

（4）在"模型"选项卡的"形状"组中单击"拉伸"按钮 ，系统弹出"拉伸"选项卡（可按"Ctrl+D"键调整视图方向）。

（5）在"拉伸"选项卡的"深度"文本框中输入拉伸深度值"20"，单击选项卡上的"移除材料"按钮 ，改变移除材料的方向，进行拉伸减材料操作，如图 3-12 所示。

图 3-12　拉伸减材料操作

（6）绘图区界面如图 3-13 所示。

（7）单击"拉伸"选项卡中的"确定"按钮 确定，完成拉伸减材料操作，其结果如图 3-14 所示。

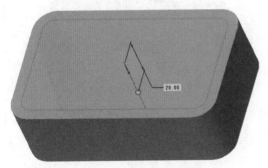

图 3-13　绘图区界面

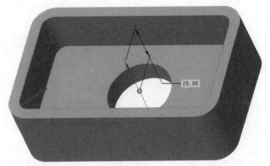

图 3-14　拉伸减材料结果

6. 创建边倒角

（1）在"模型"选项卡的"工程"组中单击"倒角"按钮 倒角▾，系统弹出"边倒角"选项卡，其窗口界面如图 3-15 所示。

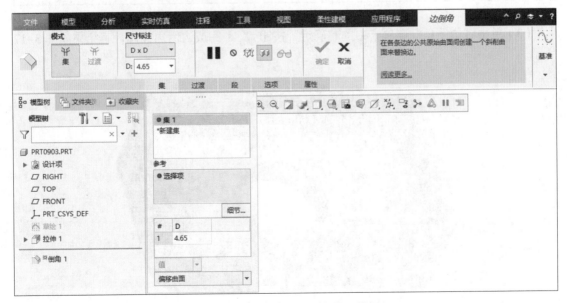

图 3-15　"边倒角"选项卡窗口界面

（2）在"边倒角"选项卡"尺寸标注"组下方"D："后的文本框中输入"2"，通过单击鼠标左键的方式选择需要倒角的边线，如图 3-16 所示。

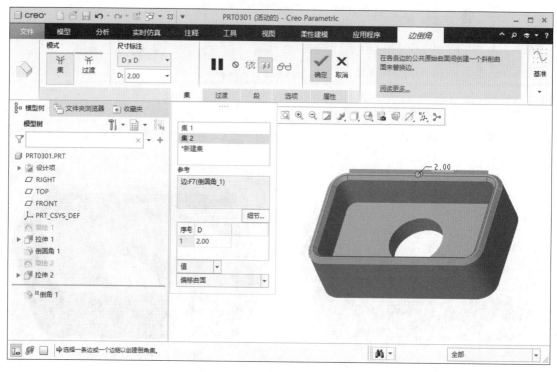

图 3-16　选择需要倒角的边线

提示

> 需要选择多条边线时，可按住"Ctrl"键并依次单击鼠标左键选择。

（3）单击"边倒角"选项卡中的"确定"按钮 _{确定}，完成边倒角操作，其结果如图 3-17 所示。

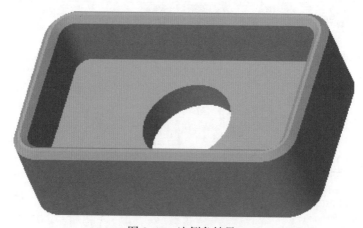

图 3-17　边倒角结果

7. 保存文件

至此，本课题任务全部完成。

在快速访问工具栏中单击"保存（S）"按钮 ，系统弹出"保存对象"对话框，单击"确定"按钮 ，完成文件的保存。

出于功能或工艺的考虑，需要对机械零件进行倒角处理，Creo 8.0 软件提供了两种倒角方式，即边倒角和拐角倒角。其中，拐角倒角是对三个面的交角进行倒角，对于图 3-18 所示的要求，操作时先选择点，再输入三个边倒角尺寸，最后单击"确定"按钮 。

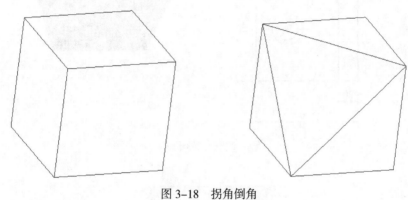

图 3-18　拐角倒角

四、任务拓展

试采用拉伸特征创建图 3-19 ~ 图 3-21 所示的三维实体模型。

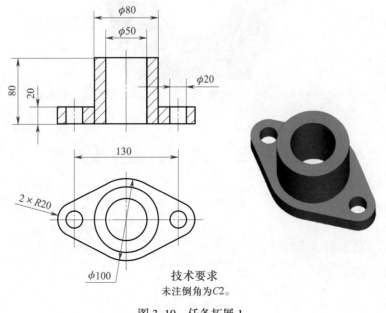

技术要求
未注倒角为 C2。

图 3-19　任务拓展 1

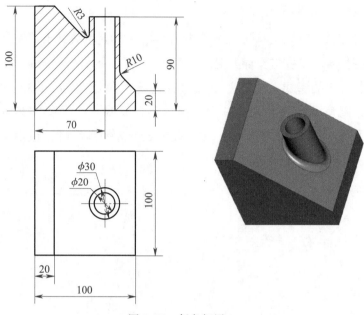

图 3-20　任务拓展 2

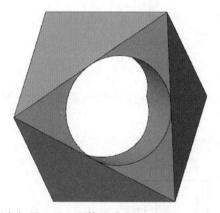

图 3-21　任务拓展 3（立方体尺寸为 100 mm×100 mm×100 mm）

课题 2　旋 转 建 模

一、学习目标

1. 能完成实体旋转建模操作。

2. 掌握实体抽壳方法。

二、任务描述

旋转是创建实体的另一种基本方法，它利用一个截面绕中心轴旋转来建立或剪切特征；抽壳则是用来将特征的表面和内部挖空，留下一层薄壁的操作方法，在塑料件制品中，抽壳结构应用广泛。旋转和抽壳如图 3-22 所示。

试采用旋转、抽壳等方法完成图 3-23 所示旋钮模型的实体造型。

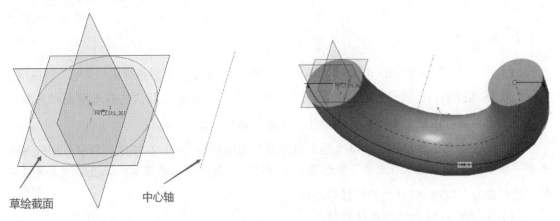

草绘截面　　　　中心轴

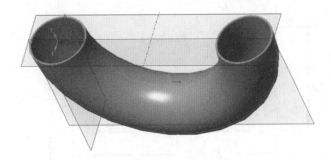

图 3-22　旋转和抽壳

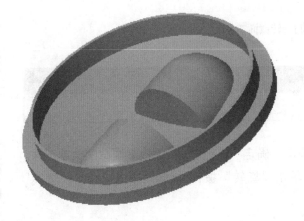
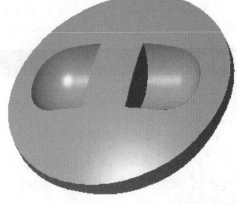

图 3-23　旋钮模型

三、任务实施

1. 创建新文件

（1）通过快捷方式图标启动 Creo Parametric 8.0 软件。

（2）在"主页"选项卡的"数据"组中单击"新建"按钮 ，新建文件"prt0302"，并将绘图区背景设为白色。

2. 创建旋钮基体

（1）在"模型"选项卡的"基准"组中单击"草绘"按钮 ，系统弹出"草绘"对话框。

（2）根据提示，选择"FRONT"平面为草绘平面，接受系统默认的参考平面和方向选择，单击"草绘"按钮 草绘 ，系统弹出"草绘"选项卡。

（3）单击图形工具栏中的"基准显示过滤器"溢出按钮 ，在按钮列表中分别取消选中"平面显示"和"坐标系显示"复选框，关闭基准平面、坐标系显示；单击图形工具栏中的"旋转中心"按钮 ，关闭旋转中心显示。

（4）绘制图 3-24 所示的旋转截面。

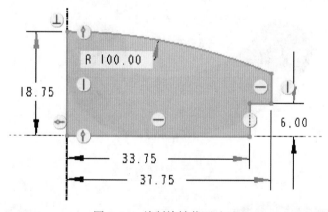

图 3-24　绘制旋转截面（1）

提示
注意绘制旋转中心线。

（5）在"草绘"选项卡的"关闭"组中单击"确定"按钮 ，完成截面草图绘制工作。

（6）在"模型"选项卡的"形状"组中单击"旋转"按钮 旋转 ，系统弹出"旋转"选项卡，其窗口界面如图 3-25 所示。

（7）接受选项卡上旋转角度"360"的设置及其他默认设置，单击"确定"按钮 ，完成旋钮旋转基体的创建工作，如图 3-26 所示。

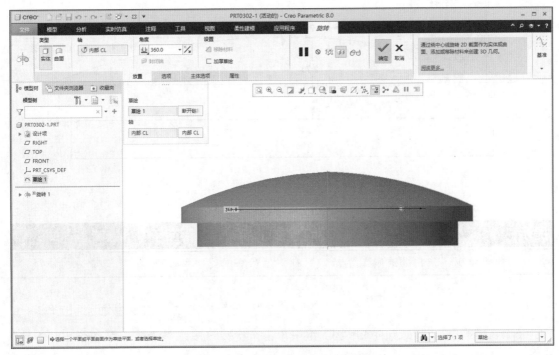

图 3-25　"旋转"选项卡窗口界面（1）

图 3-26　创建旋转基体

提示

操作时，可通过按住鼠标中键后移动鼠标使模型旋转，以便于观察。

3. 创建旋转槽

（1）在"模型"选项卡的"基准"组中单击"草绘"按钮 ，系统弹出"草绘"对话框。

（2）根据提示，选择"FRONT"平面为草绘平面，接受系统默认的参考平面和方向选择，单击"草绘"按钮 草绘 ，系统弹出"草绘"选项卡。

（3）绘制图 3-27 所示的旋转截面。

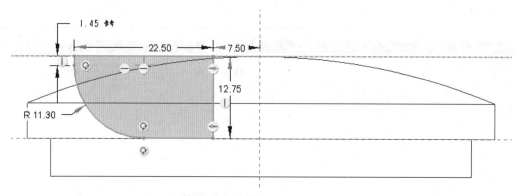

图 3-27　绘制旋转截面（2）

提示

　　为便于绘制，采用"消隐"显示，同时，注意绘制旋转中心线。

　　（4）在"草绘"选项卡的"关闭"组中单击"确定"按钮 ✓ 确定，结束截面绘制工作。

　　（5）在"模型"选项卡的"形状"组中单击"旋转"按钮 ◈ 旋转 ，系统弹出"旋转"选项卡，其窗口界面如图 3-28 所示。

　　（6）在"旋转"选项卡的"设置"组中单击"移除材料"按钮 ▱ 移除材料 ，如图 3-29 所示。

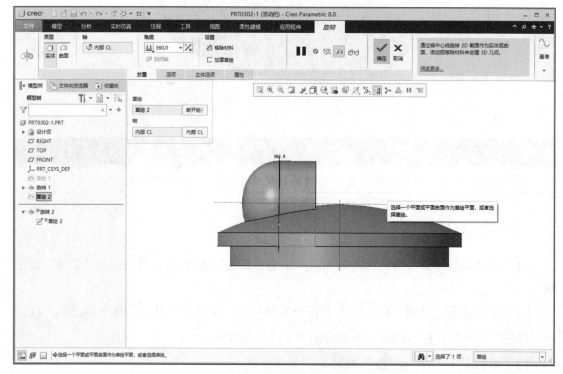

图 3-28　"旋转"选项卡窗口界面（2）

图 3-29　单击"移除材料"按钮

（7）单击"旋转"选项卡中的"确定"按钮 ✔确定，完成旋钮左侧旋转槽的切割操作，如图 3-30 所示。

（8）用类似的方法完成右侧旋转槽的切割操作，如图 3-31 所示。

图 3-30　切割左侧旋转槽

图 3-31　切割右侧旋转槽

提示

右侧旋转槽的切割也可采用"镜像"的方法完成。

4. 创建抽壳操作

（1）在"模型"选项卡的"工程"组中单击"壳"按钮 ▣ 壳，系统弹出"壳"选项卡，其窗口界面如图 3-32 所示。

（2）在"壳"选项卡"设置"组的"厚度"文本框中输入数值"1"，并选择抽壳操作移除面，如图 3-33 所示。

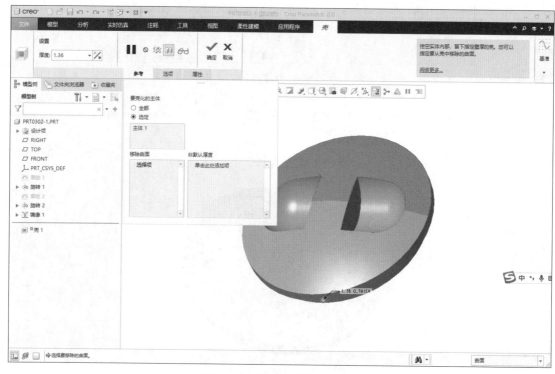

图 3-32 "壳"选项卡窗口界面

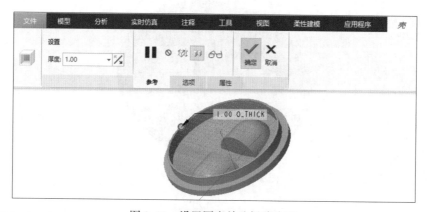

图 3-33 设置厚度并选择移除面

提示

对于抽壳操作需要说明以下三点：

（1）抽壳操作中的壁厚可以为负值，此时系统将往实体外部增加厚度。

（2）根据需要，按住"Ctrl"键的同时再单击鼠标左键选择多个面，可以设置若干移除面。

（3）抽壳的各面可以分别设置不同的厚度。

（3）单击"壳"选项卡中的"确定"按钮 ✔确定，完成旋钮抽壳操作，如图 3-34 所示。

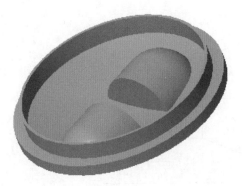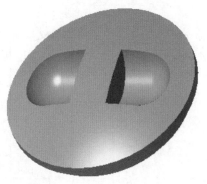

图 3-34 完成旋钮抽壳操作

5. 保存文件

至此，本课题任务全部完成。

在快速访问工具栏中单击"保存（S）"按钮 💾 保存(S)，系统弹出"保存对象"对话框，单击"确定"按钮 确定，完成文件的保存。

四、任务拓展

任务拓展 1　试采用旋转等建模方法完成图 3-35 所示模型的实体建模。

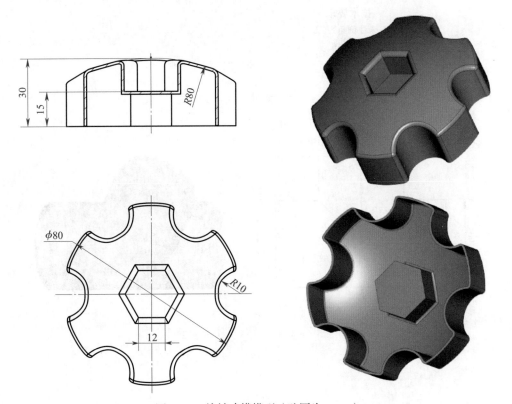

图 3-35　旋转建模模型（壁厚为 1 mm）

任务拓展 2　试完成图 3-36 所示轴类零件的实体建模。

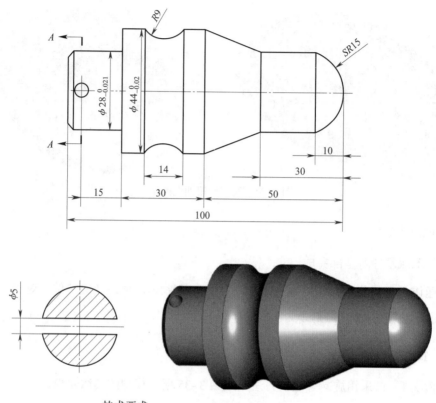

技术要求

1. 未注倒角为 $C2$。
2. 倒钝锐边。

图 3-36　轴类零件

任务拓展 3　试完成图 3-37 所示三通模型的实体建模。

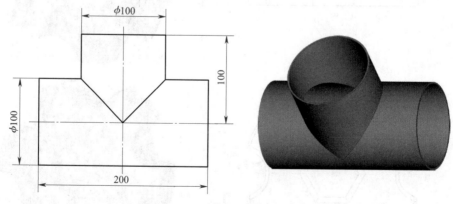

图 3-37　三通模型（壁厚为 1 mm）

课题3　扫　描　建　模

一、学习目标

1. 能通过沿曲线扫描进行实体建模。
2. 能通过螺旋扫描进行实体建模。
3. 掌握公式曲线的绘制方法。

二、任务描述

一般来说，对于形状规则零件的建模利用拉伸、旋转等基本建模工具即可完成，但面对复杂零件的建模，还需利用其他工具，扫描特征就是其中之一。扫描是指利用一个截面沿一条轨迹线移动来建立或剪切特征，如图 3-38 所示。

试通过沿曲线扫描、螺旋扫描完成图 3-39 所示零件的实体建模。

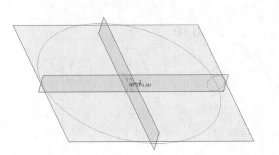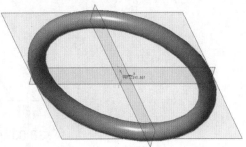

图 3-38　通过扫描生成模型

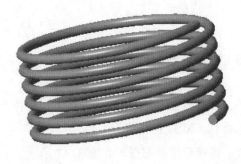

图 3-39　扫描零件

三、任务实施

1. 创建新文件

（1）通过快捷方式图标启动 Creo Parametric 8.0 软件。

（2）在"主页"选项卡的"数据"组中单击"新建"按钮 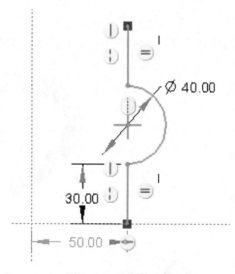，新建文件"prt0303"，并将绘图区背景设为白色。

2. 创建沿曲线扫描实体

（1）在"模型"选项卡的"基准"组中单击"草绘"按钮，系统弹出"草绘"对话框。

（2）根据提示，选择"TOP"平面为草绘平面，接受系统默认的参考平面和方向选择，单击"草绘"按钮 草绘 ，系统弹出"草绘"选项卡。

（3）单击图形工具栏中的"基准显示过滤器"溢出按钮，在按钮列表中分别取消选中"平面显示"和"坐标系显示"复选框，关闭基准平面、坐标系显示；单击图形工具栏中的"旋转中心"按钮，关闭旋转中心显示。

（4）绘制图 3-40 所示的轨迹线。

图 3-40　绘制轨迹线

（5）在"草绘"选项卡的"关闭"组中单击"确定"按钮，结束轨迹线绘制工作。

（6）在"模型"选项卡的"形状"组中单击"扫描"按钮 扫描 ▼，系统弹出"扫描"选项卡，如图 3-41 所示。

（7）选择草绘的图形，如图 3-42 所示。

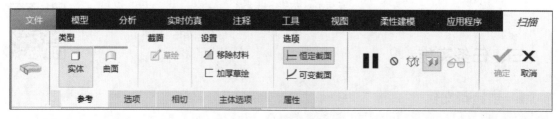

图 3-41　"扫描"选项卡

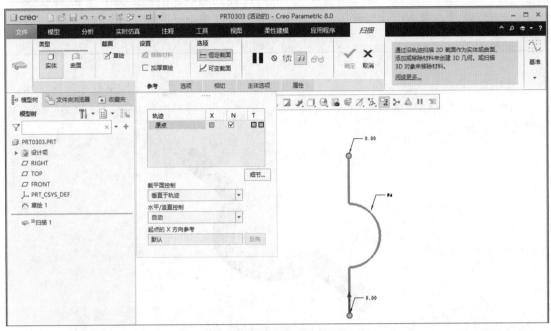

图 3-42　草绘图形

　　（8）在"扫描"选项卡的"截面"组中单击"草绘"按钮 草绘，系统弹出"草绘"选项卡，草绘横截面，如图 3-43 所示。

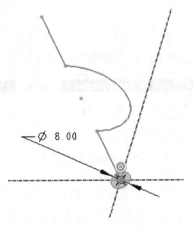

图 3-43　草绘横截面

> **提示**
>
> 　　为便于观察，对绘图区中的图形进行了旋转，通过单击"草绘方向"按钮 ⟲，可返回草绘方向。

　　（9）在"草绘"选项卡的"关闭"组中单击"确定"按钮 ✓，完成横截面草绘工作。

　　（10）单击"扫描"选项卡中的"确定"按钮 ✓，完成沿曲线扫描实体创建工作，其结果如图 3-44 所示。

图 3-44　创建沿曲线扫描实体

> **提示**
>
> 　　对于上述开放式轨迹的扫描实体，其截面一定要封闭；如果轨迹是封闭的，则截面可以是开放的，也可以是封闭的。

3. 创建螺旋扫描实体

　　（1）单击图形工具栏中的"基准显示过滤器"溢出按钮 ⁝⁝，在按钮列表中选中"平面显示"复选框，打开基准平面显示。

　　（2）在"模型"选项卡的"形状"组中单击"扫描"溢出按钮 🗔 扫描 ▼，在按钮列表中单击"螺旋扫描"按钮 〰 螺旋扫描 ，系统弹出"螺旋扫描"选项卡，如图 3-45 所示。

图 3-45　"螺旋扫描"选项卡

　　（3）在"螺旋扫描"选项卡中打开"参考"面板，单击"定义 ..."按钮 定义... ，弹出"草绘"对话框。选择"FRONT"基准平面作为草绘平面，并以"RIGHT"基准平面为草绘平面的参考平面，"方向"选择"右"，单击"草绘"按钮 草绘 ，如图 3-46 所示，系统弹出"草绘"选项卡。

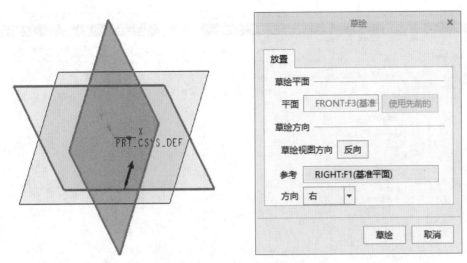

图 3-46　设定草绘平面和草绘方向

（4）草绘螺旋轮廓和扫描几何中心线，如图 3-47 所示。

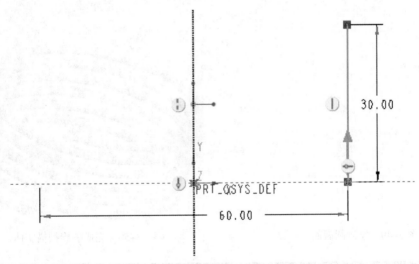

图 3-47　草绘螺旋轮廓和扫描几何中心线

（5）在"草绘"选项卡的"关闭"组中单击"确定"按钮 确定，结束螺旋轮廓和扫描几何中心线绘制工作。

（6）在"螺旋扫描"选项卡的"间距"组中单击文本框，输入数值"5"，"参考"面板参数选择默认值，如图 3-48 所示。

（7）在"螺旋扫描"选项卡的"截面"组中单击"草绘"按钮 草绘，系统弹出"草绘"选项卡。

（8）绘制圆截面，如图 3-49 所示。

（9）在"草绘"选项卡的"关闭"组中单击"确定"按钮 确定。

（10）单击"螺旋扫描"选项卡中的"确定"按钮 确定，完成的恒定螺距的螺旋扫描实体如图 3-50 所示。

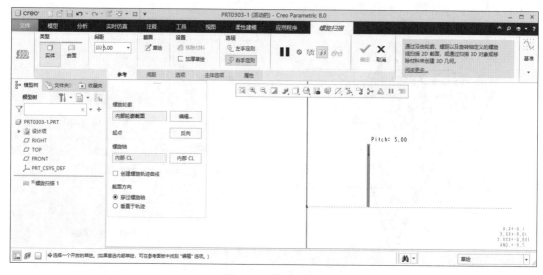

图 3-48　设置螺距

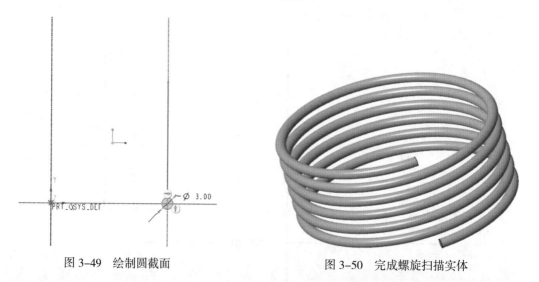

图 3-49　绘制圆截面　　　　　　　　图 3-50　完成螺旋扫描实体

提示

以上弹簧还可通过变截面扫描特征创建。

"螺旋扫描"选项卡分别用于定义螺距类型、扫描截面和螺纹旋向，相关说明见表 3-3。

表 3-3　　　　　　　　　　　　　螺旋扫描选项的相关说明

选项		图例	相关说明
螺距类型	常数		常数和可变的是螺距的两种类型，常数用于设置螺距值为常数的螺旋体，可变的用于设置螺距值不为常数的螺旋体

续表

选项		图例	相关说明
	可变的		
扫描截面	穿过轴	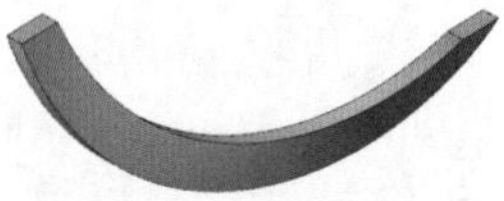	穿过轴和垂直于轨迹是截面的两种放置形式，穿过轴是指截面所在的平面通过旋转轴，垂直于轨迹是指截面垂直于扫描轨迹线
	垂直于轨迹	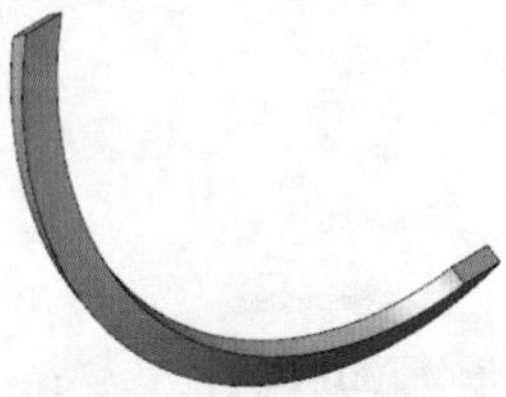	
螺纹旋向	右手定则	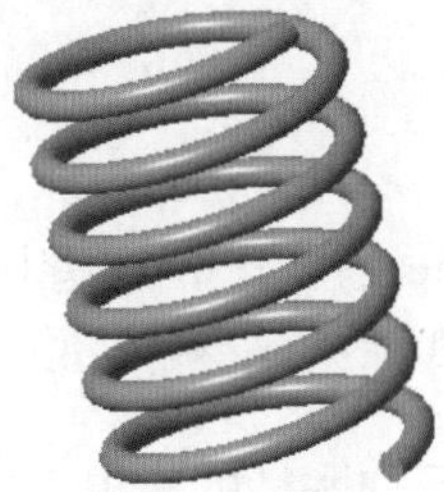	右螺旋体与左螺旋体是螺旋扫描的两种旋转方向，右手定则是按照右手螺旋法则确定旋转方向，左手定则是按照左手螺旋法则确定旋转方向
	左手定则		

4. 保存文件

至此，本课题任务全部完成。

在快速访问工具栏中单击"保存（S）"按钮 ，系统弹出"保存对象"对话框，单击"确定"按钮 ，完成文件的保存。

四、任务拓展

任务拓展 1　试根据图 3-51 所示的要求完成工字钢轨道的建模工作。

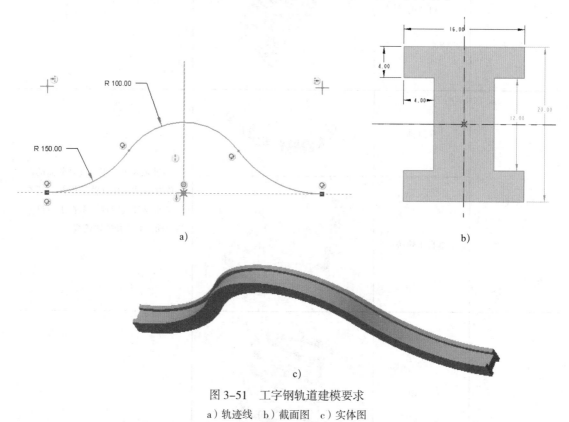

a)　　　　　　　　　　　　　　　　　　　b)

c)

图 3-51　工字钢轨道建模要求

a）轨迹线　b）截面图　c）实体图

任务拓展 2　试完成图 3-52 所示饮水杯的建模工作，尺寸自定。

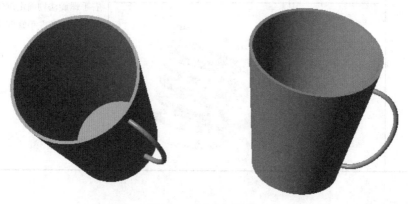

图 3-52　饮水杯模型

提示

　　建模后，若水杯手把端点处与杯身出现未完全合并的情况，可在"扫描"选项卡的"选项"面板中选中"合并端"复选框即可。

　　任务拓展3 试完成图3-53所示等螺距锥形弹簧的创建工作，尺寸自定。

　　任务拓展4 试采用螺旋扫描等功能完成图3-54所示麻花钻模型（无倒锥）的创建工作，尺寸自定。

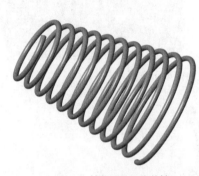

图3-53 等螺距锥形弹簧　　　　　　　　图3-54 麻花钻模型

提示

　　步骤：生成圆柱→用螺旋扫描功能切割一条螺旋槽→切割另一条螺旋槽→切割麻花钻前端锥角。

课题4 混合建模

一、学习目标

1．能进行平行混合实体建模操作。

2．能进行更改起始点操作。

3．能进行旋转混合实体建模操作。

二、工作任务

　　在Creo Parametric 8.0软件中，混合特征就是将一组截面在其边线处用过渡曲面连接形成的一个连续的特征。创建混合特征至少需要两个截面，如图3-55所示，它类似于其他三维建模软件中的放样。

　　试通过混合建模方法完成图3-56所示三种混合类型特征模型的创建工作。

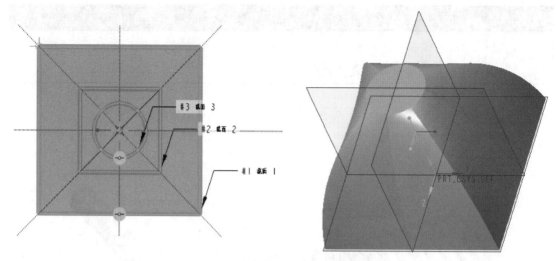

图 3-55　用混合特征生成的模型示意图

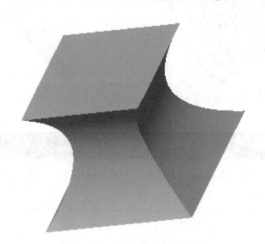

图 3-56　混合特征建模模型

三、任务实施

1. 创建新文件

（1）通过快捷方式图标启动 Creo Parametric 8.0 软件。

（2）在"主页"选项卡的"数据"组中单击"新建"按钮 ，新建文件"prt0304"，并将绘图区背景设为白色。

2. 创建平行混合实体

（1）单击"模型"选项卡的"形状"组溢出按钮 形状▼ ，在按钮列表中单击"混合"按钮 混合 ，系统弹出"混合"选项卡，如图 3-57 所示。

（2）在"混合"选项卡的"混合，使用"组中单击"草绘截面"按钮 ，在"截面 1"组中单击"定义"按钮 定义 ，系统弹出"草绘"对话框，选择"TOP"基准平面作为截面 1

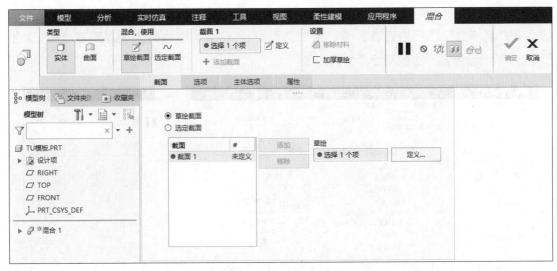

图 3-57 "混合"选项卡

的草绘平面，默认以"RIGHT"基准平面为草绘平面的参考平面，"方向"选择"右"，单击"草绘"按钮 草绘 ，系统弹出"草绘"选项卡。

提示

也可以选中"截面"面板中的"草绘截面"单选按钮，单击"截面"面板中的"定义..."按钮 定义... ，系统弹出"草绘"对话框，定义草绘平面，系统弹出"草绘"选项卡。

（3）绘制第一个截面，该截面为一个正方形，如图 3-58 所示。

（4）在"草绘"选项卡的"关闭"组中单击"确定"按钮 确定 ，完成第一个截面的绘制工作。

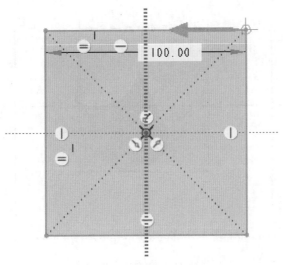

图 3-58 绘制第一个截面

（5）在"截面"面板的"草绘平面位置定义方式"选项组中选中"偏移尺寸"单选按钮，在"偏移自"选项中设置为偏移自"截面 1"，在文本框中输入偏移距离"50"，如图 3-59 所示设置截面 2 的草绘平面的位置。

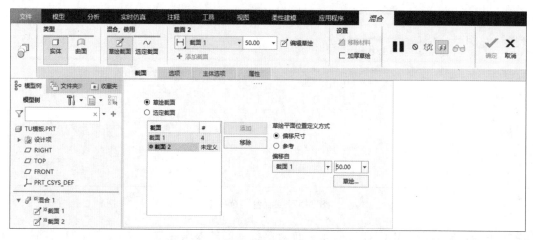

图 3-59　设置截面 2 的草绘平面的位置

（6）在"截面"面板中单击"草绘 ..."按钮 **草绘...**，系统弹出"草绘"选项卡。绘制第二个截面，如图 3-60 所示。

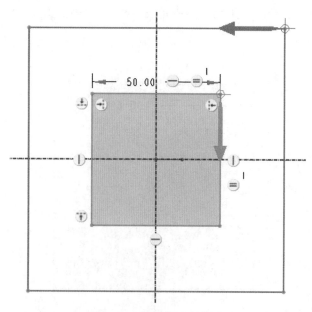

图 3-60　绘制第二个截面

> **提示**
>
> 　若要改变起始点的方向，则选取起始点，被选取的点加亮显示，然后单击鼠标右键，在弹出的图 3-61 所示的快捷菜单中选择"起点（S）"，则起始点箭头变向，如图 3-62 所示。

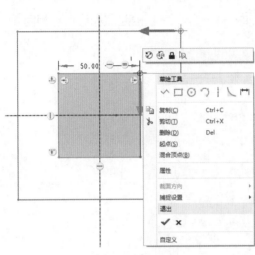

图 3-61　快捷菜单

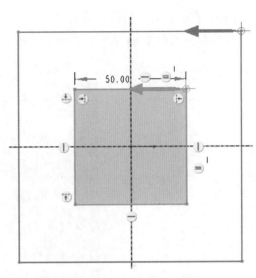

图 3-62　改变起点方向

（7）此时第二个截面和第一个截面的起点和终点相同。

（8）在"草绘"选项卡的"关闭"组中单击"确定"按钮 ✔确定，完成第二个截面的绘制工作。

（9）单击"截面"面板中的"添加"按钮 添加，从"草绘平面位置定义方式"选项组中选中"偏移尺寸"单选按钮，在"偏移自"选项中设置为偏移自"截面 2"，在文本框中输入偏移距离"25"，如图 3-63 所示设置截面 3 的草绘平面的位置。

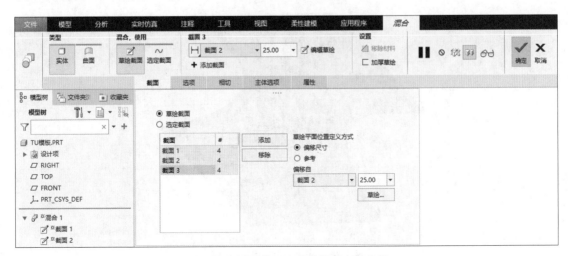

图 3-63　设置截面 3 的草绘平面的位置

> **提示**
>
> 也可以单击"混合"选项卡中"截面 3"组的"添加截面"按钮 ✚添加截面 ，在"截面 2"文本框中输入偏移距离"25"，并单击"编辑草绘"按钮 ☑编辑草绘 ，系统弹出"草绘"选项卡。

（10）在"截面"面板中单击"草绘..."按钮 草绘... ，系统弹出"草绘"选项卡，绘制第三个截面，如图 3-64 所示，该截面与第一个截面一模一样，它们的起点和终点也相同。

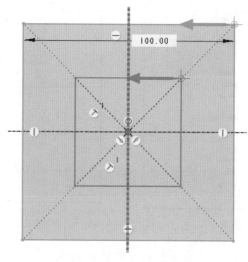

图 3-64　绘制第三个截面

（11）在"草绘"选项卡的"关闭"组中单击"确定"按钮 ✓ ，完成第三个截面的绘制工作。光滑连接的混合建模如图 3-65 所示。

（12）在"混合"选项卡中打开"选项"面板，在"混合曲面"选项组中选中"直"单选按钮。

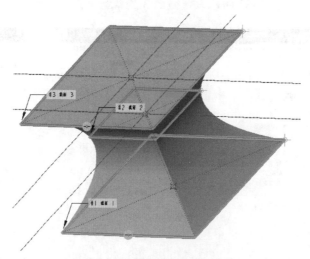

图 3-65　光滑连接的混合建模

按快捷键"Ctrl+D"便于观察图形。

（13）单击"混合"选项卡中的"确定"按钮 ，修改选项后的平行混合建模如图 3-66 所示。

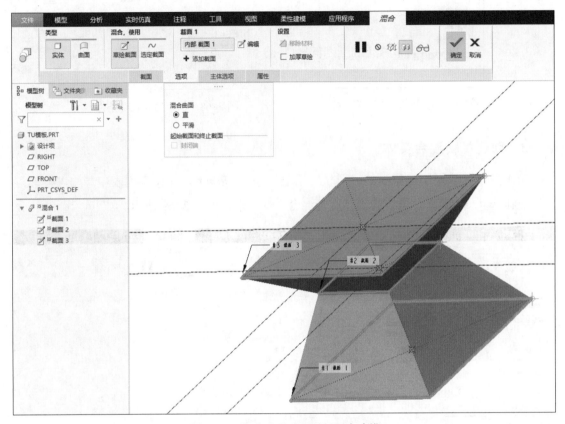

图 3-66　修改选项后的平行混合建模

在"混合"选项卡中打开"选项"面板，在"混合曲面"选项组中选中"平滑"单选按钮，如图 3-67 所示。若选中"平滑"单选按钮，则创建平滑直线并通过样条曲面来连接截面的相应边（见图 3-65）。而如果选中"直"单选按钮，那么将使用直线连接混合截面并通过直纹曲面连接截面的边（见图 3-66）。可以在"混合"选项卡中打开"相切"面板，选择每个开始截面和终止截面的相切条件。

在相切选项卡中，开始截面和终止截面的相切条件均默认为"自由"，如图 3-68 所示，也可以根据实际情况将其更改为相切、垂直。

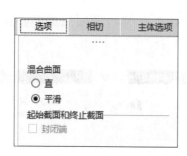

图 3-67　选中"平滑"单选按钮

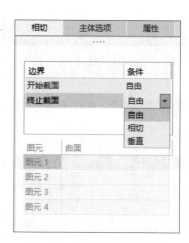

图 3-68　指定边界相切条件

3．创建旋转混合实体

（1）单击"模型"选项卡的"形状"组溢出按钮 **形状▼**，在按钮列表中单击"旋转混合"按钮 **旋转混合**，系统弹出"旋转混合"选项卡，如图 3-69 所示。

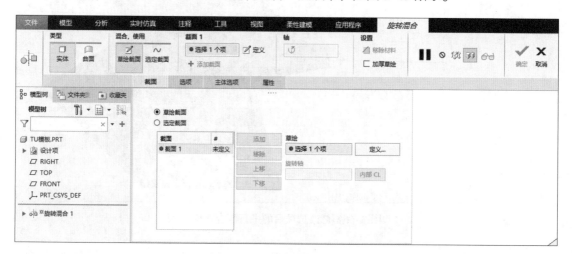

图 3-69　"旋转混合"选项卡

（2）在"旋转混合"选项卡的"混合，使用"组中单击"草绘截面"按钮 ，在"截面 1"组中单击"定义"按钮 **定义**，系统弹出"草绘"对话框，选择"FRONT"基准平面作为截面 1 的草绘平面，默认以"RIGHT"基准平面为草绘平面的参考平面，"方向"选择"上"，单击"草绘"按钮 **草绘**，系统弹出"草绘"选项卡。

提示

也可以选中"截面"面板中的"草绘截面"单选按钮，单击"截面"面板"草绘"后的"定义 ..."按钮 **定义...**，系统弹出"草绘"对话框，定义草绘平面，系统弹出"草绘"选项卡。

（3）绘制第一个截面，该截面为一个正方形，如图 3–70 所示．

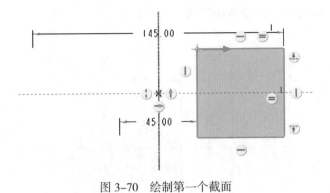

图 3–70　绘制第一个截面

（4）在"草绘"选项卡的"关闭"组中单击"确定"按钮 ✔确定，完成第一个截面的绘制工作。

（5）在"截面"面板的"草绘平面位置定义方式"选项组中选中"偏移尺寸"单选按钮，在"偏移自"选项中设置为偏移自"截面 1"，在文本框中输入偏移角度"45"，如图 3–71 所示设置截面 2 的草绘平面的位置。

提示

文本框中可输入的角度范围为 –120° ～ 120°。

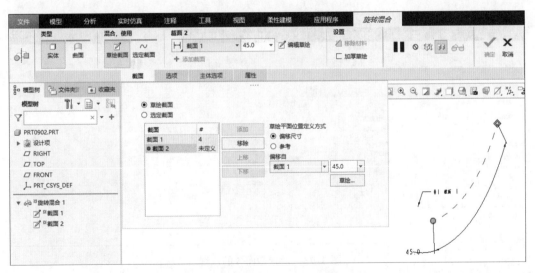

图 3–71　设置截面 2 的草绘平面的位置

提示

也可以选择在"旋转混合"选项卡的"截面 2"组中偏移自"截面 1"后的文本框中输入偏移角度"45"，并单击"编辑草绘"按钮 ✍编辑草绘，系统弹出"草绘"选项卡。

（6）在"截面"面板中单击"草绘 ..."按钮 草绘... ，系统弹出"草绘"选项卡。绘制第二个截面，如图 3-72 所示。该截面与第一个截面的起点和终点也相同。

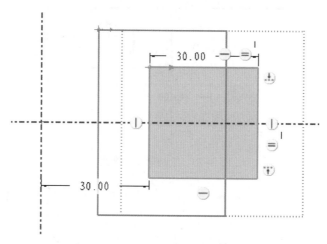

图 3-72　绘制第二个截面

（7）在"草绘"选项卡的"关闭"组中单击"确定"按钮 确定，完成第二个截面的绘制工作。

（8）在"截面"面板中单击"添加"按钮 添加 ，从"草绘平面位置定义方式"选项组中选中"偏移尺寸"单选按钮，设置为偏移自"截面 2"，在文本框中输入偏移角度"90"，如图 3-73 所示设置截面 3 的位置。

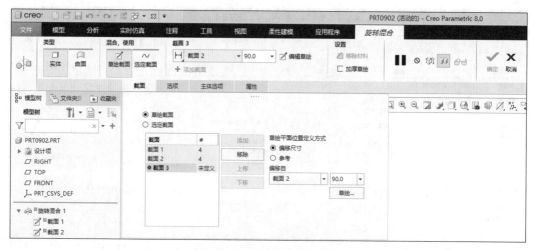

图 3-73　设置截面 3 的位置

提示

　　也可以选择单击"旋转混合"选项卡"截面 2"组的"添加截面"按钮 ✚ 添加截面 ，在"截面 2"文本框中输入偏移角度"90"，并单击"编辑草绘"按钮 编辑草绘 ，系统弹出"草绘"选项卡。

（9）在"截面"面板中单击"草绘…"按钮 草绘… ，系统弹出"草绘"选项卡，绘制第三个截面，如图 3-74 所示。

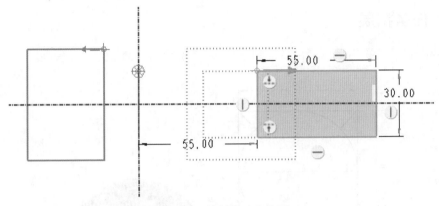

图 3-74 绘制第三个截面

（10）在"草绘"选项卡的"关闭"组中单击"确定"按钮 ，完成第三个截面的绘制工作，自动进入预览旋转混合建模界面，如图 3-75 所示。

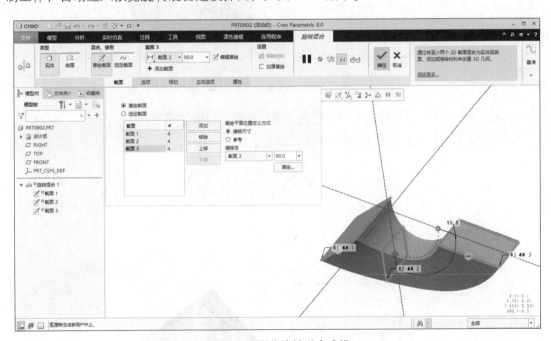

图 3-75 预览旋转混合建模

（11）单击"旋转混合"选项卡中的"确定"按钮 ，完成旋转混合实体的创建工作，如图 3-76 所示。

4. 保存文件

至此，本课题任务全部完成。

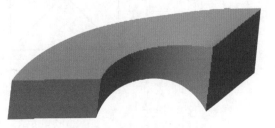

图 3-76 完成旋转混合实体

在快速访问工具栏中单击"保存（S）"按钮 ，系统弹出"保存对象"对话框，单击"确定"按钮 ，完成文件的保存。

四、任务拓展

任务拓展 1　试采用平行混合特征创建图 3-77 所示的天圆地方实体模型。

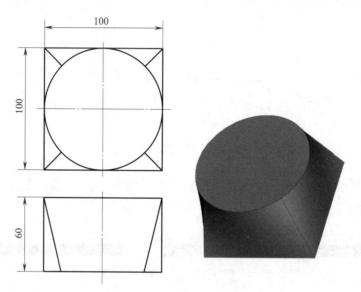

图 3-77　天圆地方实体模型

任务拓展 2　试采用平行混合特征创建图 3-78 所示的锥体模型。

任务拓展 3　试创建图 3-79 所示的实体模型。

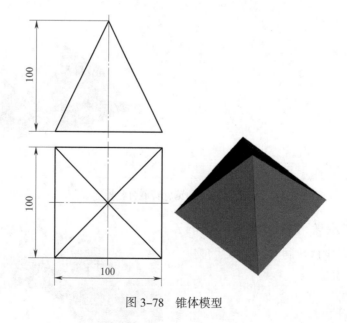

图 3-78　锥体模型

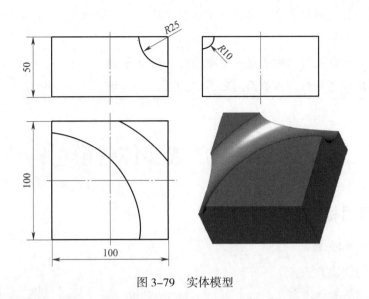

图 3-79 实体模型

任务拓展 4 试采用一般混合特征创建图 3-80 所示的螺旋送料辊体模型。

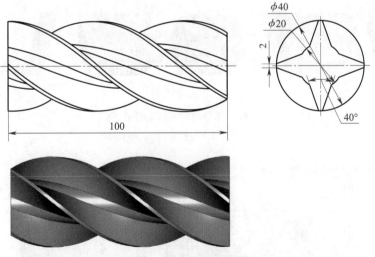

图 3-80 螺旋送料辊体模型

（3）绘制其他截面时，在草绘状态单击"草绘"→"导入"，选择刚保存的第一个截面文件。

（4）输入后一个截面相对于前一个截面的旋转角为45°。

（5）共创建六个截面，各截面间距为"20"。

课题 5　放置实体建模

一、学习目标

1. 能完成拔模操作。

2. 掌握孔的创建方法。

3. 掌握轮廓筋的创建方法。

4. 能完成倒圆角操作。

二、工作任务

放置实体特征主要是指在基本结构体上放置一些附加特征，如孔、倒圆角、倒直角、拔模、筋和抽壳等，如图 3-81 所示。

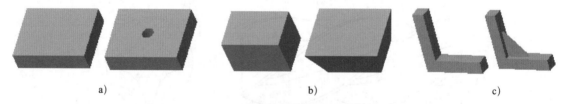

a)　　　　　　　　　　　b)　　　　　　c)

图 3-81　部分放置实体特征示意图

a）孔特征　b）拔模特征　c）筋特征

下面通过图 3-82 所示实体模型的创建操作学习放置实体建模方法。

图 3-82　放置实体建模模型

三、任务实施

1. 创建新文件

（1）通过快捷方式图标启动 Creo Parametric 8.0 软件。

（2）在"主页"选项卡的"数据"组中单击"新建"按钮 ，新建文件"prt0305"，并将绘图区背景设为白色。

2. 创建基本结构体

（1）在"模型"选项卡的"基准"组中单击"草绘"按钮 ，系统弹出"草绘"对话框。

（2）根据提示，选择"TOP"平面为草绘平面，接受系统默认的参考平面和方向选择，单击"草绘"按钮 草绘 ，系统弹出"草绘"选项卡。

（3）单击图形工具栏中的"基准显示过滤器"溢出按钮 ，在按钮列表中分别取消选中"平面显示"和"坐标系显示"复选框，关闭基准平面、坐标系显示；单击图形工具栏中的"旋转中心"按钮 ，关闭旋转中心显示。

（4）完成图 3-83 所示草图的绘制工作。

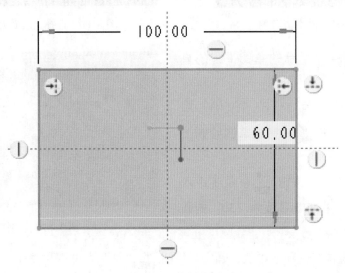

图 3-83 绘制草图

（5）在"草绘"选项卡的"关闭"组中单击"确定"按钮 ，完成草图绘制工作。

（6）在"模型"选项卡的"形状"组中单击"拉伸"按钮 ，系统弹出"拉伸"选项卡。

（7）在"拉伸"选项卡的"深度"文本框中输入拉伸深度值"10"，如图 3-84 所示。

（8）单击"拉伸"选项卡中的"确定"按钮 ，完成基本结构体的创建工作，如图 3-85 所示。

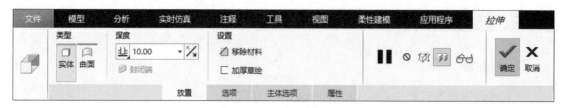

图 3-84　输入拉伸深度值

3. 创建圆柱拉伸体

（1）在"模型"选项卡的"基准"组中单击"草绘"按钮 ，根据提示，选择基本结构体上表面为草绘平面，如图 3-86 所示，单击"草绘"按钮 草绘 ，系统弹出"草绘"选项卡。

图 3-85　基本结构体

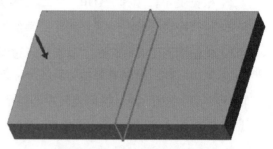

图 3-86　选择上表面为草绘平面

（2）绘制图 3-87 所示的草图（圆的直径为 20 mm）。

（3）在"草绘"选项卡的"关闭"组中单击"确定"按钮 ，完成草图绘制工作。

（4）单击"拉伸"按钮 ，系统进入"拉伸"建模环境，拉伸出高度为"30"的圆柱，如图 3-88 所示。

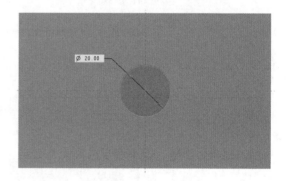

图 3-87　绘制草图

（5）单击"拉伸"选项卡中的"确定"按钮 ，结束拉伸圆柱操作。

4. 创建倒圆角

（1）在"模型"选项卡的"工程"组中单击"倒圆角"按钮 倒圆角 ▼，系统弹出"倒圆角"选项卡。

（2）在"倒圆角"选项卡"尺寸标注"组下方的"半径"文本框中输入"10"，通过单击鼠标左键分别选择 4 条边线，如图 3-89 所示。

（3）单击"倒圆角"选项卡中的"确定"按钮 ，完成倒圆角操作，如图 3-90 所示。

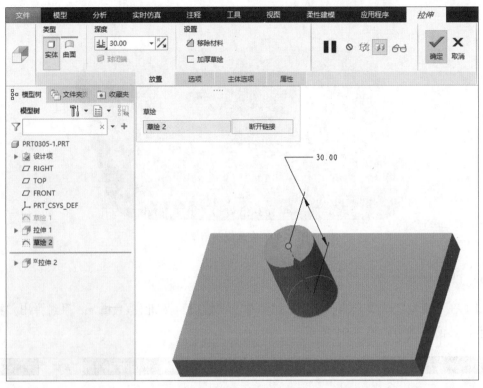

图 3-88　拉伸出圆柱

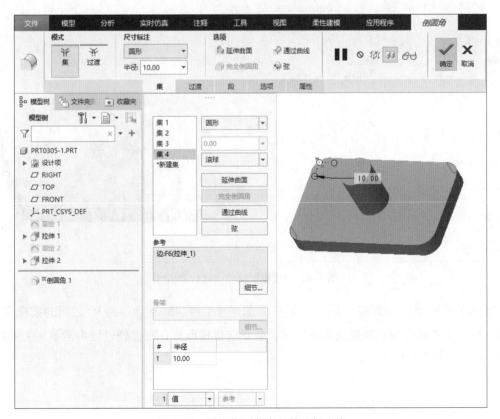

图 3-89　设置倒圆角半径并选择边线

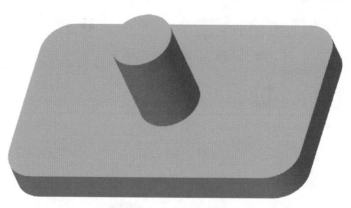

图 3-90 完成倒圆角操作

5. 创建拔模

（1）在"模型"选项卡的"工程"组中单击"拔模"按钮 ![拔模] ，系统弹出"拔模"选项卡，其窗口界面如图 3-91 所示。

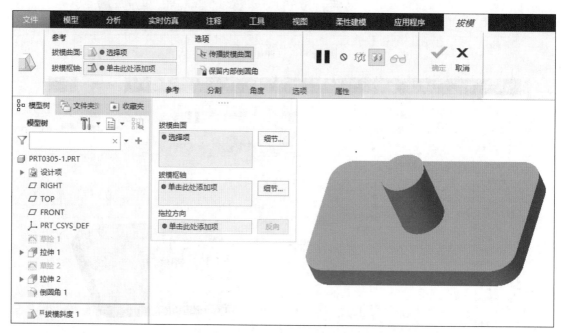

图 3-91 "拔模"选项卡窗口界面

拔模是指向单独曲面或一系列曲面中添加一个介于 $-89.9°$ 和 $+89.9°$ 之间的拔模角度。拔模一般有单向拔模和双向拔模两种方式，就单向拔模而言，在拔模过程中需要定义的项目见表 3-4。

表 3-4 单向拔模需要定义的项目

项目	图示	说明
拔模曲面		用来产生拔模斜度的零件表面
拔模枢轴	**拔模角度** 30.0 **拔模枢轴** **以该面法向作为拔模方向** **拔模面**	位于拔模面上，作为拔模面的旋转轴。在拔模过程中，拔模枢轴是指拔模曲面绕其旋转的边或曲线链，也可以是平面、面组、倒圆角曲面或倒角曲面。也可选取一个平面来定义拔模枢轴，以该平面与拔模面的交线作为拔模枢轴
拖拉方向		用于表示拔模的方向，可以选取一个平面（以其法向作为拔模方向）、一条直线、两个点或坐标系来定义拔模方向
拔模角度		拔模方向与生成的拔模曲面之间的夹角，系统规定拔模角度为 -89.9° ~ +89.9°

（2）根据系统提示，选择圆柱面作为拔模面，如图 3-92 所示。

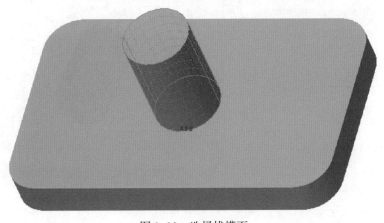

图 3-92 选择拔模面

提示

　　按住"Ctrl"键，分别选择两个半圆柱面。

（3）在"参考"面板打开定义项目，如图3-93所示。

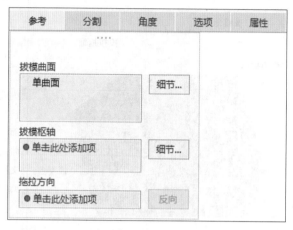

图3-93 "参考"面板

（4）根据提示，单击"拔模枢轴"下的收集器，选择圆柱上表面，如图3-94所示。

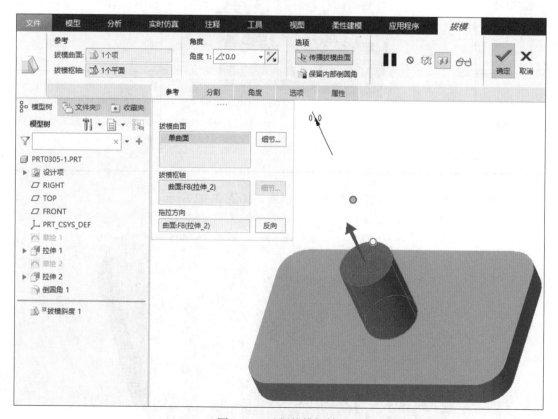

图3-94 选择拔模枢轴

（5）在"拔模"选项卡的"角度"组中，将"角度"修改为"5"，单击"反转角度"按钮 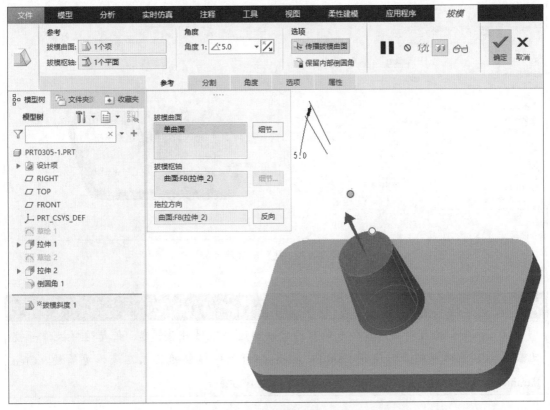，如图3-95所示。

图3-95　修改拔模角度和拖拉方向

（6）单击"拔模"选项卡中的"确定"按钮 _{确定}，完成拔模操作，如图3-96所示。

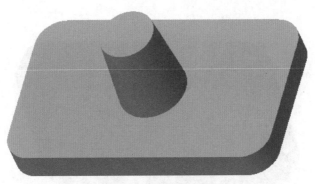

图3-96　完成拔模操作

6. 创建孔

（1）在"模型"选项卡的"工程"组中单击"孔"按钮 孔，系统弹出"孔"选项卡，其窗口界面如图3-97所示。

图 3-97 "孔"窗口界面

> **提示**
>
> 　　就孔而言，也可以利用拉伸或旋转的方法通过移除材料来创建，但是这样操作一般比较复杂，效率也较低，使用 Creo Parametric 8.0 软件提供的孔工具操作更简便。Creo Parametric 8.0 软件提供了简单孔、标准孔等的创建方法。

（2）消息提示区提示"选择曲面、轴或点来放置孔"，选择基本结构体上表面为孔的放置面，如图 3-98 所示。

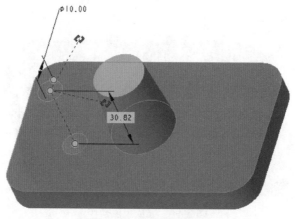

图 3-98 选择孔放置面

（3）在"孔"选项卡的"尺寸"组中单击"直径"文本框，输入数值"10"，按图 3-99 所示设置孔径。在"深度"组中单击"从放置参考以指定的深度值钻孔"溢出按钮 ⬒，在按钮列表中单击"穿透"按钮 ⬒┇ 穿透 。

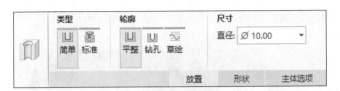

图 3-99 设置孔径

> **提示**
>
> 　　在"放置"面板的"类型"选项中包括线性、径向等。线性是指确定孔的放置面和直径后，指定参考面或边与孔的距离来创建孔；径向则是指确定孔的放置面和直径后，指定参考轴与角度，并且输入圆孔轴与基准轴的距离来创建孔。

（4）在"孔"选项卡的"放置"面板中单击"偏移参考"下的提示框，根据提示选择参考面，按住"Ctrl"键，选择两个参考面，依次将偏移量设置为"10"，完成孔位的设置工作，如图 3-100 所示。

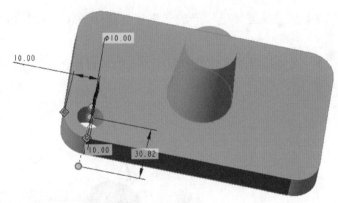

图 3-100 设置孔位

（5）单击"孔"选项卡中的"确定"按钮 ，完成线性简单孔的创建工作，如图 3-101 所示。

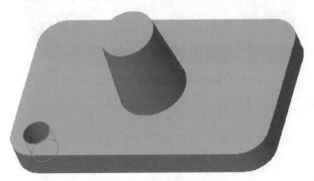

图 3-101 创建线性简单孔

（6）用类似的方法创建其他线性简单孔，如图 3-102 所示。

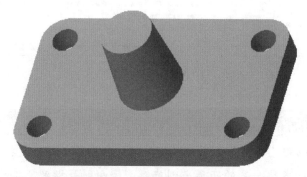

图 3-102　创建其他线性简单孔

提示

简单孔只能用于创建等径直孔，若要创建非等径孔，则需要采用草绘孔，草绘孔的截面和深度均在草绘环境下进行设置，再由旋转方式产生孔，其原理与旋转除料相同。

（7）在"模型"选项卡的"工程"组中单击"孔"按钮 ⬡孔，系统弹出"孔"选项卡。

（8）选择拔模圆锥体上表面作为孔的放置面，如图 3-103 所示。

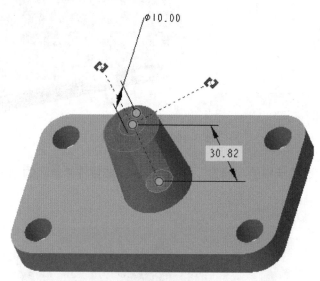

图 3-103　选择孔放置面

（9）完成孔位的设定，如图 3-104 所示。

（10）在"孔"选项卡的"轮廓"组中单击"草绘"按钮 草绘，弹出"尺寸"组，单击"尺寸"组的"草绘"按钮 ▱草绘，系统弹出"草绘"选项卡，如图 3-105 所示。

（11）绘制孔截面草图，如图 3-106 所示。

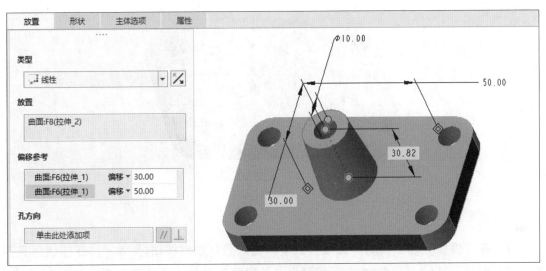

图 3-104 设置孔位

图 3-105 单击"草绘"按钮

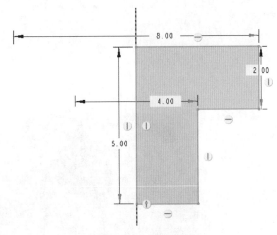

图 3-106 草绘截面

提示

注意绘制旋转轴（中心线），且草绘孔截面至少要有一条边与旋转轴垂直。

（12）在"草绘"选项卡的"关闭"组中单击"确定"按钮 ✓，完成草图绘制工作。

（13）单击"孔"选项卡中的"确定"按钮 ✓，完成草绘孔的创建工作，如图 3-107 所示。

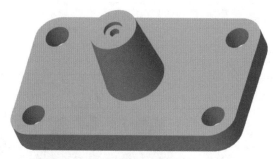

图 3-107　创建草绘孔

7. 创建轮廓筋

（1）在"模型"选项卡的"工程"组中单击"筋"溢出按钮 　筋 ▾ ，在按钮列表中单击"轮廓筋"按钮 　轮廓筋 ，系统弹出"轮廓筋"选项卡，其窗口界面如图 3-108 所示。

图 3-108　"轮廓筋"窗口界面

（2）单击图形工具栏中的"基准显示过滤器"溢出按钮 　，在按钮列表中选中"平面显示"复选框，打开基准平面显示，在"轮廓筋"选项卡的"参考"面板中单击"定义…"按钮 ，准备定义内部草绘，如图 3-109 所示。

（3）选择"FRONT"作为草绘平面，绘制轮廓筋的截面线，如图 3-110 所示。

图 3-109　准备定义内部草绘

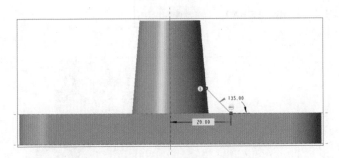

图 3-110　绘制轮廓筋的截面线

提示

截面线不封闭，且两端点应与实体的边线对齐。

（4）在"草绘"选项卡的"关闭"组中单击"确定"按钮 ✔，完成筋的截面线草绘工作。

（5）在"轮廓筋"选项卡的"宽度"组中单击文本框，输入数值"6"，如图 3-111 所示设置轮廓筋的宽度。

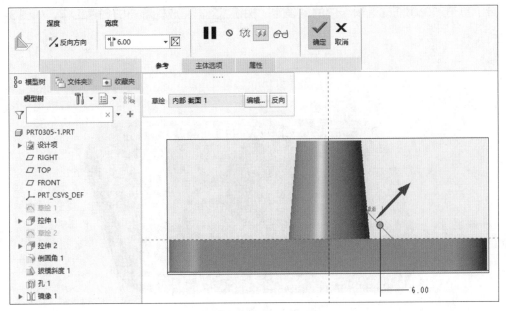

图 3-111　设置轮廓筋的宽度

（6）在"轮廓筋"选项卡的"深度"组中单击"反向方向"按钮 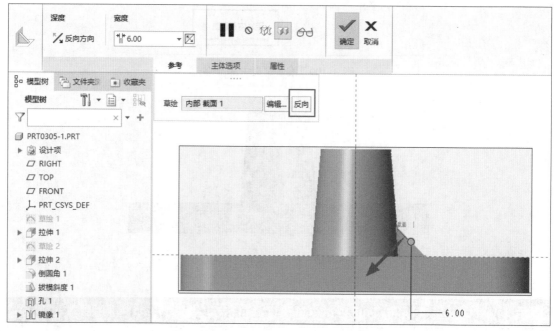反向方向 ，改变轮廓筋的生成方向，如图 3-112 所示。

图 3-112　改变轮廓筋的生成方向

提示

也可以直接单击箭头改变筋的生成方向。

（7）单击"轮廓筋"选项卡中的"确定"按钮 ✔，完成轮廓筋的创建工作，如图 3-113 所示。

图 3-113　创建轮廓筋

（8）用类似的方法完成其他轮廓筋的创建工作，如图 3-114 所示。

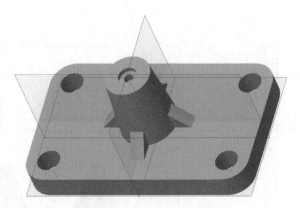

图 3-114 创建其他轮廓筋

8. 保存文件

至此，本课题任务全部完成。

在快速访问工具栏中单击"保存（S）"按钮 ![保存(S)]，系统弹出"保存对象"对话框，单击"确定"按钮 ![确定]，完成文件的保存。

四、任务拓展

任务拓展 1 试完成图 3-115 所示零件的实体造型。

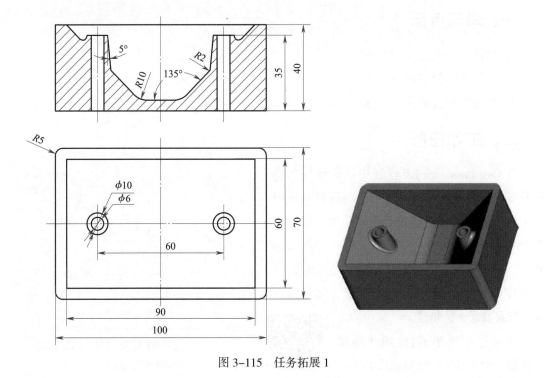

图 3-115 任务拓展 1

任务拓展 2 试完成图 3-116 所示零件的实体造型。

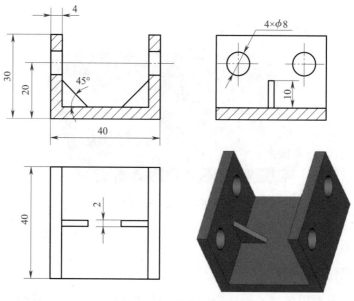

图 3-116 任务拓展 2

课题 6 复 制 操 作

一、学习目标

1．掌握特征复制操作方法。

2．掌握镜像复制操作方法。

3．掌握阵列复制操作方法。

二、工作任务

在 Creo Parametric 8.0 软件中，复制包括特征复制、镜像复制和阵列复制。特征复制是指生成选取的特征并将其移到不同位置；若一次要产生大量并规则变化的特征，可以采用阵列复制；镜像复制则能实现关于平面或基准面的特征镜像，操作后镜像特征与被镜像特征融合在一起是其最大的特点。

试通过创建图 3-117 所示的实体模型，学习特征的复制操作方法。

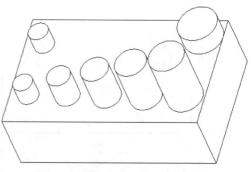

图 3-117 应用特征复制与阵列复制的实体模型示例

三、任务实施

1. 创建新文件

（1）通过快捷方式图标启动 Creo Parametric 8.0 软件。

（2）在"主页"选项卡的"数据"组中单击"新建"按钮 ，新建文件"prt0306"，并将绘图区背景设为白色。

2. 创建基本结构体

（1）在"模型"选项卡的"基准"组中单击"草绘"按钮 ，系统弹出"草绘"对话框。

（2）根据提示，选择"TOP"平面为草绘平面，接受系统默认的参考平面和方向选择，单击"草绘"按钮 草绘 ，系统弹出"草绘"选项卡。

（3）单击图形工具栏中的"基准显示过滤器"溢出按钮 ，在按钮列表中分别取消选中"平面显示"和"坐标系显示"复选框，关闭基准平面、坐标系显示；单击图形工具栏中的"旋转中心"按钮 ，关闭旋转中心显示。

（4）完成图 3-118 所示草图的绘制工作。

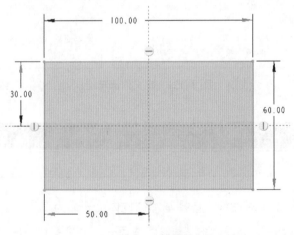

图 3-118　绘制草图

（5）在"草绘"选项卡的"关闭"组中单击"确定"按钮 ，完成草图绘制工作。

（6）在"模型"选项卡的"形状"组中单击"拉伸"按钮 ，系统弹出"拉伸"选项卡。

（7）在"拉伸"选项卡的"深度"文本框中输入拉伸深度值"30"，如图 3-119 所示。

图 3-119　输入拉伸深度值

（8）单击"拉伸"选项卡中的"确定"按钮 ✓，完成基本结构体的创建工作，如图 3-120 所示。

图 3-120　基本结构体

3. 创建圆柱

（1）在"模型"选项卡的"形状"组中单击"拉伸"按钮 ，系统弹出"拉伸"选项卡。

（2）单击"放置"面板中的"定义..."按钮 定义...，如图 3-121 所示定义内部草绘。

图 3-121　定义内部草绘

> **提示**
>
> 此处采用内部草绘。

（3）系统弹出"草绘"对话框，选择基本结构体上表面为草绘平面，单击"草绘"对话框中的"草绘"按钮 草绘，系统弹出"草绘"选项卡，按图 3-122 所示激活草绘器进行草绘。

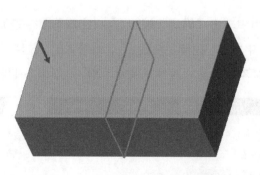

图 3-122　激活草绘器进行草绘

（4）绘制草图，如图 3-123 所示。

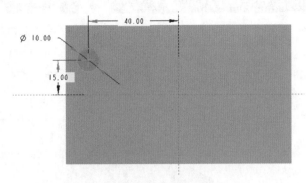

图 3-123　绘制草图

（5）在"草绘"选项卡的"关闭"组中单击"确定"按钮 ✔，完成草图绘制工作。

（6）在"拉伸"选项卡的"深度"文本框中输入拉伸深度值"10"，如图 3-124 所示设置拉伸高度。

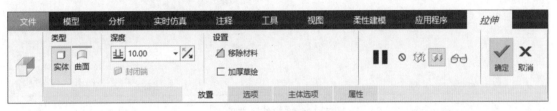

图 3-124　设置拉伸高度

（7）单击"拉伸"选项卡中的"确定"按钮 ✔，完成圆柱的创建工作，如图 3-125 所示。

4. 创建特征复制

（1）在模型窗口或模型树中选择"拉伸 2"特征。

（2）在"模型"选项卡的"操作"组中单击鼠标右键，弹出快捷菜单，用鼠标左键单击"复制"按钮 📋复制。

图 3-125　拉伸圆柱

（3）在"模型"选项卡的"操作"组中用鼠标左键单击"粘贴"按钮 📋粘贴▼，系统弹出"拉伸"选项卡，在左下角消息区中将显示一条提示信息："选择一个平面或平面曲面作为草绘平面，或者选择草绘。"，如图 3-126 所示。

（4）在"拉伸"选项卡的"放置"面板中单击"编辑 ..."按钮 编辑...，如图 3-127 所示。

（5）系统弹出"草绘"对话框，选择基本结构体上表面作为草绘平面，以"RIGHT"基准平面为草绘平面的参考平面，"方向"选择"右"，然后单击"草绘"对话框中的"草绘"按钮 草绘，系统弹出"草绘"选项卡。

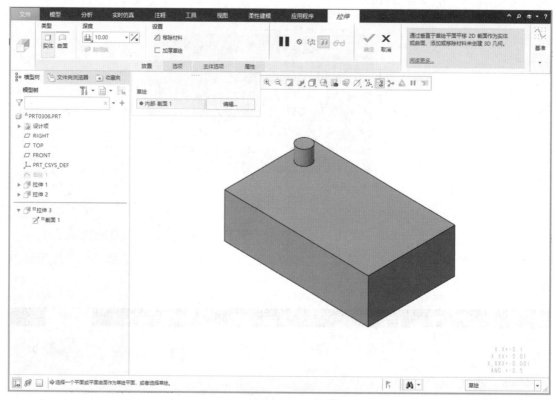

图 3-126 "拉伸"选项卡

图 3-127 "放置"面板中的"编辑 ..."按钮

（6）此时，要粘贴的特征的截面依附于光标，将光标移到图 3-128 所示的位置处，单击鼠标左键将其放置。

（7）修改截面的尺寸，修改后的效果如图 3-129 所示。

（8）在"草绘"选项卡的"关闭"组中单击"确定"按钮 ，完成"$\phi 20$"圆柱截面的编辑工作。

（9）此时，模型显示如图 3-130 所示。

（10）在"拉伸"选项卡的"深度"文本框中输入拉伸深度值"10"，接着单击"确定"按钮 ，复制、粘贴得到的模型效果如图 3-131 所示。

复制特征菜单管理器的设置包括三个方面的内容，即放置方式、选取对象方式和关联类型，其相关说明见表3-5。

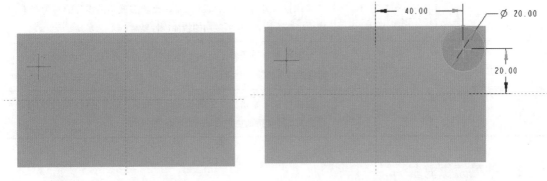

图 3-128　初步放置截面　　　　　　　图 3-129　修改截面尺寸后的效果

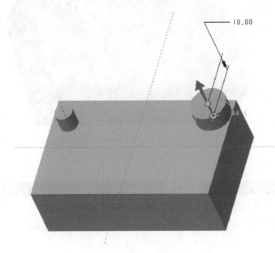

图 3-130　模型显示

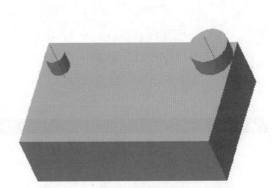

图 3-131　复制、粘贴得到的模型效果

表 3-5　　　　　　　　　　　　　**复制特征主要内容相关说明**

选项		相关说明
放置方式	新参考	此方式可改变复制特征的放置平面与参考面
	相同参考	此方式只能改变复制特征的几何尺寸与位置，而不能改变特征的放置平面与参考面，即复制特征与原始特征将位于同一平面上
	镜像	此方式是通过映射进行复制的，它不能修改复制特征的几何尺寸，需要选择某一基准平面作为镜像参考
	移动	此方式以平面移动方式和旋转移动方式确定复制特征的位置
选取对象方式	选取	直接在图形窗口或模型树中选择某一特征作为复制对象
	所有特征	选择当前存在的所有特征进行复制

续表

选项		相关说明
	不同类型与 不同版本	采用这两种方式时，需先选择一个模型或当前零件的其他版本，然后在该模型中选择要复制的特征进行复制
关联类型	独立	复制特征与原始特征之间无任何关联。在复制后对原始特征的任何修改都不影响复制特征
	从属	复制特征与原始特征之间存在父子关系。在复制后对原始特征进行修改，复制特征也将自动进行相应的修改

5. 创建镜像复制

（1）在模型窗口或模型树中选择"拉伸2"特征，如图 3-132 所示。

（2）在"模型"选项卡的"编辑"组中单击"镜像"按钮 Ⅱ 镜像，系统弹出"镜像"选项卡。

（3）选择"FRONT"基准平面作为镜像平面，按图 3-133 所示进行镜像操作。

图 3-132　文件中的原始模型

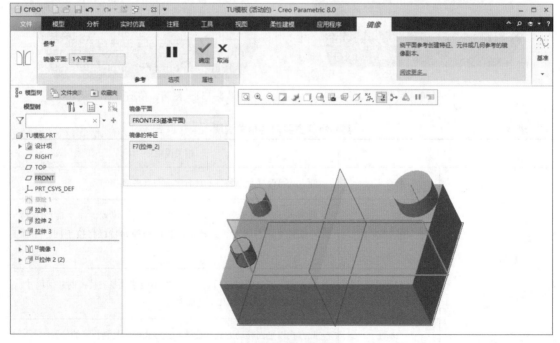

图 3-133　镜像操作

（4）单击"镜像"选项卡中的"确定"按钮 ✓，完成镜像特征创建工作，镜像结果如图 3-134 所示。

图 3-134　镜像结果

6. 创建阵列复制

（1）在模型窗口或模型树中选择"镜像 1"特征。

<table>
<tr><td>提示</td></tr>
<tr><td>　　阵列复制可以一次复制出很多相同的或规则变化的特征。创建阵列时应考虑以下三个方面：阵列类型、阵列方式、单向特征阵列与双向特征阵列。阵列类型包括尺寸、方向、轴、填充、表、参考、点、曲线等，尺寸阵列以驱动尺寸和尺寸增量来控制阵列，也是本模块要介绍的内容。阵列方式分为相同、可变和一般三种，阵列方式的相关说明见表 3-6。</td></tr>
</table>

表 3-6　　　　　　　　　　　　　　　阵列方式的相关说明

阵列方式	图例	相关说明
相同		阵列特征与原始特征的尺寸相同，且必须在同一放置平面内（不能超出放置平面），各特征之间不能相互干涉
可变		阵列特征的尺寸可以改变，可位于不同的放置平面内，但各特征之间不能相互干涉

续表

阵列方式	图例	相关说明
一般	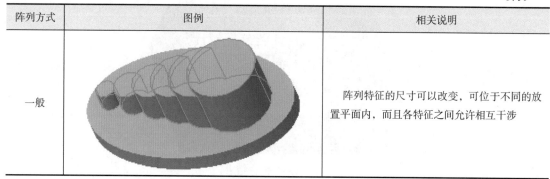	阵列特征的尺寸可以改变，可位于不同的放置平面内，而且各特征之间允许相互干涉

（2）在"模型"选项卡的"编辑"组中单击"阵列"按钮 ⊞，系统弹出"阵列"选项卡，如图 3–135 所示。

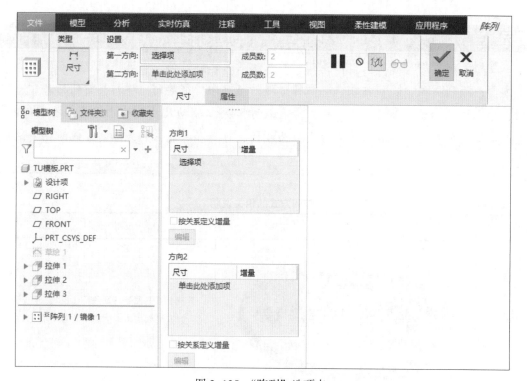

图 3–135　"阵列"选项卡

（3）在"阵列"选项卡的"类型"组中单击"尺寸"溢出按钮，在按钮列表中单击"尺寸"按钮 尺寸，以改变现有尺寸的方式来创建阵列。

（4）在模型窗口中按住"Ctrl"键，单击所选特征显示数值为"40"的距离尺寸，然后在"尺寸"面板"方向 1"收集器中将其"增量"设置为"−20"，如图 3–136 所示。

（5）继续按住"Ctrl"键，选择圆柱高度"10"为驱动尺寸，输入增量"5"；再选择圆柱直径"10"为驱动尺寸，输入增量"2"；在"阵列"选项卡的"设置"组中将"第一方向"的阵列"成员数"设置为"5"，如图 3–137 所示。

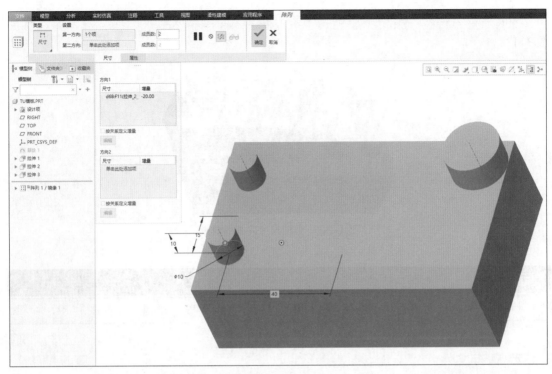

图 3-136 设置"方向 1"的尺寸变量

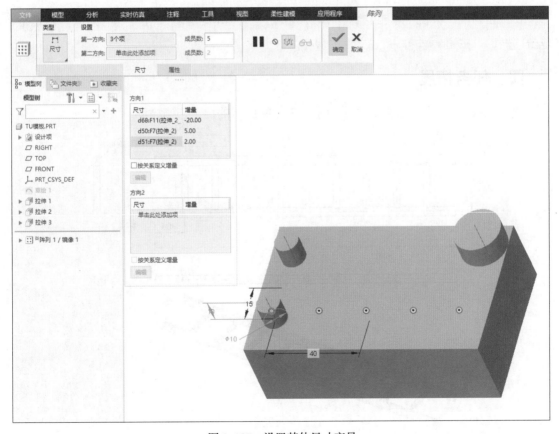

图 3-137 设置其他尺寸变量

（6）单击"阵列"选项卡中的"确定"按钮 ✔确定，完成的单向尺寸阵列的效果如图 3-138 所示。

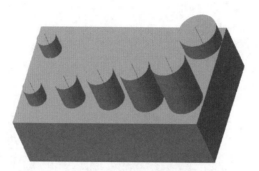

图 3-138　单向尺寸阵列的效果

提示

在同一阵列方向内选择多个驱动尺寸时应按住"Ctrl"键。

7. 保存文件

至此，本课题任务全部完成。

在快速访问工具栏中单击"保存（S）"按钮 💾 保存(S)，系统弹出"保存对象"对话框，单击"确定"按钮 确定，完成文件的保存。

四、任务拓展

任务拓展 1　试采用适当的方法创建图 3-139 所示的梯子三维模型。

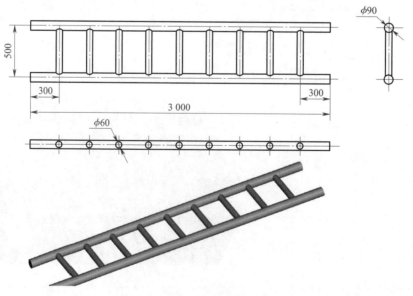

图 3-139　任务拓展 1

任务拓展 2　试采用适当的方法创建图 3-140 所示的三维模型，尺寸自定。

图 3-140　任务拓展 2

任务拓展 3　试按图 3-141 所示的要求创建阵列复制。

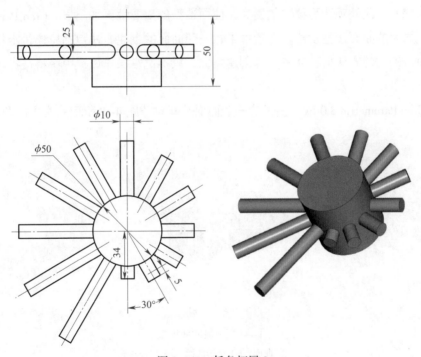

图 3-141　任务拓展 3

模块四 曲面造型

课题 1 一般曲面

一、学习目标

1. 掌握创建一般曲面的方法。
2. 掌握编辑曲面的方法。

二、任务描述

随着人们对产品外观造型要求的提高，曲面造型的重要性更加凸显。Creo Parametric 8.0 软件提供了强大的曲面造型功能，在软件中，一般曲面的创建方法包括拉伸、旋转、混合和扫描等。曲面的创建方法与实体特征的创建类似，只不过在操作过程中将特征指明为曲面类型而已。

通过 Creo Parametric 8.0 软件提供的一般曲面功能创建图 4-1 所示的曲面模型。

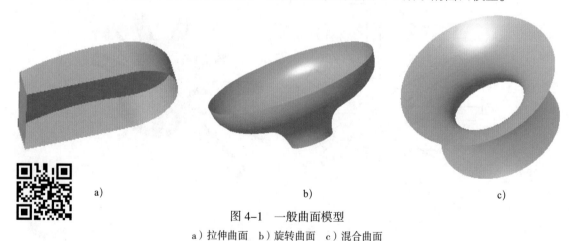

a)   b)   c)

图 4-1 一般曲面模型
a）拉伸曲面 b）旋转曲面 c）混合曲面

三、任务实施

1. 创建新文件

（1）通过快捷方式图标启动 Creo Parametric 8.0 软件。

（2）在"主页"选项卡的"数据"组中单击"新建"按钮 ，新建文件"prt0401"，并将绘图区背景设为白色。

2. 拉伸曲面的创建

（1）在"模型"选项卡的"基准"组中单击"草绘"按钮 草绘，系统弹出"草绘"对话框。

（2）根据提示，选择"TOP"平面为草绘平面，接受系统默认的参考平面和方向选择，单击"草绘"按钮 草绘，系统弹出"草绘"选项卡。

（3）单击图形工具栏中的"基准显示过滤器"溢出按钮，在按钮列表中分别取消选中"平面显示"和"坐标系显示"复选框，关闭基准平面、坐标系显示；单击图形工具栏中的"旋转中心"按钮，关闭旋转中心显示。

（4）完成图 4-2 所示拉伸草图的绘制工作。

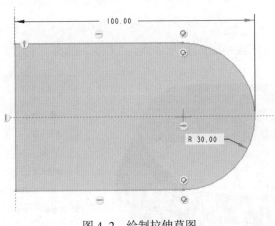

图 4-2　绘制拉伸草图

（5）在"草绘"选项卡的"关闭"组中单击"确定"按钮，完成草图绘制工作。

（6）在"模型"选项卡的"形状"组中单击"拉伸"按钮，系统弹出"拉伸"选项卡。

（7）在"拉伸"选项卡的"类型"组中单击"曲面"按钮 曲面，并在"深度"文本框中输入拉伸深度值"40"，如图 4-3 所示。

图 4-3　输入拉伸深度值

（8）单击"拉伸"选项卡中的"确定"按钮，完成拉伸曲面的创建工作。

（9）选择"标准方向"显示拉伸曲面（或按"Ctrl+D"键），如图 4-4 所示。

3. 扫描曲面的创建

（1）单击图形工具栏中的"基准显示过滤器"溢出按钮 ，在按钮列表中选中"平面显示"复选框，打开基准平面显示。

（2）在"模型"选项卡的"形状"组中单击"扫描"按钮 ，打开"扫描"选项卡，在"类型"组中单击"曲面"按钮 。

图 4-4　拉伸曲面

（3）单击"扫描"选项卡右侧的"基准"溢出按钮 ，在按钮列表中单击"草绘（S）"按钮 ，系统弹出"草绘"对话框，选择"FRONT"基准平面作为草绘平面，默认以"RIGHT"基准平面为草绘平面的参考平面，"方向"选择"右"，如图 4-5 所示。

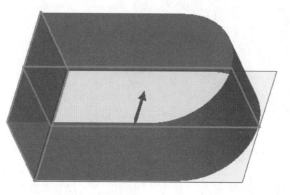

图 4-5　指定草绘平面

（4）单击"草绘"按钮 ，系统弹出"草绘"选项卡，绘制开放图形作为扫描轨迹，如图 4-6 所示。

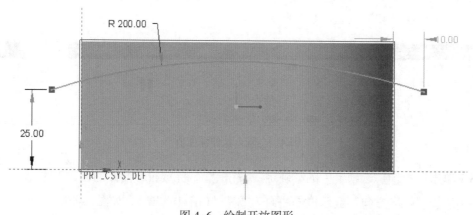

图 4-6　绘制开放图形

（5）单击"草绘"选项卡"关闭"组中的"确定"按钮 ✓ 确定，完成扫描轨迹的绘制工作。

（6）单击"扫描"选项卡中的"退出暂停模式，继续使用此工具。"按钮 ▶，如图4-7所示。

图4-7　退出暂停模式，继续使用"扫描"工具

（7）选择图4-6中的草绘曲线原点轨迹，默认采用"扫描"选项卡"参考"面板中的参数，如图4-8所示。

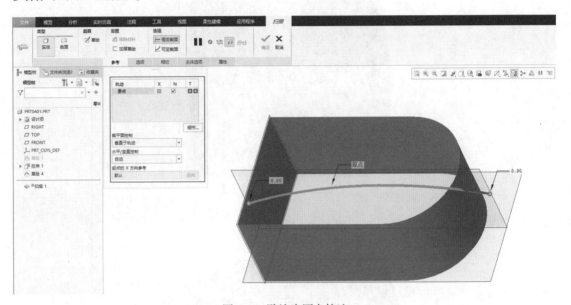

图4-8　默认为原点轨迹

> **提示**
>
> 　若要改变轨迹起点，则在图形窗口中单击原点轨迹上的默认起点箭头，使起点箭头切换到原点轨迹的另一端，如图4-9所示。

（8）在"扫描"选项卡的"选项"组中单击"恒定截面"按钮 ├─ 恒定截面，再单击"截面"组的"草绘"按钮 ✍ 草绘，系统弹出"草绘"选项卡。

（9）绘制扫描截面，如图4-10所示。

（10）在"草绘"选项卡的"关闭"组中单击"确定"按钮 ✓ 确定，完成扫描截面的绘制工作。

（11）单击"扫描"选项卡的"确定"按钮 ✓ 确定，得到图4-11所示的恒定截面扫描特征。

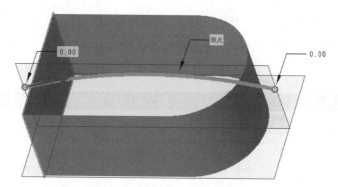

图 4-9　更改原点轨迹的起点方向

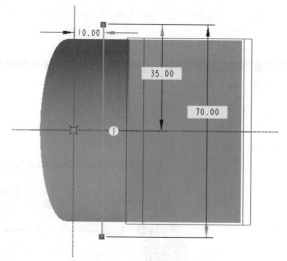

图 4-10　绘制扫描截面

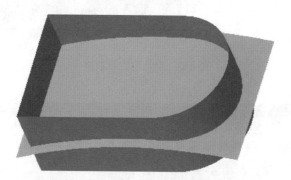

图 4-11　创建的恒定截面扫描特征

提示

　　下面开始进行"合并"操作，以完成对多余部分的修剪工作。

　　（12）在模型树中单击鼠标左键选择"拉伸 1"曲面特征，按住"Ctrl"键的同时单击鼠标左键选择"扫描 1"曲面特征。

（13）在"模型"选项卡的"编辑"组中单击"合并"按钮 ⬡合并，系统弹出"合并"选项卡，其窗口界面如图 4–12 所示。

（14）在选项卡上单击"特征预览"按钮 ⚭，绘图区显示的特征预览效果如图 4–13 所示。

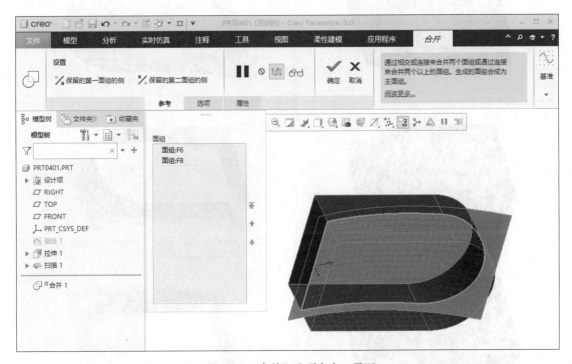

图 4–12　"合并"选项卡窗口界面

图 4–13　特征预览效果

（15）单击"合并"选项卡中的"确定"按钮 ✔确定，完成合并操作。

提示

　　单击绘图区中的粉色箭头，可以改变合并的方向，每一个箭头方向产生的合并结果都会在图上用网格表示出来。通过合理调整合并方向，就能得到预期的合并效果。以上合并操作可能出现的效果见表 4–1。

表 4-1   合并操作可能出现的效果

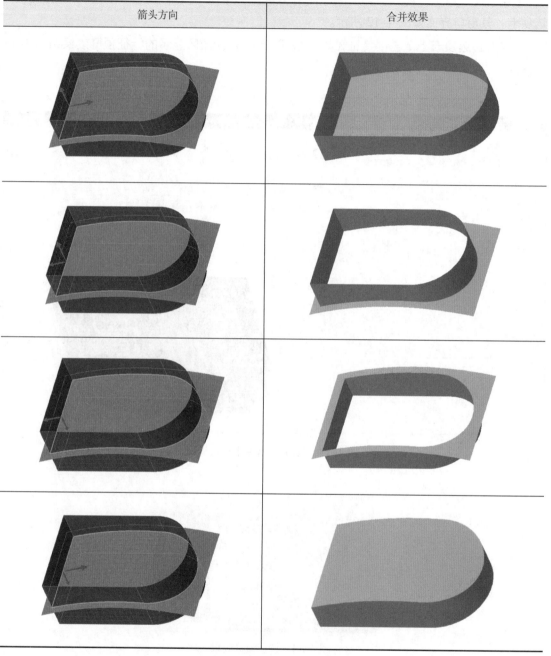

箭头方向	合并效果

4. 旋转曲面的创建

（1）单击图形工具栏中的"基准显示过滤器"溢出按钮，在按钮列表中选中"平面显示"复选框，打开基准平面显示。

（2）在"模型"选项卡的"基准"组中单击"草绘"按钮，系统弹出"草绘"对话框。

（3）根据提示，选择"FRONT"平面为草绘平面，接受系统默认的参考平面和方向选择，单击"草绘"按钮 <u>草绘</u> ，系统弹出"草绘"选项卡。

（4）单击图形工具栏中的"基准显示过滤器"溢出按钮 ，在按钮列表中分别取消选中"平面显示"和"坐标系显示"复选框，关闭基准平面、坐标系显示；单击图形工具栏中的"旋转中心"按钮 ，关闭旋转中心显示。

（5）按图 4-14 所示绘制草图。

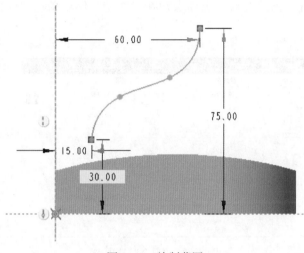

图 4-14 绘制草图

（6）在"草绘"选项卡的"关闭"组中单击"确定"按钮 ，完成旋转曲面截面线的绘制工作。

（7）在"模型"选项卡的"形状"组中单击"旋转"按钮 旋转 ，系统弹出"旋转"选项卡，在"类型"组中单击"曲面"按钮 。

（8）单击"旋转"选项卡中的"确定"按钮 ，完成旋转曲面的创建工作，如图 4-15 所示。

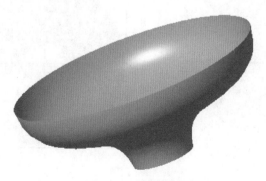

图 4-15 旋转曲面

5. 混合曲面的创建

（1）单击图形工具栏中的"基准显示过滤器"溢出按钮 ，在按钮列表中选中"平面显示"复选框，打开基准平面显示。

（2）单击"模型"选项卡的"形状"组溢出按钮 形状▼，在按钮列表中单击"混合"按钮 混合，系统弹出"混合"选项卡，在"类型"组中单击"曲面"按钮 曲面，如图 4-16 所示。

图 4-16　"混合"选项卡

（3）在"截面"面板中单击"定义 ..."按钮 定义...，弹出"草绘"对话框。

（4）选取"TOP"面作为草绘平面，其余选项接受系统默认值，单击"草绘"按钮 草绘，系统弹出"草绘"选项卡。

（5）单击图形工具栏中的"草绘视图"按钮 ，将草绘平面调整到正视于用户的视角。

（6）在"草绘"选项卡的"草绘"组中单击"圆"溢出按钮 圆▼，在按钮列表中单击"圆心和点"按钮 圆心和点，绘制第一混合截面，如图 4-17 所示。

（7）在"草绘"选项卡的"关闭"组中单击"确定"按钮 确定，完成第一截面绘制工作。

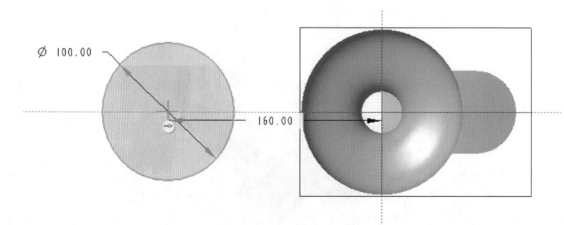

图 4-17　绘制第一混合截面

（8）在"混合"选项卡的"截面"面板中单击"偏移自"选项下"截面1"右侧的文本框，输入偏移距离"30"，如图4-18所示。

图4-18　设置截面2的参数

（9）在"混合"选项卡的"截面2"组中单击"编辑草绘"按钮 ✐ 编辑草绘 ，系统弹出"草绘"选项卡。

提示

或者在"混合"选项卡的"截面"面板中单击"草绘…"按钮 草绘… ，草绘截面2。

（10）在"草绘"选项卡的"草绘"组中单击"圆"溢出按钮 ⊙ 圆 ▼，在按钮列表中单击"圆心和点"按钮 ⊙ 圆心和点，绘制一个直径为"60"的圆，得到图4-19所示的第二混合截面。

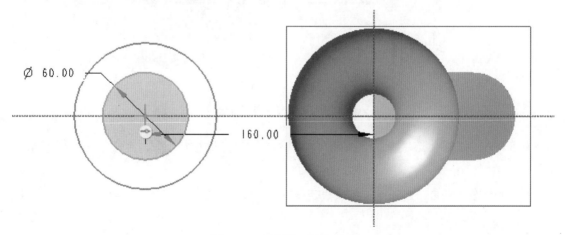

图4-19　绘制第二混合截面

（11）在"草绘"选项卡的"关闭"组中单击"确定"按钮 ✓，完成第二截面绘制工作。

（12）单击"截面"面板右侧的"添加"按钮 添加 ，在"截面"面板中显示新建的"截面3"，单击"偏移自"选项下"截面2"右侧的文本框，输入偏移距离"30"，如图4-20所示。

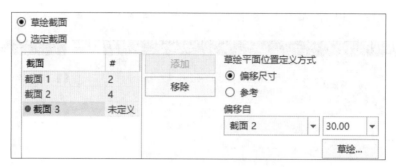

图 4-20　设置截面 3 的参数

（13）在"混合"选项卡的"截面"面板中单击"草绘 ..."按钮 草绘... ，系统弹出"草绘"选项卡。

（14）在"草绘"选项卡的"草绘"组中单击"圆"溢出按钮 ⊙ 圆 ▾，在按钮列表中单击"圆心和点"按钮 ⊙ 圆心和点，绘制一个直径为"130"的圆，得到图 4-21 所示的第三混合界面。

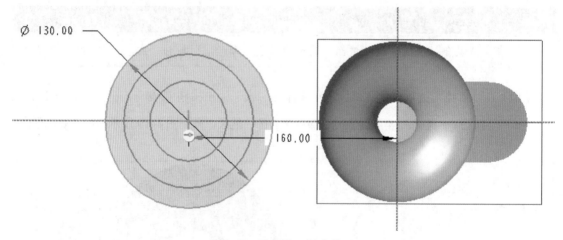

图 4-21　绘制第三混合截面

（15）在"草绘"选项卡的"关闭"组中单击"确定"按钮 ✔ 确定，完成第三截面绘制工作。

（16）单击"混合"选项卡中的"确定"按钮 ✔ 确定。绘图区模型如图 4-22 所示。

6. 保存文件

至此，本课题任务全部完成。

在快速访问工具栏中单击"保存（S）"按钮 💾 保存(S)，系统弹出"保存对象"对话框，单击"确定"按钮 确定 ，完成文件的保存。

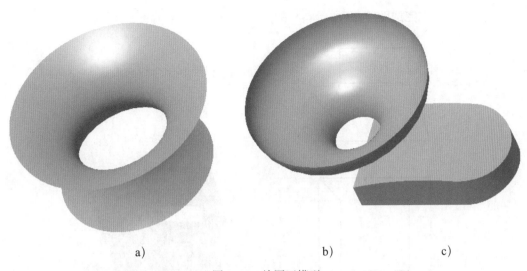

图 4-22　绘图区模型

a）混合曲面　b）旋转曲面　c）扫描曲面

四、任务拓展

任务拓展 1　试完成图 4-23 所示煤气灶具旋钮的曲面造型。

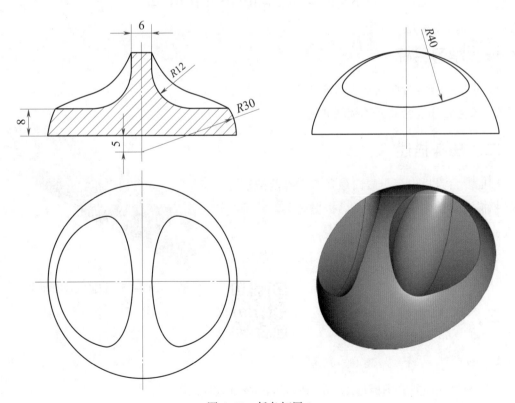

图 4-23　任务拓展 1

任务拓展 2　试完成图 4-24 所示料斗的曲面造型。

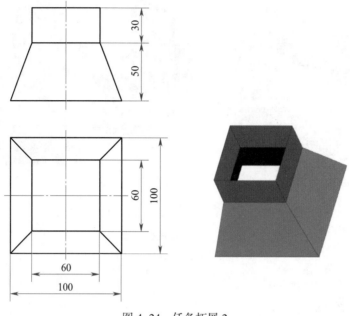

图 4-24　任务拓展 2

课题 2　扫描混合曲面

一、学习目标

1．掌握扫描混合曲面的创建方法。

2．掌握扫描混合曲面的编辑方法。

二、任务描述

扫描混合是指由若干截面最多可沿着两条轨迹线做扫描混合操作来创建特征。根据需要，它可以形成曲面，也可以形成实体。

试采用扫描混合功能创建图 4-25 所示的曲面模型。

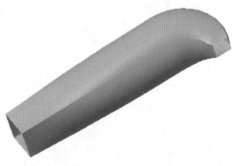

图 4-25　扫描混合曲面

三、任务实施

1．创建新文件

（1）通过快捷方式图标启动 Creo Parametric 8.0 软件。

（2）在"主页"选项卡的"数据"组中单击"新建"按钮 ，新建文件"prt0402"，并将绘图区背景设为白色。

2. 绘制轨迹线

（1）在"模型"选项卡的"基准"组中单击"草绘"按钮 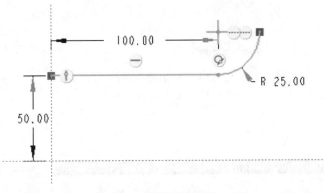，系统弹出"草绘"对话框。

（2）根据提示，选择"TOP"平面为草绘平面，接受系统默认的参考平面和方向选择，单击"草绘"按钮 草绘 ，系统弹出"草绘"选项卡。

（3）单击图形工具栏中的"基准显示过滤器"溢出按钮 ，在按钮列表中分别取消选中"平面显示"和"坐标系显示"复选框，关闭基准平面、坐标系显示；单击图形工具栏中的"旋转中心"按钮 ，关闭旋转中心显示。

（4）绘制轨迹线，如图4–26所示。

图 4–26　绘制轨迹线

提示

> 根据需要，此处仅绘制原始轨迹线（主要），而未绘制次要轨迹线（可选）。

（5）在"草绘"选项卡的"关闭"组中单击"确定"按钮 ，完成轨迹线绘制工作。

3. 创建扫描混合曲面

（1）在"模型"选项卡的"形状"组中单击"扫描混合"按钮 扫描混合 ，系统弹出"扫描混合"选项卡，如图4–27所示。

（2）在"扫描混合"选项卡的"类型"组中单击"曲面"按钮 曲面 。

（3）单击图4–26中的草绘曲线作为原点轨迹，"扫描混合"选项卡的"参考"面板参数选择默认值，如图4–28所示。

（4）单击打开"扫描混合"选项卡中的"截面"面板，选中"草绘截面"单选按钮，截面1的截面位置默认为原点轨迹的开始点处，该截面默认的旋转角度为"0"，如图4–29所示。

图 4-27 "扫描混合"选项卡

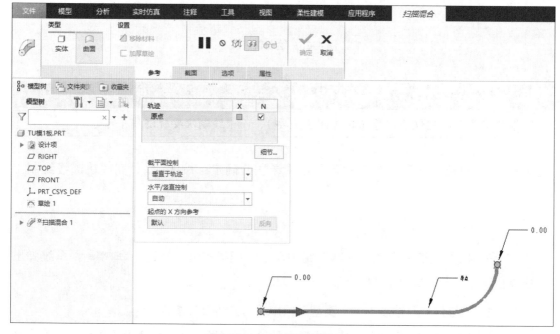

图 4-28 指定原点轨迹等

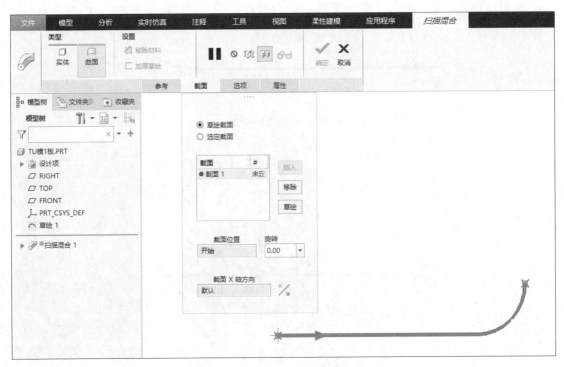

图 4-29 "截面"面板设置

（5）在"截面"面板中单击"草绘"按钮 **草绘**，系统弹出"草绘"选项卡，绘制截面 1，如图 4-30 所示。

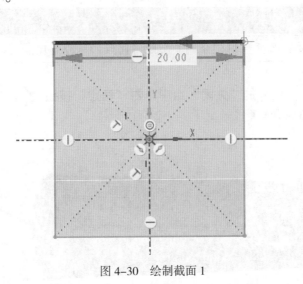

图 4-30 绘制截面 1

（6）在"草绘"选项卡的"关闭"组中单击"确定"按钮 ✔ ，完成截面 1 的绘制工作。

（7）在"截面"面板中单击"插入"按钮 **插入**，确保在截面列表中选择"截面 2"，默认方向按"Ctrl+D"键，并在图形窗口中单击图 4-31 所示的位置点。

（8）在"截面"面板中单击"草绘"按钮 **草绘**，绘制截面 2，如图 4-32 所示。

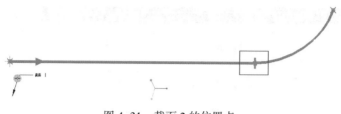

图 4-31 截面 2 的位置点

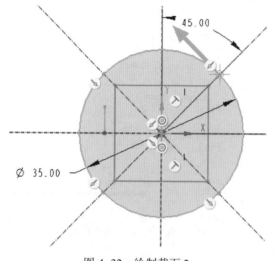

图 4-32 绘制截面 2

提示

为满足混合需要，必须利用"分割"功能将圆做四等分处理。

（9）在"草绘"选项卡的"关闭"组中单击"确定"按钮 ✔，完成截面 2 的绘制工
作，绘图区如图 4-33 所示。

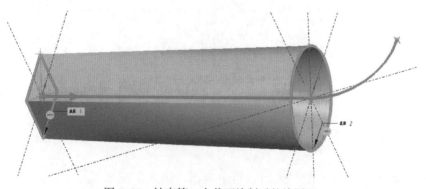

图 4-33 结束第二个截面绘制后的绘图区

（10）在"截面"面板中单击"插入"按钮 插入 ，确保在截面列表中选择"截面 3"，默
认方向按"Ctrl+D"键，并在图形窗口中单击图 4-34 所示的位置点（圆弧右端点）。

（11）在"截面"面板中单击"草绘"按钮 草绘 ，绘制截面 3，如图 4-35 所示。

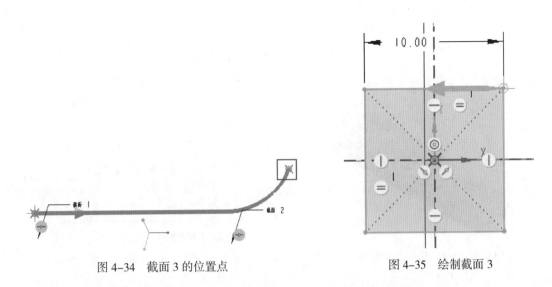

图 4-34 截面 3 的位置点　　　　　　图 4-35 绘制截面 3

（12）在"草绘"选项卡的"关闭"组中单击"确定"按钮 $\checkmark$ 确定，完成截面 3 的绘制工作，绘图区如图 4-36 所示。

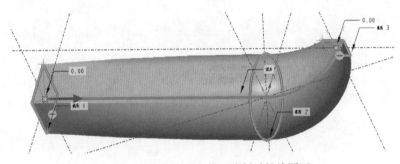

图 4-36 结束第三个截面绘制后的绘图区

（13）单击"扫描混合"选项卡中的"确定"按钮 $\checkmark$ 确定，完成扫描混合曲面的创建工作，如图 4-37 所示。

4. 编辑扫描混合曲面

（1）用鼠标左键在模型树中单击"扫描混合 1"，在弹出的快捷菜单中单击"编辑定义"按钮 🖱，系统重新进入扫描混合建模环境，如图 4-38 所示。

（2）在"扫描混合"选项卡中单击"截面"按钮 截面，系统打开"截面"面板，选择"截面 3"，单击"草绘"按钮 草绘，进入截面编辑环境，如图 4-39 所示。

（3）系统弹出"草绘"选项卡，修改截面 3 草图尺寸，如图 4-40 所示。

（4）在"草绘"选项卡的"关闭"组中单击"确定"按钮 $\checkmark$，完成第三个截面的尺寸修改工作，扫描混合曲面如图 4-41 所示。

（5）在"截面"面板的"旋转"文本框中输入旋转角度"45"，扫描混合曲面发生改变，如图 4-42 所示。

图 4-37　完成扫描混合曲面的创建工作

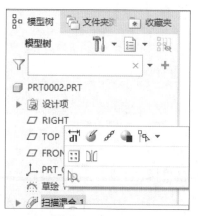

图 4-38　重新进入扫描混合建模环境

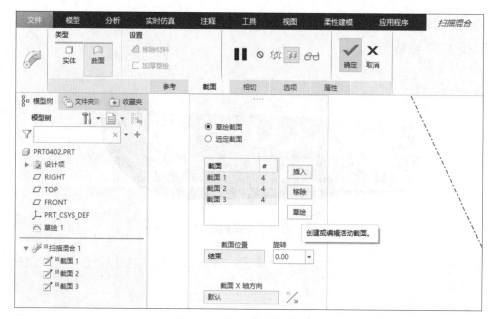

图 4-39　进入截面编辑环境

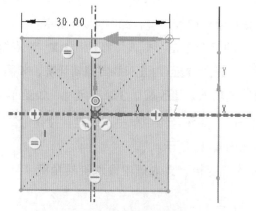

图 4-40　修改截面 3 草图尺寸

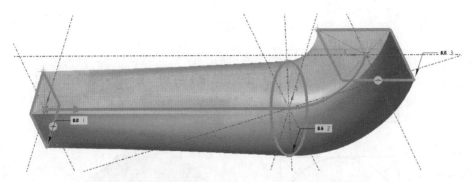

图 4-41 修改截面 3 草图尺寸后的扫描混合曲面

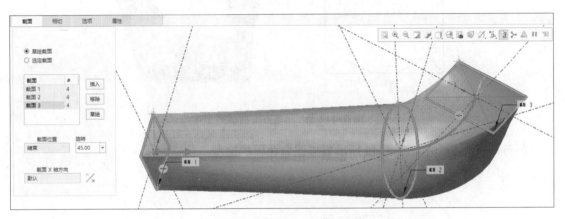

图 4-42 改变截面 3 的旋转角度

（6）单击"扫描混合"选项卡中的"确定"按钮 ✓ ，完成扫描混合曲面的编辑工作，结果如图 4-43 所示。

图 4-43 完成扫描混合曲面的编辑工作

5. 保存文件

至此，本课题任务全部完成。

在快速访问工具栏中单击"保存（S）"按钮 💾 保存(S)，系统弹出"保存对象"对话框，单击"确定"按钮 确定 ，完成文件的保存。

四、任务拓展

任务拓展 1 试完成图 4-44 所示"天圆地方"曲面的造型。

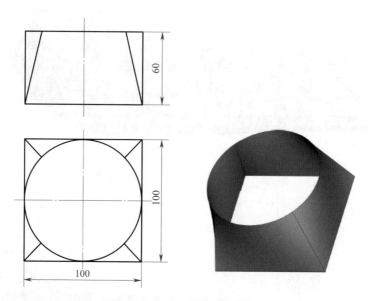

图 4-44　"天圆地方"曲面造型

任务拓展 2　试完成图 4-45 所示扫描混合曲面的造型。

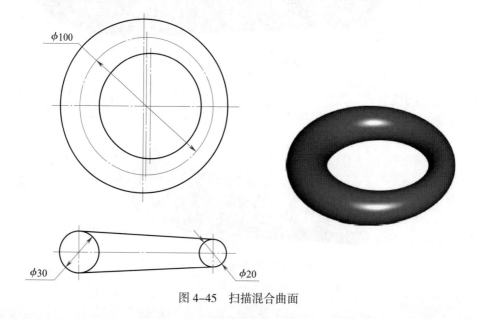

图 4-45　扫描混合曲面

提示

以 $\phi100$ mm 的圆为轨迹线，将其均分为两段。

课题 3　螺旋扫描曲面

一、学习目标

1．掌握创建螺旋扫描曲面的方法。

2．能完成加厚曲面操作。

二、任务描述

螺旋扫描是沿着一旋转面上的轨迹来扫描产生螺旋特征。扫描的轨迹线通过旋转面的外形线和螺旋间的螺距（可为常数或者可变参数）来定义。根据需要，它可以形成曲面，也可以形成实体。

试用 Creo Parametric 8.0 软件完成图 4-46 所示锥形变螺距空心螺旋管的建模工作。

图 4-46　锥形变螺距空心螺旋管

三、任务实施

1．创建新文件

（1）通过快捷方式图标启动 Creo Parametric 8.0 软件。

（2）在"主页"选项卡的"数据"组中单击"新建"按钮 ，新建文件"prt0403"，并将绘图区背景设为白色。

2．螺旋扫描曲面的创建

（1）在"模型"选项卡的"形状"组中单击"扫描"溢出按钮 扫描 ▾ ，在按钮列表中单击"螺旋扫描"按钮 螺旋扫描 ，打开"螺旋扫描"选项卡，在"类型"组中单击

"曲面"按钮 曲面 。

（2）在"螺旋扫描"选项卡的"参考"面板中单击"定义..."按钮 定义... ，弹出
"草绘"对话框。选择"FRONT"基准平面作为草绘平面，以"RIGHT"基准平面为草绘平
面的参考平面，"方向"选择"右"，如图4-47所示。

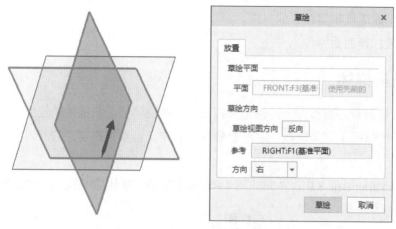

图4-47 设定草绘平面和草绘方向

（3）单击"草绘"对话框中的"草绘"按钮 草绘 ，系统弹出"草绘"选项卡。

（4）草绘螺旋轮廓，如图4-48所示。

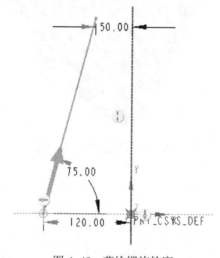

图4-48 草绘螺旋轮廓

提示

注意绘制中心线。

（5）在"草绘"选项卡的"关闭"组中单击"确定"按钮 确定 ，结束螺旋轮廓和一条几
何中心线的绘制工作。

（6）在"螺旋扫描"选项卡的"间距"面板中输入起点间距值"20"和终点间距值"30"，如图4-49所示。

图4-49　设置起点间距和终点间距

（7）在"螺旋扫描"选项卡的"截面"组中单击"草绘"按钮 ✎草绘，系统弹出"草绘"选项卡。

（8）绘制截面，如图4-50所示。

（9）在"草绘"选项卡的"关闭"组中单击"确定"按钮 ✔确定，完成截面绘制工作。

（10）单击"螺旋扫描"选项卡中的"确定"按钮 ✔确定，完成螺旋扫描工作，如图4-51所示（默认方向按"Ctrl+D"键）。

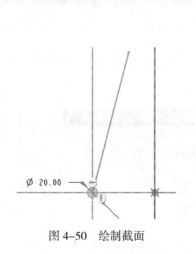

图4-50　绘制截面　　　　　　　　图4-51　螺旋扫描曲面

3. 曲面加厚操作

（1）选择已创建的螺旋扫描曲面。

（2）在"模型"选项卡的"编辑"组中单击"加厚"按钮 ▱加厚，系统弹出"加厚"选项卡，其窗口界面如图4-52所示。

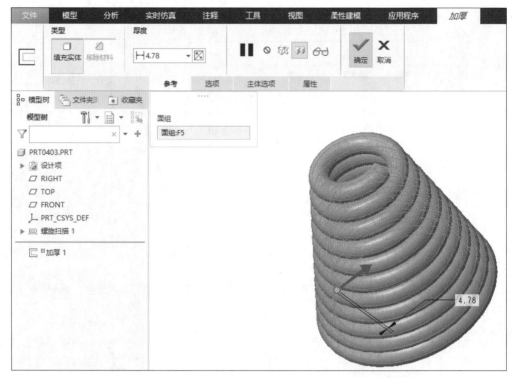

图 4-52　"加厚"选项卡窗口界面

提示

曲面加厚后将成为实体。

（3）在"加厚"选项卡"厚度"组的文本框中输入宽度"2"，如图 4-53 所示修改总加厚偏移量。

图 4-53　修改总加厚偏移量

（4）单击"加厚"选项卡中的"确定"按钮 ，完成曲面加厚操作。

4. 保存文件

至此，本课题任务全部完成。

在快速访问工具栏中单击"保存（S）"按钮 ，系统弹出"保存对象"对话框，单击"确定"按钮 ，完成文件的保存。

四、任务拓展

任务拓展 1 试创建图 4-54 所示的等螺距螺旋曲面，尺寸自定。

任务拓展 2 试创建图 4-55 所示的曲面模型，尺寸自定。

图 4-54 任务拓展 1

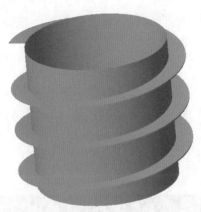

图 4-55 任务拓展 2

课题 4 可变截面扫描曲面

一、学习目标

1. 掌握创建可变截面扫描曲面的方法。
2. 能完成曲面加厚操作。

二、任务描述

可变截面扫描是利用一个截面和多条轨迹线来创建的特征。同样，根据需要，它可以形成曲面，也可以形成实体。

试采用可变截面扫描完成图 4-56 所示简易显示器外壳的建模工作。

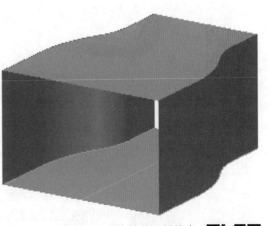

图 4-56 简易显示器外壳

三、任务实施

1. 创建新文件

（1）通过快捷方式图标启动 Creo Parametric 8.0 软件。

（2）在"主页"选项卡的"数据"组中单击"新建"按钮 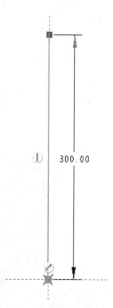，新建文件"prt0404"，并将绘图区背景设为白色。

2. 创建轨迹线

（1）在"模型"选项卡的"基准"组中单击"草绘"按钮，系统弹出"草绘"对话框。

（2）根据提示，选择"TOP"平面为草绘平面，接受系统默认的参考平面和方向选择，单击"草绘"按钮 草绘，系统弹出"草绘"选项卡。

（3）单击图形工具栏中的"基准显示过滤器"溢出按钮 ，在按钮列表中分别取消选中"平面显示"和"坐标系显示"复选框，关闭基准平面、坐标系显示；单击图形工具栏中的"旋转中心"按钮 ，关闭旋转中心显示。

（4）按图 4-57 所示绘制草图一。

图 4-57　绘制草图一

提示

打开基准平面显示。

（5）在"草绘"选项卡的"关闭"组中单击"确定"按钮 确定，完成草图一的绘制工作，如图 4-58 所示。

（6）在"模型"选项卡的"基准"组中单击"草绘"按钮，系统弹出"草绘"选项卡。

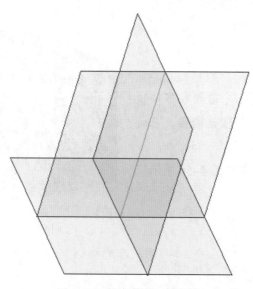

图 4-58　结束草图一的绘制

（7）选择"TOP"平面为草绘平面，接受系统默认的参考平面和方向选择，绘制图 4–59 所示的草图。

（8）按住"Ctrl"键选择所绘制的草图，在"草绘"选项卡的"编辑"组中单击"镜像"按钮 镜像，选择镜像轴，如图 4–60 所示。

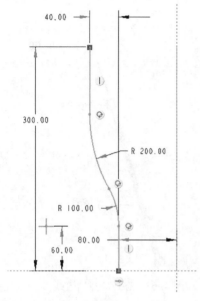

图 4–59　绘制草图二左侧

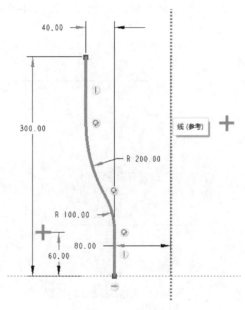

图 4–60　选择镜像轴

（9）镜像完成，结果如图 4–61 所示。

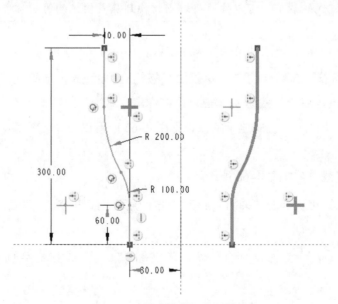

图 4–61　结束镜像操作的结果

（10）在"草绘"选项卡的"关闭"组中单击"确定"按钮 确定，完成草图二的绘制工作，如图 4–62 所示。

3. 创建可变截面扫描曲面

（1）在"模型"选项卡的"形状"组中单击"扫描"按钮 扫描 ▼，系统弹出"扫描"选项卡，在"类型"组中单击"曲面" 曲面 。

（2）选择直线为原点轨迹线，如图 4-63 所示。

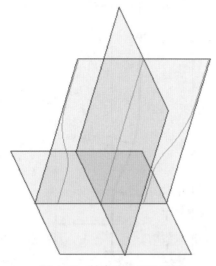

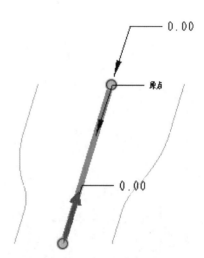

图 4-62　结束草图二的绘制　　　　　图 4-63　选择原点轨迹线

提示

单击原点轨迹线的箭头，可以快速将起点切换到原点轨迹的另一端点。

（3）按住"Ctrl"键，选取两条曲线为轨迹线，如图 4-64 所示。

（4）单击"扫描"选项卡的"可变截面"按钮 可变截面，接着在"扫描"选项卡的"截面"面板中单击"草绘"按钮 草绘，系统弹出"草绘"选项卡。在显示的点中，每条曲线上都有一个以小"×"方式显示的点，即图 4-65 所示的三个 点，所绘制的扫描截面必须经过这三个点。

（5）绘制扫描截面，如图 4-66 所示。

（6）在"草绘"选项卡的"关闭"组中单击"确定"按钮 确定，完成扫描截面的绘制工作，如图 4-67 所示。

（7）单击"扫描"选项卡中的"确定"按钮 确定，完成扫描截面的创建工作，如图 4-68 所示。

4. 曲面加厚操作

（1）在"模型"选项卡的"编辑"组中单击"加厚"按钮 加厚，系统弹出"加厚"选项卡，如图 4-69 所示。

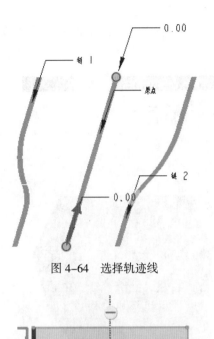

图 4-64 选择轨迹线

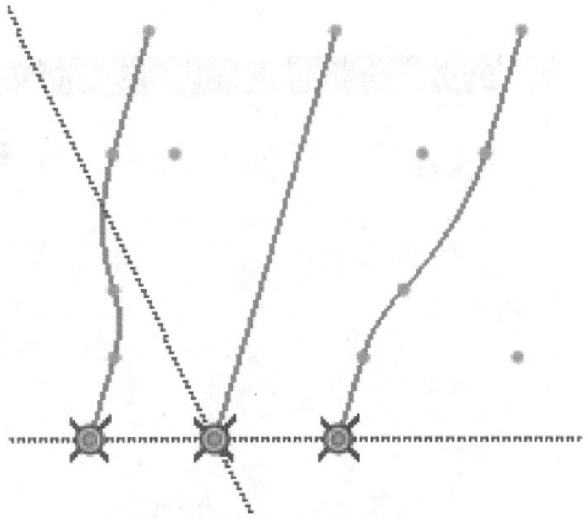

图 4-65 截面控制点

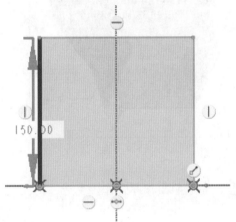

图 4-66 绘制扫描截面

图 4-67 结束扫描截面的绘制

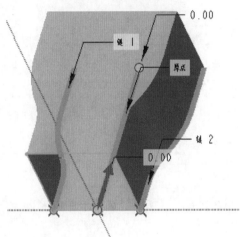

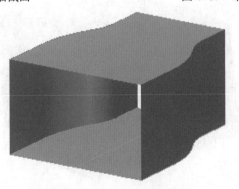

图 4-68 完成扫描截面的创建

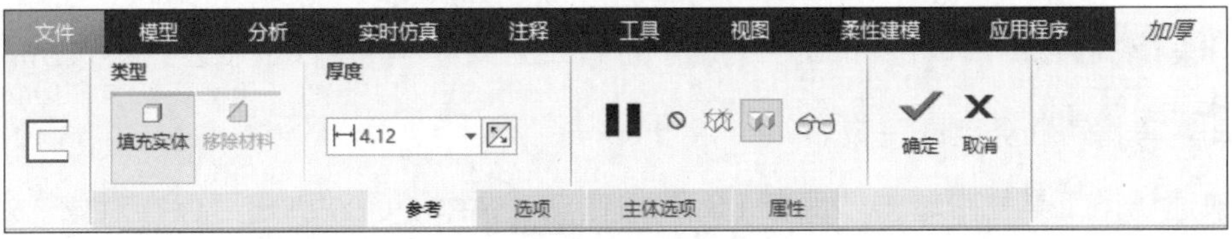

图 4-69 "加厚"选项卡

（2）在"加厚"选项卡的图形窗口中单击"扫描1"，在"厚度"文本框中输入厚度"2"，如图 4-70 所示修改厚度偏移量。

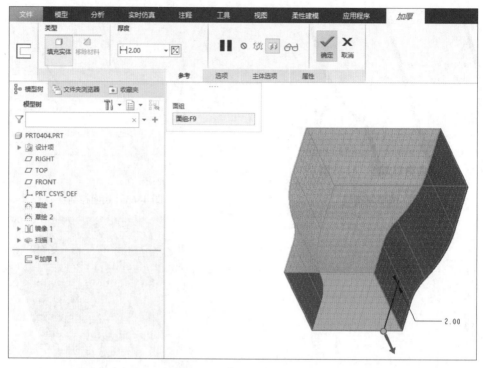

图 4-70　修改厚度偏移量

（3）单击"加厚"选项卡中的"确定"按钮 ✔，完成曲面加厚工作，完成后的模型如图 4-71 所示。

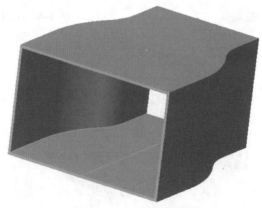

图 4-71　完成后的模型

5. 保存文件

至此，本课题任务全部完成。

在快速访问工具栏中单击"保存（S）"按钮 🖫 保存(S)，系统弹出"保存对象"对话框，单击"确定"按钮 确定 ，完成文件的保存。

四、任务拓展

任务拓展 1　根据图 4-72 所示的要求进行可变截面扫描曲面的操作练习，并注意观察截面位置对操作结果的影响。

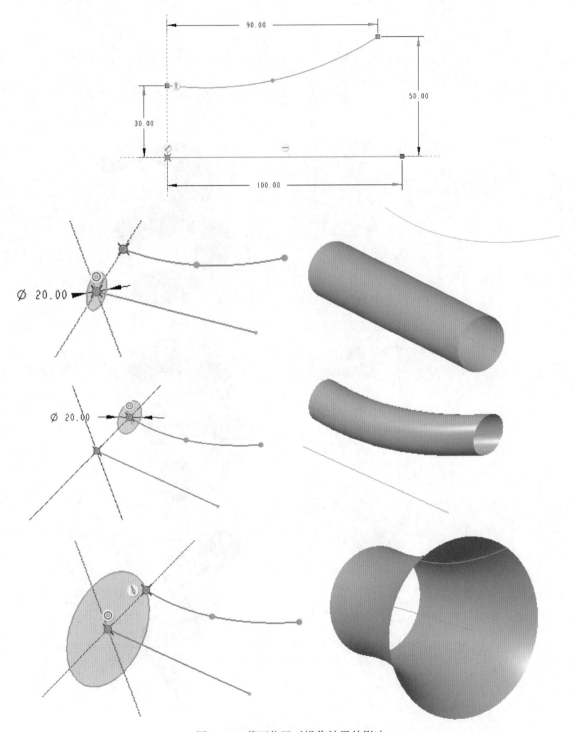

图 4-72　截面位置对操作结果的影响

　　任务拓展 2　如图 4–73 所示，分别以直线、螺旋线为原点轨迹线和 X 轨迹线创建可变截面扫描曲面，并注意观察截面是否始终与原点轨迹线保持垂直。

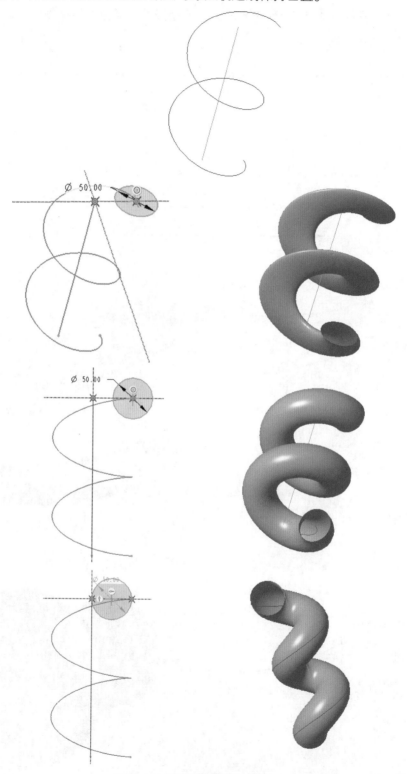

图 4–73　创建可变截面扫描曲面

课题 5　边界混合曲面

一、学习目标

1．掌握创建基准平面的方法。

2．掌握创建边界混合曲面的方法。

二、任务描述

边界混合是指通过定义边界曲线的方式产生曲面，如图 4-74 所示。

试通过图 4-75 所示模型的创建，学习边界混合曲面的创建方法。

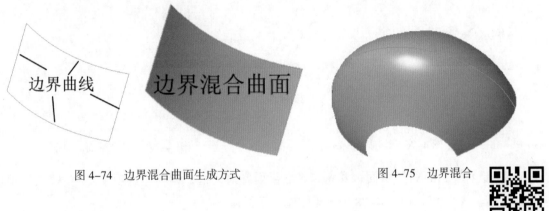

图 4-74　边界混合曲面生成方式　　　　　　图 4-75　边界混合

三、任务实施

1．创建新文件

（1）通过快捷方式图标启动 Creo Parametric 8.0 软件。

（2）在"主页"选项卡的"数据"组中单击"新建"按钮 📄，新建文件"prt0405"，并将绘图区背景设为白色。

2．创建边界曲线

（1）在"模型"选项卡的"基准"组中单击"草绘"按钮 ⚬，系统弹出"草绘"对话框。

（2）根据提示，选择"FRONT"平面为草绘平面，接受系统默认的参考平面和方向选择，单击"草绘"按钮 草绘 ，系统弹出"草绘"选项卡。

（3）单击图形工具栏中的"基准显示过滤器"溢出按钮 ✕，在按钮列表中分别取消选中"平面显示"和"坐标系显示"复选框，关闭基准平面、坐标系显示；单击图形工具栏中的"旋转中心"按钮 ➤，关闭旋转中心显示。

（4）按图 4-76 所示绘制草图一。

（5）在"草绘"选项卡的"关闭"组中单击"确定"按钮 ✔️ 确定 ，完成草图一的绘制工作。

（6）选择"标准方向"显示绘图区图形，并打开基准平面显示。

（7）在"模型"选项卡的"基准"组中单击"平面"按钮 ▱ ，系统弹出"基准平面"
对话框，如图 4-77 所示。

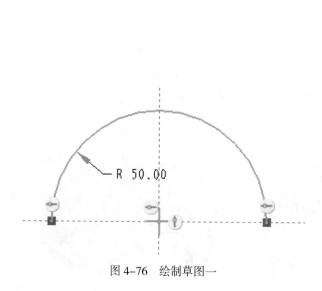

图 4-76 绘制草图一

图 4-77 "基准平面"对话框

（8）选择"FRONT"平面，并将"基准平面"对话框"偏移"选项中"平移"右侧的
文本框设置为"30"，如图 4-78 所示设置基准平面偏移距离。

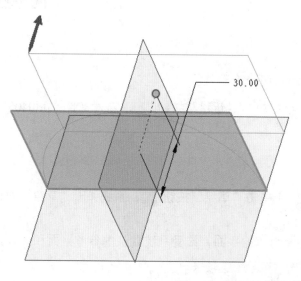

图 4-78 设置基准平面偏移距离

（9）单击"基准平面"对话框中的"确定"按钮 确定 ，完成基准平面"DTM1"的创
建工作，如图 4-79 所示。

（10）用类似的方法完成基准平面"DTM2"的创建工作，如图 4-80 所示。

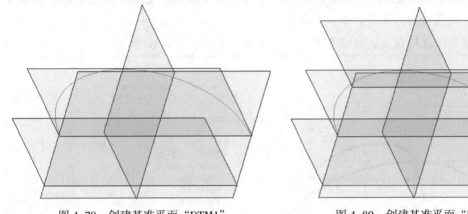
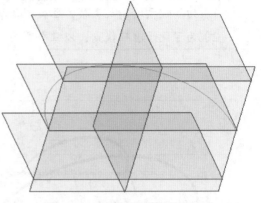

图 4-79　创建基准平面"DTM1"　　　　图 4-80　创建基准平面"DTM2"

提示

　　"DTM2"与"FRONT"平面的偏移距离为"30"，但方向相反。

（11）在"模型"选项卡的"基准"组中单击"草绘"按钮 草绘，以"DTM1"平面为草绘平面，绘制草图二，如图 4-81 所示。

（12）在"模型"选项卡的"基准"组中单击"草绘"按钮 草绘，以"DTM2"平面为草绘平面，绘制草图三，如图 4-82 所示。

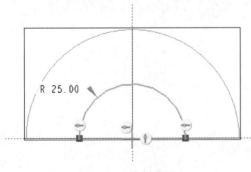
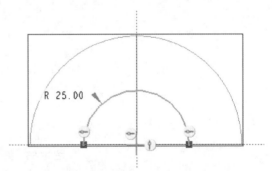

图 4-81　绘制草图二　　　　　　　　图 4-82　绘制草图三

（13）在"模型"选项卡的"基准"组中单击"草绘"按钮 草绘，以"TOP"平面为草绘平面，绘制样条曲线一，如图 4-83 中黄色线所示。

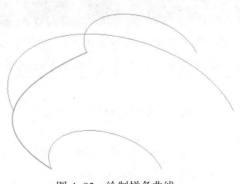

图 4-83　绘制样条曲线一

> **提示**
>
> （1）为了便于绘制及观察，已关闭基准平面显示、坐标系显示和旋转中心。
>
> （2）为了便于准确找点，以三个草图图元作为参考，如图 4-84 所示。

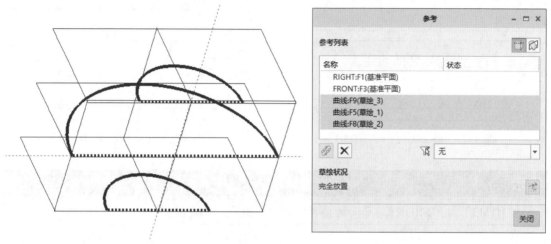

图 4-84　参考图元

（14）再次以"TOP"平面为草绘平面，绘制样条曲线二，如图 4-85 中黄色线所示。

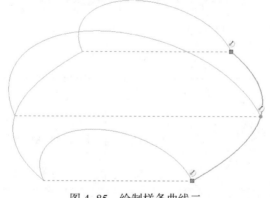

图 4-85　绘制样条曲线二

> **提示**
>
> 　　两条样条曲线不能在同一草绘中完成；否则，在创建边界混合曲面时会将其作为同一条边界线，出现错误提示或导致造型失败。

3. 创建边界混合曲面

（1）在"模型"选项卡的"曲面"组中单击"边界混合"按钮 边界混合，系统弹出"边界混合"选项卡，在"曲线"面板中单击"第一方向"收集器，如图 4-86 所示。

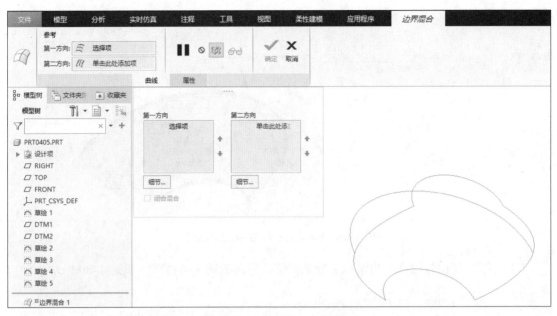

图 4-86 "边界混合"选项卡

提示

在创建边界混合曲面时，可以选择曲线、实体的边、基准点、曲线的端点等参考因素。另外，可以在一个方向生成边界混合曲面，也可以在两个方向生成边界混合曲面，其中，以两个方向定义的边界混合曲面的外部边界必须构成一个封闭环。本课题将示范从两个方向生成边界混合曲面。

（2）选择第一方向的第一条曲线，如图 4-87 所示。

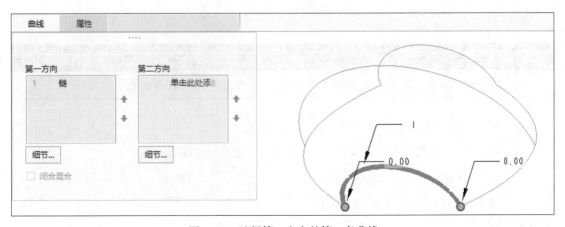

图 4-87 选择第一方向的第一条曲线

（3）按住"Ctrl"键，单击鼠标左键选择第一方向的第二条曲线，如图 4-88 所示。

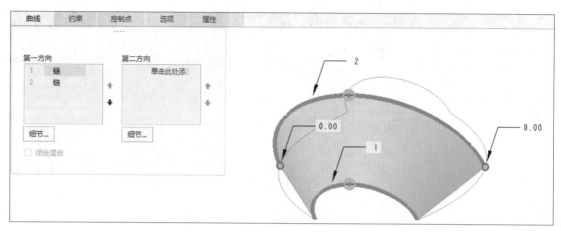

图 4-88　选择第一方向的第二条曲线

（4）按住"Ctrl"键，单击鼠标左键选择第一方向的第三条曲线，如图 4-89 所示。

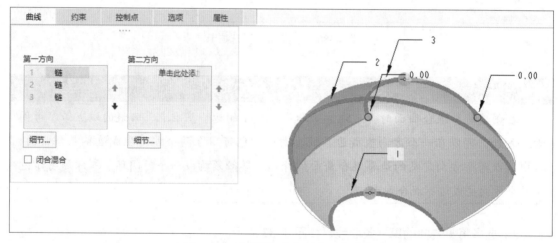

图 4-89　选择第一方向的第三条曲线

提示

第二条曲线和第三条曲线的选择次序不同，将产生不同的曲面效果。

（5）在"曲线"面板中单击"第二方向"收集器。

（6）单击鼠标左键选择第二方向的第一条曲线，如图 4-90 所示。

（7）按住"Ctrl"键，单击鼠标左键选择第二方向的第二条曲线，如图 4-91 所示。

（8）单击"边界混合"选项卡中的"确定"按钮 ，完成边界混合曲面的创建工作，如图 4-92 所示。

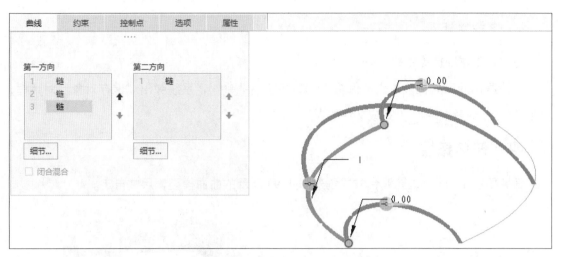

图 4-90 选择第二方向的第一条曲线

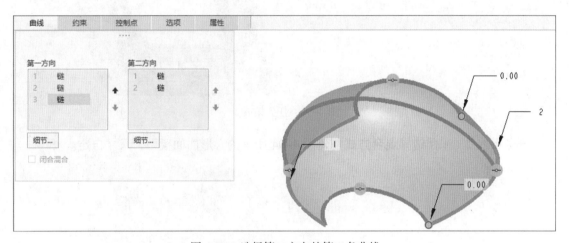

图 4-91 选择第二方向的第二条曲线

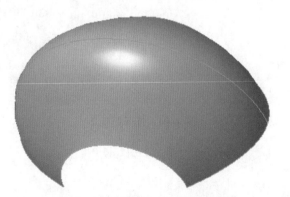

图 4-92 边界混合曲面创建结果

提示

创建边界混合曲面时，根据需要还可进行其他项目（如"约束""控制点""选项"等）的设置，限于篇幅，这里不进行介绍。

4. 保存文件

至此，本课题任务全部完成。

在快速访问工具栏中单击"保存（S）"按钮 ![保存(S)]，系统弹出"保存对象"对话框，单击"确定"按钮 ![确定]，完成文件的保存。

四、任务拓展

任务拓展 1 采用边界混合方式创建图 4-93 所示的曲面模型，尺寸自定。

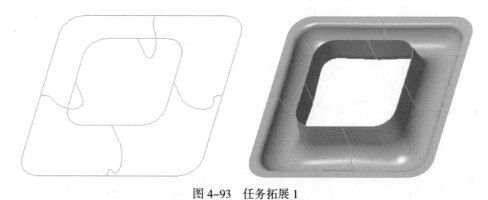

图 4-93 任务拓展 1

任务拓展 2 采用边界混合方式创建图 4-94 所示的心形曲面模型，尺寸自定。

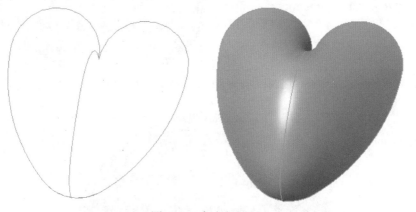

图 4-94 任务拓展 2

模块五 Creo Parametric 建模综合练习

课题1 笔架建模

一、学习目标

1. 掌握拉伸建模操作方法。
2. 能进行拔模操作。
3. 掌握扫描曲面创建方法。
4. 能进行实体化操作。
5. 掌握倒圆角和抽壳操作方法。

二、任务描述

试采用 Creo Parametric 8.0 软件完成图 5-1 所示塑料笔架模型的建模操作。

图 5-1 塑料笔架模型

三、任务实施

1. 创建新文件

（1）通过快捷方式图标启动 Creo Parametric 8.0 软件。

（2）在"主页"选项卡的"数据"组中单击"新建"按钮 ，新建文件"prt0501"，并将绘图区背景设为白色。

2. 创建边界曲线

（1）在"模型"选项卡的"基准"组中单击"草绘"按钮 ，系统弹出"草绘"对话框。

（2）根据提示，选择"TOP"平面为草绘平面，接受系统默认的参考平面和方向选择，单击"草绘"按钮 草绘 ，系统弹出"草绘"选项卡。

（3）单击图形工具栏中的"基准显示过滤器"溢出按钮 ，在按钮列表中分别取消选中"平面显示"和"坐标系显示"复选框，关闭基准平面、坐标系显示；单击图形工具栏中的"旋转中心"按钮 ，关闭旋转中心显示。

（4）按图 5-2 所示绘制草图。

（5）创建四处圆角，如图 5-3 所示。

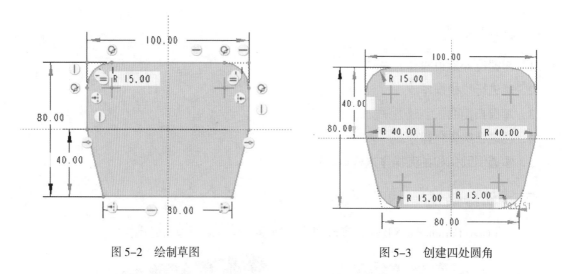

图 5-2　绘制草图　　　　　　　　　　图 5-3　创建四处圆角

（6）在"草绘"选项卡的"关闭"组中单击"确定"按钮 确定 ，完成草图绘制工作。

（7）在"模型"选项卡的"形状"组中单击"拉伸"按钮 拉伸 ，系统弹出"拉伸"选项卡。

（8）在"拉伸"选项卡的"深度"文本框中输入拉伸深度值"50"，如图 5-4 所示。

图 5-4　设置拉伸深度值

（9）单击"拉伸"选项卡中的"确定"按钮 确定 ，完成基体拉伸工作，如图 5-5 所示。

3. 拔模

（1）在"模型"选项卡的"工程"组中单击"拔模"按钮 拔模 ，根据提示，选择拔模曲面，如图 5-6 所示。

图 5-5　拉伸基体

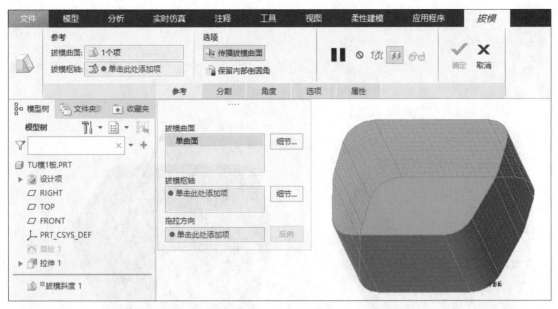

图 5-6　选择拔模曲面

提示

在选择拔模曲面时按住"Ctrl"键。

（2）选择拉伸基体底面定义拔模枢轴，并将拔模角度设为"5"，如图 5-7 所示。

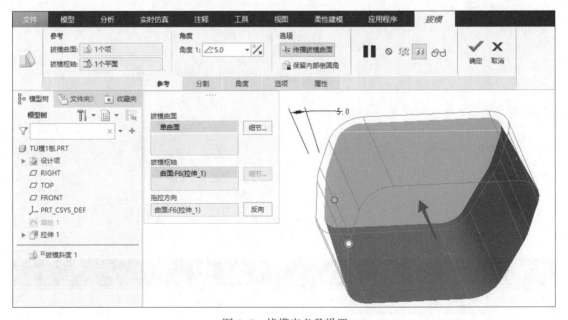

图 5-7　拔模定义及设置

（3）单击"拔模"选项卡中的"确定"按钮 ✔️_{确定}，完成基体拔模工作，如图 5-8 所示。

4. 拉伸移除材料操作

（1）在"模型"选项卡的"基准"组中单击"平面"按钮 ▱
平面，创建一个距离拉伸基体上表面为"35"的基准平面"DTM1"，如图 5-9 所示。

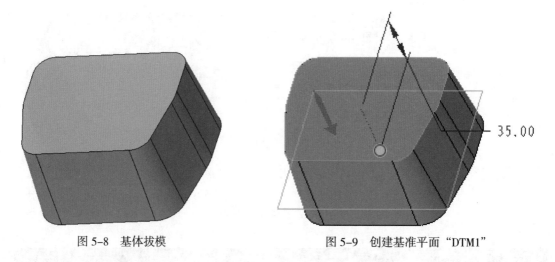

图 5-8　基体拔模　　　　　　　　图 5-9　创建基准平面"DTM1"

（2）在"模型"选项卡的"基准"组中单击"草绘"按钮 ✐
草绘，以"DTM1"平面为草绘平面绘制草图，如图 5-10 所示。

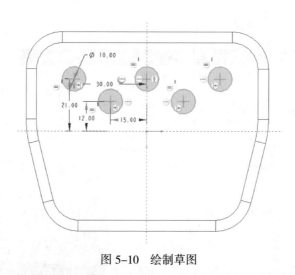

图 5-10　绘制草图

提示
为便于观察采用"消隐"模式。

（3）在"草绘"选项卡的"关闭"组中单击"确定"按钮 ✔️_{确定}。

（4）在"模型"选项卡的"形状"组中单击"拉伸"按钮 ，按图5-11所示进行设置。

图5-11　拉伸设置

（5）单击"拉伸"选项卡中的"确定"按钮 ，进行拉伸移除材料操作，如图5-12所示。

（6）再次在"模型"选项卡的"基准"组中单击"草绘"按钮 ，以"DTM1"平面为草绘平面，按图5-13所示绘制草图。

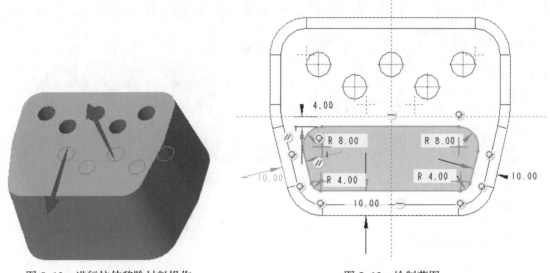

图5-12　进行拉伸移除材料操作　　　　图5-13　绘制草图

（7）在"草绘"选项卡的"关闭"组中单击"确定"按钮 ，完成草图绘制工作。

（8）在"模型"选项卡的"形状"组中单击"拉伸"按钮 ，按图5-11所示进行设置，单击"确定"按钮 ，完成拉伸移除材料操作，如图5-14所示。

提示

两个草图可合并在一起绘制，然后进行拉伸移除材料操作。

（9）在"模型"选项卡的"工程"组中单击"拔模"按钮 拔模 ▼，根据提示，选取拔模曲面，如图5-15所示。

（10）选择拉伸材料部分底面定义拔模枢轴，并将拔模角度设为"5"，如图5-16所示。

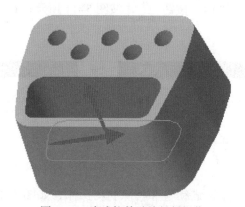

图 5-14 完成拉伸移除材料操作

图 5-15 选取拔模曲面

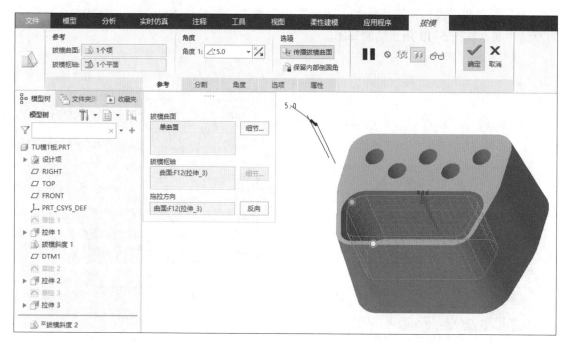

图 5-16 拔模定义及设置

（11）单击"拔模"选项卡中的"确定"按钮
✓确定，完成拔模操作，其结果如图 5-17 所示。

5. 创建扫描曲面

（1）在"模型"选项卡的"形状"组中单击
"扫描"按钮 扫描 ▼。

（2）单击"扫描"选项卡右侧的"基准"溢出
按钮 基准，在按钮列表中单击"草绘（S）"按钮 ∿。

图 5-17 拔模操作结果

（3）系统弹出"草绘"对话框，选择"RIGHT"为草绘平面，接受系统默认的参考平面和方向选择，如图 5-18 所示。

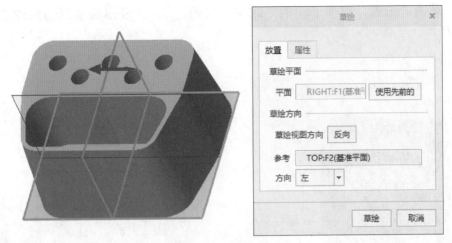

图 5-18　草绘设置

（4）绘制草绘轨迹，如图 5-19 所示。

图 5-19　草绘轨迹

（5）在"草绘"选项卡的"关闭"组中单击"确定"按钮，完成草图绘制工作。

（6）单击"扫描"选项卡中的"退出暂停模式，继续使用此工具。"按钮 ▶，如图 5-20 所示。

图 5-20　退出暂停模式，继续使用"扫描"工具

（7）单击"截面"组中的"草绘"按钮 ☑ 草绘，根据提示绘制横截面，如图 5-21 所示。

（8）在"草绘"选项卡的"关闭"组中单击"确定"按钮 ✔ 确定，完成横截面绘制工作。

（9）单击"扫描"选项卡中的"确定"按钮 ✔，完成扫描曲面的创建工作，如图 5-22 所示。

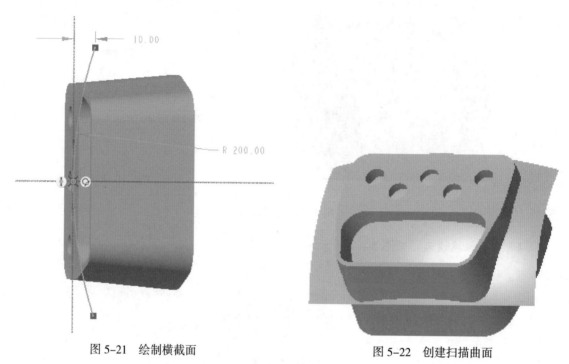

图 5-21　绘制横截面　　　　　　　　图 5-22　创建扫描曲面

6. 曲面裁剪实体

（1）在"模型"选项卡的"编辑"组中单击"实体化"按钮 ☐ 实体化，系统弹出"实体化"选项卡，如图 5-23 所示。

图 5-23　"实体化"选项卡

（2）单击"实体化"选项卡中的"移除材料"按钮 ◢ 移除材料 和"材料侧"按钮 ◢ 材料侧，确保将上侧材料去除，单击"确定"按钮 ✔ 确定，完成曲面对实体的裁剪操作，如图 5-24 所示。

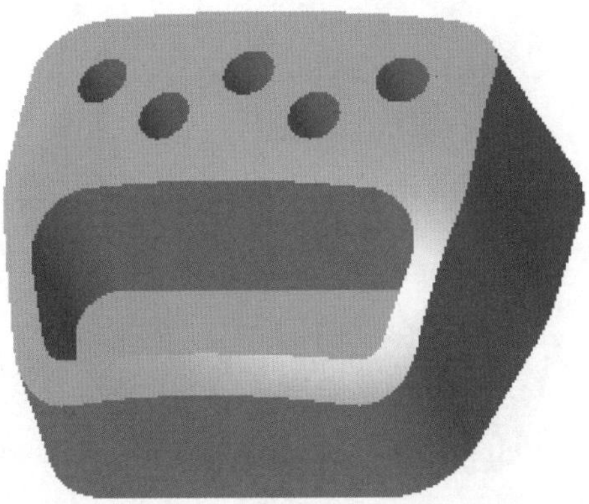

图 5-24　完成曲面裁剪的实体

7. 倒圆角及抽壳操作

（1）在“模型”选项卡的“工程”组中单击“倒圆角”按钮 倒圆角，系统弹出“倒圆角”选项卡，在“尺寸标注”组中将倒圆角半径设为“1”，选择图 5-25 所示的曲线。

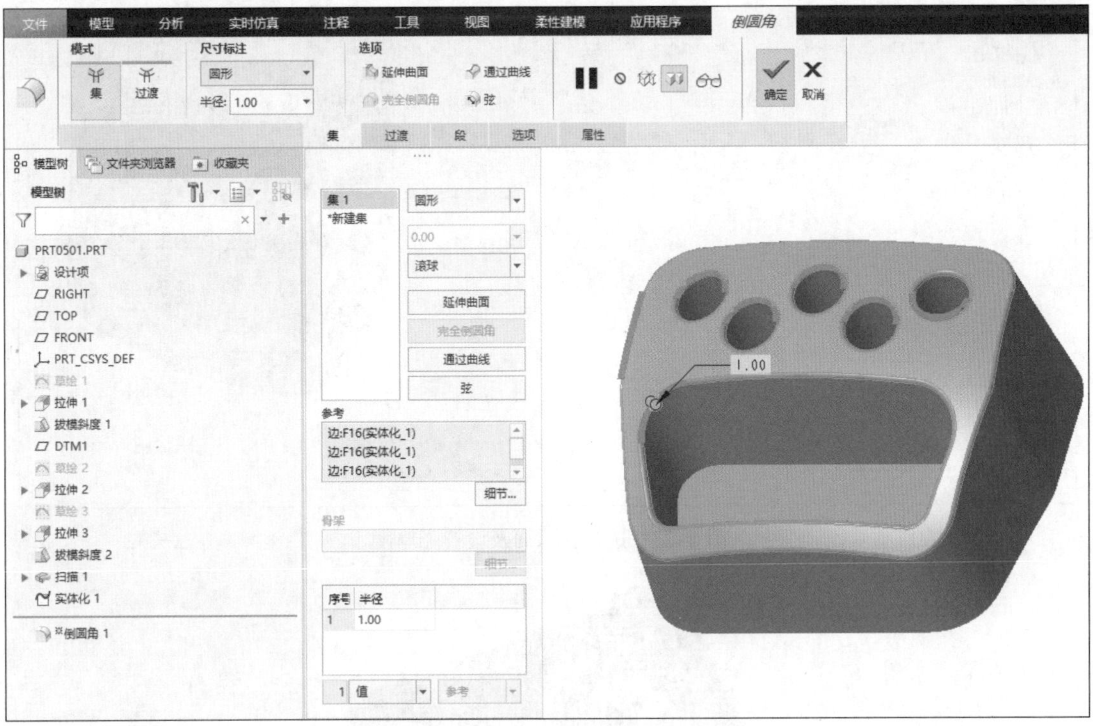

图 5-25　选择曲线并设置倒圆角半径

（2）单击“倒圆角”选项卡中的“确定”按钮 确定，完成倒圆角操作，如图 5-26 所示。

（3）在“模型”选项卡的“工程”组中单击“壳”按钮 壳，系统弹出“壳”选项卡，选择模型底面作为移除面，并在“设置”组中将壳厚度设为“0.80”，如图 5-27 所示。

（4）单击“壳”选项卡中的“确定”按钮 确定，完成抽壳操作，如图 5-28 所示。

图 5-26　完成倒圆角操作

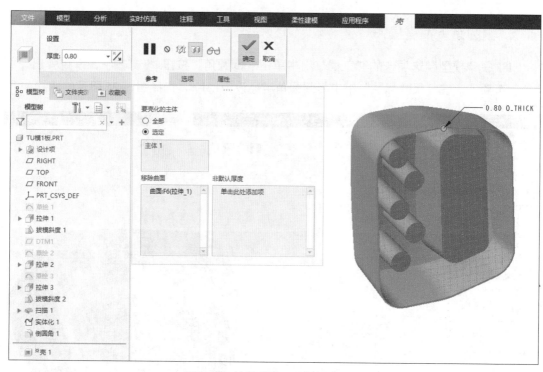

图 5-27　选择移除面及设置壳厚度

图 5-28　完成抽壳操作

8. 保存文件

至此，本课题任务全部完成。

在快速访问工具栏中单击"保存（S）"按钮 ，系统弹出"保存对象"对话框，单击"确定"按钮 确定 ，完成文件的保存。

四、任务拓展

试完成图 5-29 所示手机外壳的建模操作。

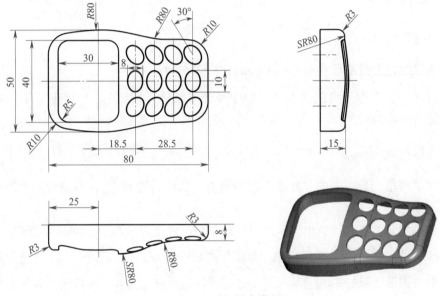

图 5-29　手机外壳模型

课题 2　数码相机外壳建模

一、学习目标

1. 掌握拉伸建模及拔模操作方法。

2. 掌握创建边界混合曲面的方法。

3. 掌握创建填充曲面的方法。

4. 能进行曲面合并及实体化操作。

5. 能进行倒圆角及抽壳操作。

二、任务描述

试采用 Creo Parametric 8.0 软件完成图 5-30 所示简易数码相机外壳模型的建模操作。

图 5-30 简易数码相机外壳模型

三、任务实施

1. 创建新文件

（1）通过快捷方式图标启动 Creo Parametric 8.0 软件。

（2）在"主页"选项卡的"数据"组中单击"新建"按钮 ，新建文件"prt0502"，并将绘图区背景设为白色。

2. 创建拉伸基体

（1）在"模型"选项卡的"基准"组中单击"草绘"按钮 ，系统弹出"草绘"对话框。

（2）根据提示，选择"TOP"平面为草绘平面，接受系统默认的参考平面和方向选择，单击"草绘"按钮 草绘 ，系统弹出"草绘"选项卡。

（3）单击图形工具栏中的"基准显示过滤器"溢出按钮 ，在按钮列表中分别取消选中"平面显示"和"坐标系显示"复选框，关闭基准平面、坐标系显示；单击图形工具栏中的"旋转中心"按钮 ，关闭旋转中心显示。

（4）按图 5-31 所示绘制草图。

（5）在"草绘"选项卡的"关闭"组中单击"确定"按钮 ，完成草图绘制工作。

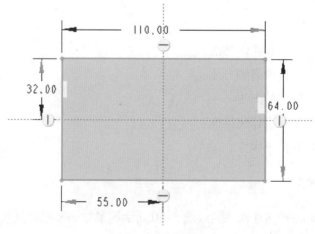

图 5-31 绘制草图

（6）在"模型"选项卡的"形状"组中单击"拉伸"按钮 ，系统弹出"拉伸"选项卡。

（7）在"拉伸"选项卡的"深度"文本框中输入拉伸深度值"12"，如图5-32所示。

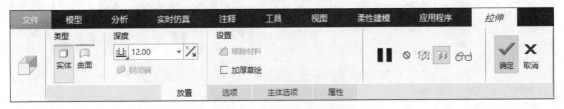

图5-32　设置拉伸深度值

（8）单击"拉伸"选项卡中的"确定"按钮 ，完成基体拉伸工作，如图5-33所示。

图5-33　创建拉伸基体

3. 倒圆角及拔模操作

（1）在"模型"选项卡的"工程"组中单击"倒圆角"按钮 倒圆角，按住"Ctrl"键，单击鼠标左键选择图5-34所示的曲线，并在"尺寸标注"组中将倒圆角半径设为"6"。

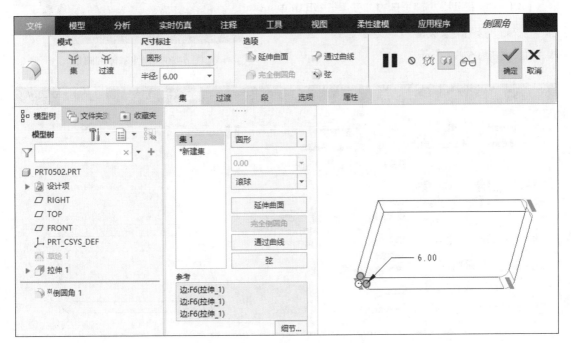

图5-34　选择曲线并设置倒圆角半径（1）

（2）在"集"面板中单击"新建集"，生成"集2"，在"尺寸标注"组中将倒圆角半径设为"12"，选择图5-35所示的曲线。

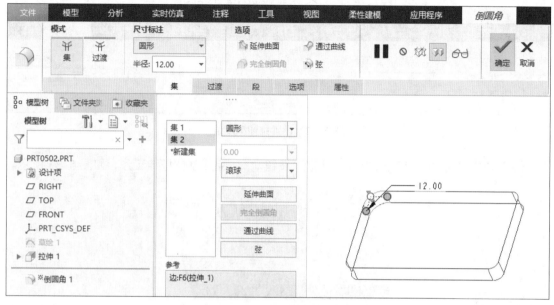

图5-35　选择曲线并设置倒圆角半径（2）

（3）单击"倒圆角"选项卡中的"确定"按钮 ✓ 确定，完成拉伸基体倒圆角操作，如图5-36所示。

（4）在"模型"选项卡的"工程"组中单击"拔模"按钮 ◢ 拔模 ▼，根据提示，选择拔模曲面，如图5-37所示。

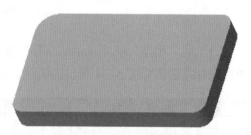

图5-36　拉伸基体倒圆角

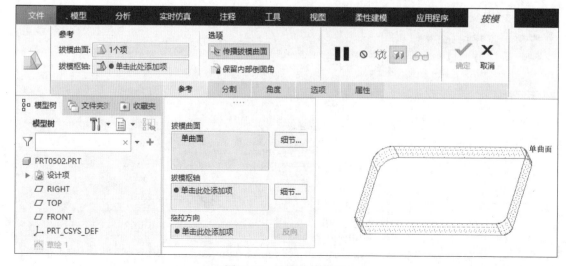

图5-37　选择拔模曲面

（5）选择拉伸基体曲面定义拔模枢轴，并在"角度"组中将拔模角度设为"5"，如图5-38所示。

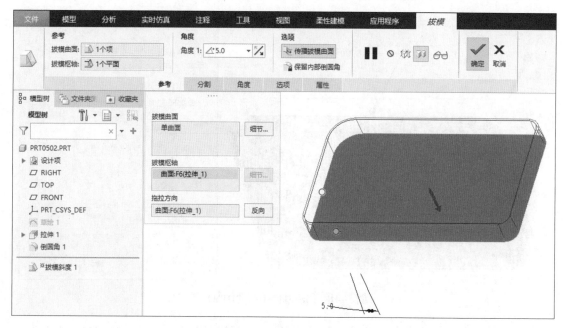

图5-38　拔模定义和设置

（6）单击"拔模"选项卡中的"确定"按钮 确定，完成拔模操作，如图5-39所示。

4. 创建边界混合曲面

（1）在"模型"选项卡的"基准"组中单击"草绘"按钮 草绘，以拉伸基体上表面为草绘平面，接受系统默认的参考平面和方向选择，系统弹出"草绘"选项卡。

（2）在"草绘"选项卡的"草绘"组中单击"投影"按钮 投影，创建图5-40所示的草图。

（3）在"草绘"选项卡的"关闭"组中单击"确定"按钮 确定，完成草图绘制工作。

图5-39　拔模操作

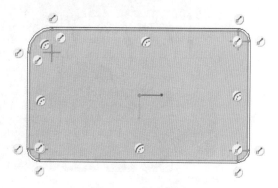

图5-40　创建草图

（4）在"模型"选项卡的"基准"组中单击"平面"按钮，创建一个与拉伸基体上表面距离为"8"的基准平面"DTM1"，如图 5-41 所示。

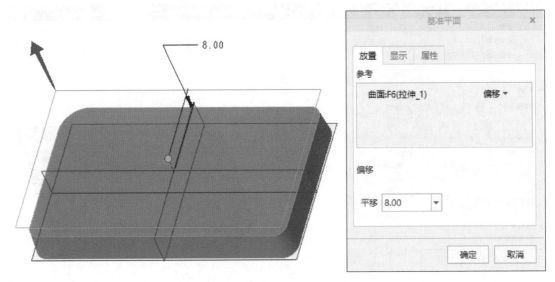

图 5-41　创建基准平面"DTM1"

（5）在"模型"选项卡的"基准"组中单击"草绘"按钮，以"DTM1"为草绘平面，接受系统默认的参考平面和方向选择，系统弹出"草绘"选项卡。

（6）按图 5-42 所示绘制草图。

（7）按图 5-43 所示继续绘制草图。

（8）按图 5-44 所示继续绘制草图。

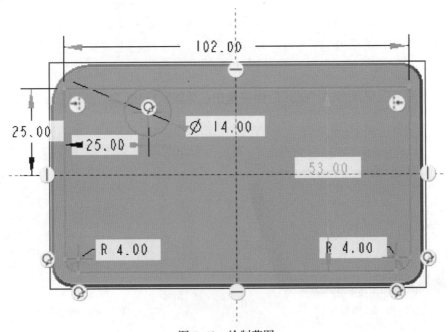

图 5-42　绘制草图

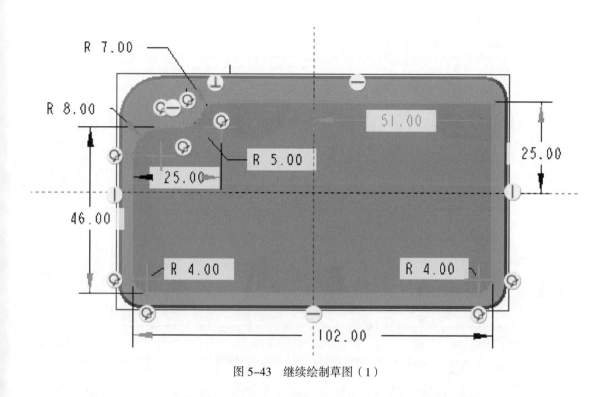

图 5-43　继续绘制草图（1）

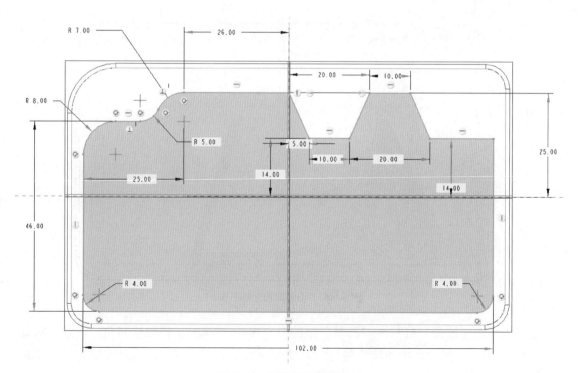

图 5-44　继续绘制草图（2）

（9）按图 5-45 所示继续绘制草图（进行倒圆角操作）。

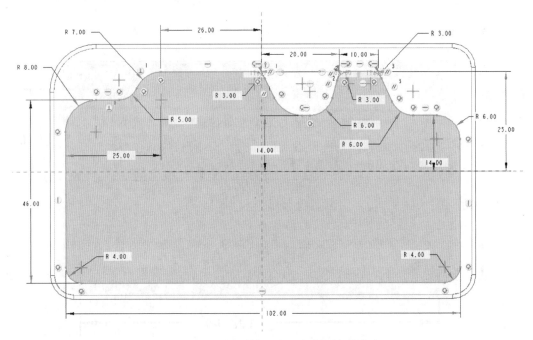

图 5-45　继续绘制草图（进行倒圆角操作）

（10）在"草绘"选项卡的"关闭"组中单击"确定"按钮 ✔确定，完成草图绘制工作，如图 5-46 所示。

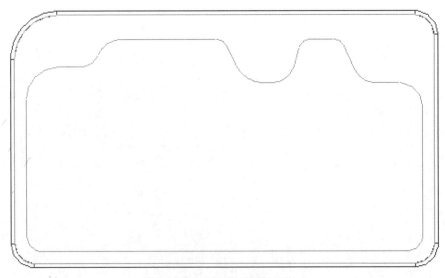

图 5-46　完成草图绘制工作

（11）单击"模型"选项卡"基准"组的溢出按钮 基准▼，将鼠标移至"曲线"按钮 ∿ 曲线，单击"通过点的曲线"按钮 ∿ 通过点的曲线，系统弹出"曲线：通过点"选项卡，按图 5-47 所示绘制空间曲线。

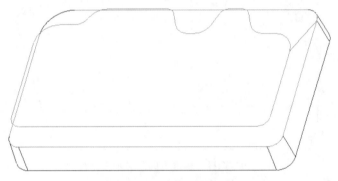

图 5-47 绘制空间曲线

提示

根据本模型要求，共需创建八条空间曲线。

（12）继续单击"模型"选项卡"基准"组的溢出按钮 **基准▼** ，将鼠标移至"曲线"按钮 **～ 曲线** ，单击"通过点的曲线"按钮 **～ 通过点的曲线** ，重复操作，分别完成其他七条空间曲线的创建工作，如图 5-48 所示。

（13）选择"标准方向"显示模型（默认方向按"Ctrl+D"键），如图 5-49 所示。

（14）在"模型"选项卡的"曲面"组中单击"边界混合"按钮 **边界混合** ，系统弹出"边界混合"选项卡。

（15）单击"边界混合"选项卡"曲线"面板中的"第一方向"收集器，选择对应曲线，如图 5-50 所示。

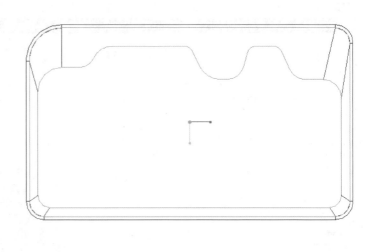

图 5-48　绘制七条空间曲线

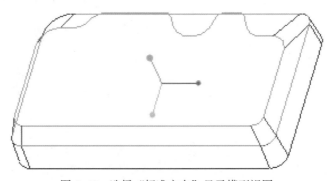

图 5-49　选择"标准方向"显示模型视图

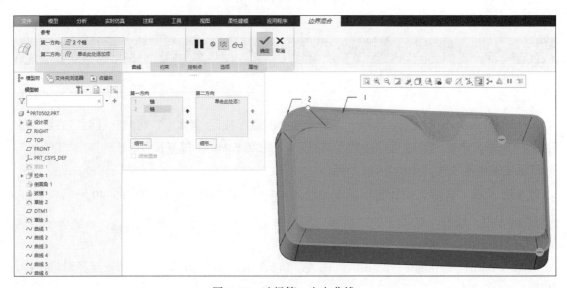

图 5-50　选择第一方向曲线

（16）单击"边界混合"选项卡"曲线"面板中的"第二方向"收集器，选择对应曲线，如图 5-51 所示。

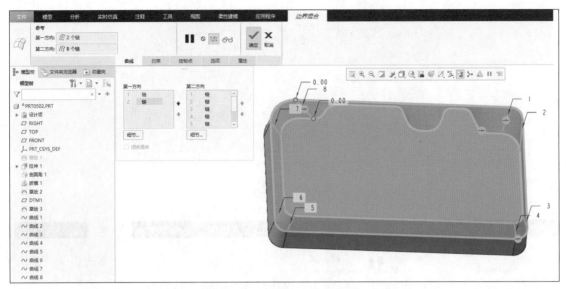

图 5-51　选择第二方向曲线

（17）单击"边界混合"选项卡中的"确定"按钮 ✔，完成边界混合曲面的创建工作，如图 5-52 所示。

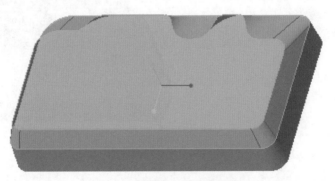

图 5-52　创建边界混合曲面

5. 创建填充曲面

（1）在"模型"选项卡的"基准"组中单击"草绘"按钮 🗗，以"DTM1"为草绘平面，接受系统默认的参考平面和方向选择，系统弹出"草绘"选项卡。

（2）在"草绘"选项卡的"草绘"组中单击"投影"按钮 □ 投影，按图 5-53 所示绘制草图。

（3）在"草绘"选项卡的"关闭"组中单击"确定"按钮 ✔，完成草图绘制工作。

（4）在"模型"选项卡的"曲面"组中单击"填充"按钮 □ 填充，系统弹出"填充"选项卡。在"参考"组的"草绘"收集器中选择"草绘 4"，按图 5-54 所示创建填充曲面。

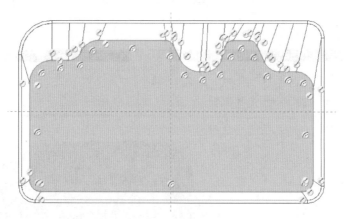

图 5-53 绘制草图

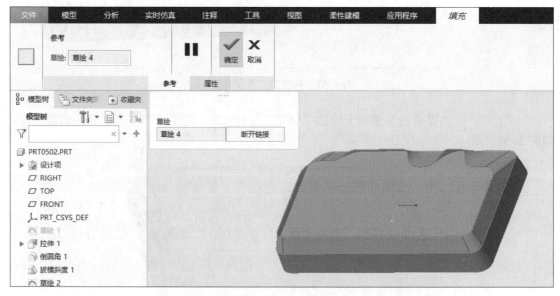

图 5-54 创建填充曲面

（5）单击"填充"选项卡中的"确定"按钮 ，完成填充曲面的创建工作。

6. 曲面合并及实体化操作

（1）在"模型"选项卡的"编辑"组中单击"合并"按钮 合并，系统弹出"合并"选项卡。

（2）在"合并"选项卡的"参考"面板"面组"收集器中，按住"Ctrl"键，选择"边界混合 1"和"填充 1"，绘图区窗口界面如图 5-55 所示。

（3）单击"合并"选项卡中的"确定"按钮 ，完成所选两个曲面的合并操作。

（4）在"模型"选项卡的"编辑"组中单击"实体化"按钮 实体化，系统弹出"实体化"选项卡，绘图区窗口界面如图 5-56 所示。

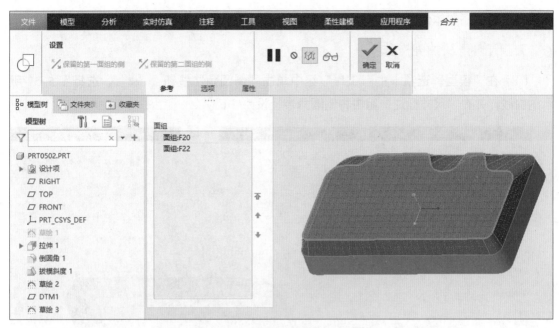

图 5-55　"合并"绘图区窗口界面

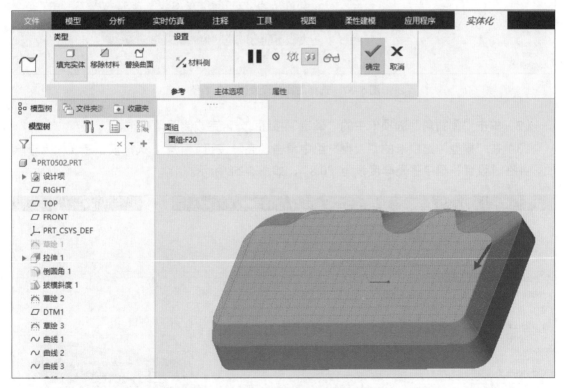

图 5-56　"实体化"绘图区窗口界面

提示

操作时，注意选择"填充实体"按钮 。

（5）单击"实体化"选项卡中的"确定"按钮 确定，完成曲面的实体化操作。

7. 倒圆角及抽壳操作

（1）在"模型"选项卡的"工程"组中单击"倒圆角"按钮 倒圆角，选择图 5-57 所示的曲线，并在"尺寸标注"组中将倒圆角半径设为"1"。

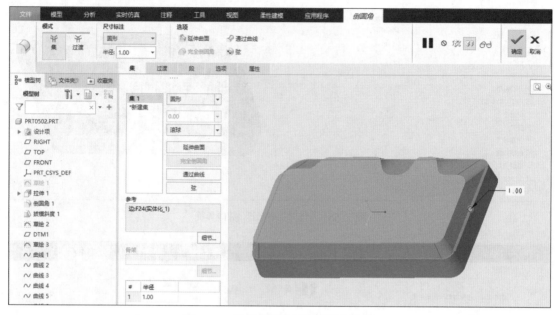

图 5-57　选择曲线并设置倒圆角半径

（2）单击"倒圆角"选项卡中的"确定"按钮 确定，完成倒圆角操作。

（3）在"模型"选项卡的"工程"组中单击"壳"按钮 壳，选择模型底面作为移除面，并在"设置"组中将壳厚度设为"0.8"，如图 5-58 所示。

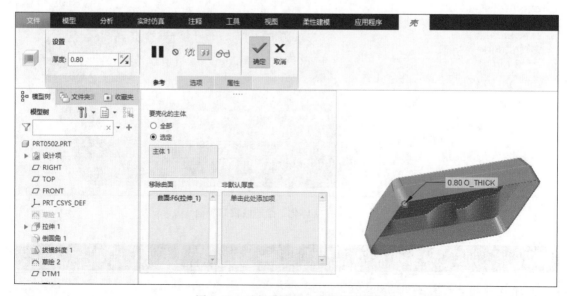

图 5-58　选择移除面及设置壳厚度

（4）单击"壳"选项卡中的"确定"按钮 ✔确定，完成抽壳操作，如图 5-59 所示。

图 5-59　完成抽壳的实体

8.拉伸移除材料操作

（1）在"模型"选项卡的"基准"组中单击"草绘"按钮 ⬚草绘，以"DTM1"为草绘平面，接受系统默认的参考平面和方向选择，系统弹出"草绘"选项卡。

（2）按图 5-60 所示绘制草图。

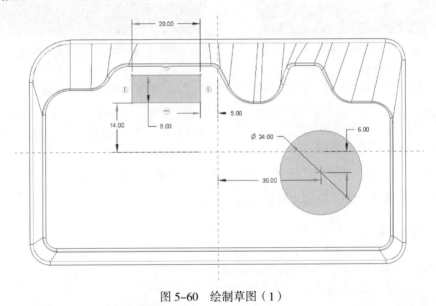

图 5-60　绘制草图（1）

（3）在"草绘"选项卡的"关闭"组中单击"确定"按钮 ✔确定，完成草图绘制工作。

（4）在"模型"选项卡的"基准"组中单击"草绘"按钮 ⬚草绘，以"FRONT"平面为草绘平面，接受系统默认的参考平面和方向选择，系统弹出"草绘"选项卡。

（5）按图 5-61 所示绘制草图。

（6）在"草绘"选项卡的"关闭"组中单击"确定"按钮 ✔确定，完成草图绘制工作。

（7）在"模型"选项卡的"形状"组中单击"拉伸"按钮 ⬚拉伸，完成侧面孔的拉伸移除材料操作，如图 5-62 所示。

（8）单击"拉伸"选项卡中的"确定"按钮 ✔确定，完成侧孔创建工作。

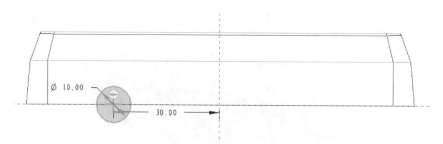

图 5-61　绘制草图（2）

（9）在"模型"选项卡的"形状"组中单击"拉伸"按钮，完成上表面孔的拉伸移除材料操作，如图 5-63 所示。

图 5-62　创建侧孔

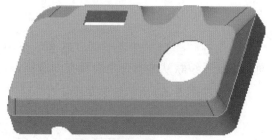

图 5-63　创建上表面孔

（10）单击"拉伸"选项卡中的"确定"按钮，完成上表面孔的创建工作。

9. 保存文件

至此，本课题任务全部完成。

在快速访问工具栏中单击"保存（S）"按钮，系统弹出"保存对象"对话框，单击"确定"按钮，完成文件的保存。

四、任务拓展

试完成图 5-64 所示名片盒模型的建模工作。

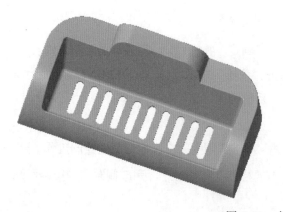

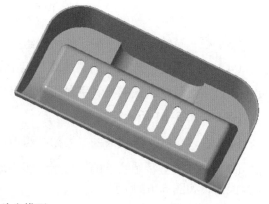

图 5-64　名片盒模型

名片盒模型参考建模过程如图 5-65 所示。

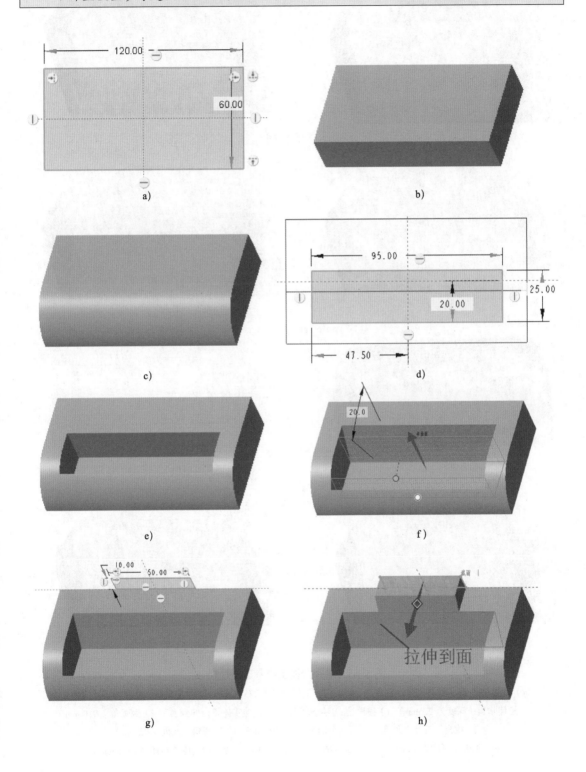

a)　　　　　　　　　　　　　b)

c)　　　　　　　　　　　　　d)

e)　　　　　　　　　　　　　f)

g)　　　　　　　　　　　　　h)

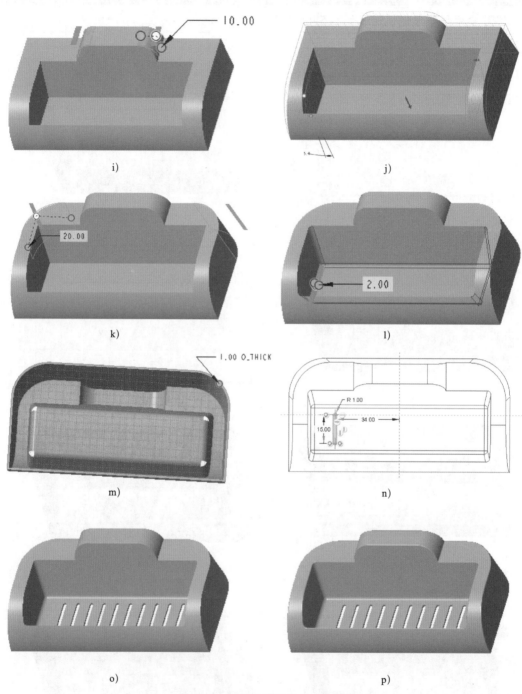

图 5-65　名片盒模型参考建模过程

a）绘制草图　b）拉伸实体（深度为 25 mm）　c）倒圆角（$R25\,mm$）　d）绘制草图（在拉伸实体表面）
e）拉伸除料（深度为 22 mm）　f）拔模　g）绘制草图　h）拉伸实体（拉伸到面）　i）倒圆角（$R10\,mm$）
j）拔模（五处，角度为 5°）　k）倒圆角（$R20\,mm$）　l）倒圆角（八处，$R2\,mm$）
m）抽壳（厚度为 1 mm）　n）绘制草图　o）拉伸除料及阵列　p）边缘倒圆角（$R0.5\,mm$）

课题3　香皂建模

一、学习目标

1．能进行变半径倒圆角操作。

2．能进行镜像操作。

3．能进行文字输入操作。

二、任务描述

试完成图 5-66 所示香皂模型的实体建模操作。

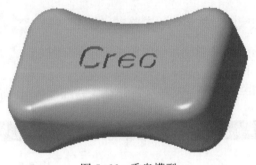

图 5-66　香皂模型

三、任务实施

1．创建新文件

（1）通过快捷方式图标启动 Creo Parametric 8.0 软件。

（2）在"主页"选项卡的"数据"组中单击"新建"按钮 ，新建文件"prt0503"，并将绘图区背景设为白色。

2．创建拉伸基体

（1）在"模型"选项卡的"基准"组中单击"草绘"按钮 ，系统弹出"草绘"对话框。

（2）根据提示，选择"TOP"平面为草绘平面，接受系统默认的参考平面和方向选择，单击"草绘"按钮 草绘 ，系统弹出"草绘"选项卡。

（3）单击图形工具栏中的"基准显示过滤器"溢出按钮 ，在按钮列表中分别取消选中"平面显示"和"坐标系显示"复选框，关闭基准平面、坐标系显示；单击图形工具栏中的"旋转中心"按钮 ，关闭旋转中心显示。

（4）按图 5-67 所示绘制草图。

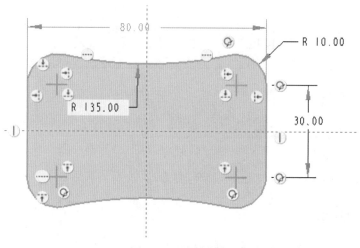

图 5-67　绘制草图

（5）在"草绘"选项卡的"关闭"组中单击"确定"按钮 ，完成草图绘制工作。

（6）在"模型"选项卡的"形状"组中单击"拉伸"按钮 ，系统弹出"拉伸"选项卡。

（7）在"拉伸"选项卡的"深度"文本框中输入拉伸深度值"13"，如图 5-68 所示。

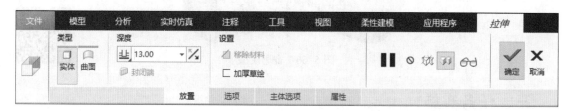

图 5-68　设置拉伸深度值

（8）单击"拉伸"选项卡中的"确定"按钮 ，完成基体拉伸工作，如图 5-69 所示。

3. 创建变半径倒圆角

（1）在"模型"选项卡的"工程"组中单击"倒圆角"按钮 ，系统弹出"倒圆角"选项卡。

图 5-69　创建拉伸基体

（2）在"尺寸标注"组中将倒圆角半径设为"5"，选择曲线，按图 5-70 所示进行设置。

提示

　　操作时，打开"倒圆角"选项卡的"集"面板，在最下方的圆角半径列表中单击鼠标右键，在弹出的快捷菜单中选择"增加半径"；重复以上操作，使列表中出现六个半径值点，逐一更改半径值点位置，然后输入或改变相应的半径值。限于篇幅，请用户自行完成。

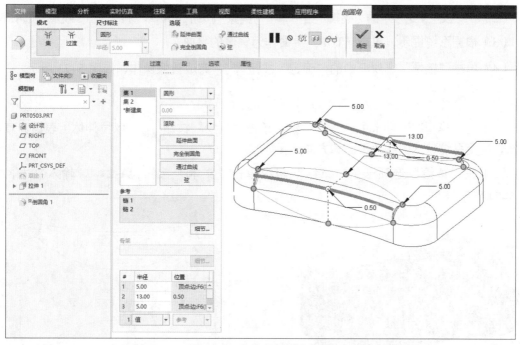

图 5-70　变半径倒圆角操作

（3）单击"倒圆角"选项卡中的"确定"按
钮 ✓确定，完成变半径倒圆角操作，如图 5-71 所示。

4. 创建镜像实体

（1）按住"Ctrl"键，在模型树中选择倒圆
角特征和拉伸体特征，以此作为镜像特征，如
图 5-72 所示。

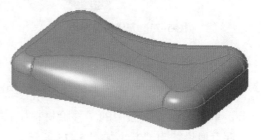

图 5-71　完成变半径倒圆角操作

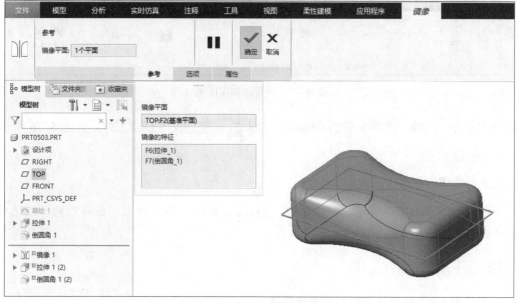

图 5-72　选择镜像特征

（2）在"模型"选项卡的"编辑"组中单击"镜像"按钮 ⅅⅅ 镜像 ，系统弹出"镜像"选项卡。

（3）根据系统提示，单击"TOP"平面作为镜像的平面。

（4）单击"镜像"选项卡中的"确定"按钮 ✓ 确定 ，完成镜像操作，如图 5-73 所示。

5. 创建文字

（1）在"模型"选项卡的"基准"组中单击"草绘"按钮 草绘 ，以拉伸体上表面为草绘平面，接受系统默认的参考平面和方向选择。

（2）在"草绘"选项卡的"草绘"组中单击"文本"按钮 ⒜ 文本 ，输入文本，如图 5-74 所示。

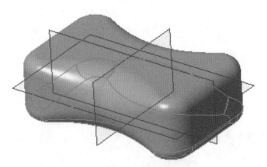

图 5-73　完成镜像操作

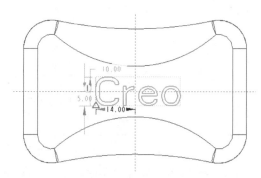

图 5-74　创建文本

（3）在"草绘"选项卡的"关闭"组中单击"确定"按钮 ✓ 确定 ，完成文本创建工作。

（4）在"模型"选项卡的"形状"组中单击"拉伸"按钮 拉伸 ，系统弹出"拉伸"选项卡，单击"设置"组中的"移除材料"按钮 ⬛ 移除材料 ✗ ，并将选项卡上"深度"组中的拉伸深度值设置为"2"，如图 5-75 所示。

图 5-75　设置拉伸深度值

（5）单击"拉伸"选项卡中的"确定"按钮 ✓ 确定 ，完成文本创建工作，如图 5-76 所示。

6. 保存文件

至此，本课题任务全部完成。

在快速访问工具栏中单击"保存（S）"按钮 💾 保存(S) ，系统弹出"保存对象"对话框，单击"确定"按钮 确定 ，完成文件的保存。

四、任务拓展

试完成图 5-77 所示骰子模型的建模操作。

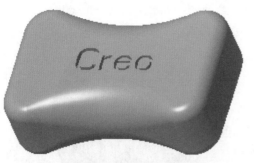

图 5-76 完成文本创建

图 5-77 骰子模型

提示

骰子模型建模思路如图 5-78 所示。

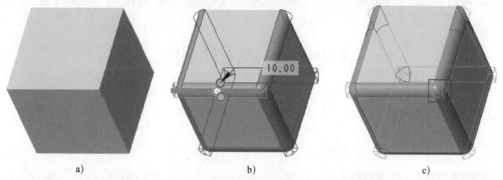

a)   b)   c)

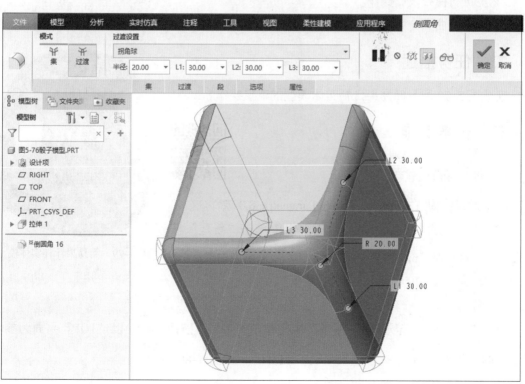

d)

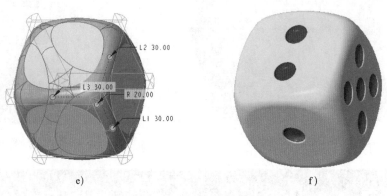

图 5-78　骰子模型建模思路

a）创建边长为 100 mm 的正方体　b）倒圆角（*R*10 mm）　c）切换到过渡模式，选择三个相交倒圆角形成的拐角

d）选择拐角球方式，参数如图所示　e）用同样的操作方式完成所有拐角球过渡　f）完成点子数的建模

课题 4　果汁杯建模

一、学习目标

1．掌握创建边界混合曲面的方法。

2．能进行曲线投影操作。

3．能进行曲面合并及加厚操作。

二、任务描述

完成图 5-79 所示简易果汁杯实体模型的建模操作。

三、任务实施

1．创建新文件

（1）通过快捷方式图标启动 Creo Parametric 8.0 软件。

（2）在"主页"选项卡的"数据"组中单击"新建"按

钮 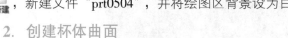，新建文件"prt0504"，并将绘图区背景设为白色。

图 5-79　简易果汁杯实体模型

2．创建杯体曲面

（1）在"模型"选项卡的"基准"组中单击"平面"按钮 ▱，以"TOP"平面为参考

平面，向上平移"90"，建立基准平面"DTM1"，如图 5-80 所示。

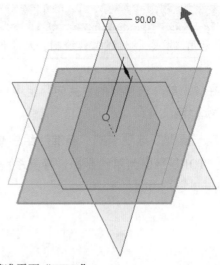

图 5-80　创建基准平面"DTM1"

（2）在"模型"选项卡的"基准"组中单击"平面"按钮 ▱，以"TOP"平面为参考
平面
平面，向下平移"100"，建立基准平面"DTM2"，如图 5-81 所示。

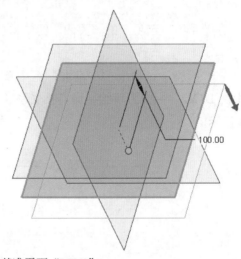

图 5-81　创建基准平面"DTM2"

（3）在"模型"选项卡的"基准"组中单击"草绘"按钮 ，系统弹出"草绘"对
草绘
话框，以"DTM1"平面为草绘平面，接受系统默认的参考平面和方向选择，绘制草图，如
图 5-82 所示。

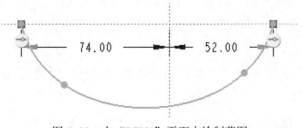

图 5-82　在"DTM1"平面内绘制草图

提示

草图采用"样条"曲线工具绘制，尺寸仅供参考，下同。

（4）在"草绘"选项卡的"关闭"组中单击"确定"按钮 确定，完成"DTM1"平面内的草图绘制工作。

（5）在"模型"选项卡的"基准"组中单击"草绘"按钮 草绘，系统弹出"草绘"对话框，以"TOP"平面为草绘平面，接受系统默认的参考平面和方向选择，绘制草图，如图 5-83 所示。

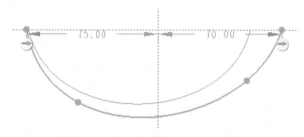

图 5-83　在"TOP"平面内绘制草图

（6）在"草绘"选项卡的"关闭"组中单击"确定"按钮 确定，完成"TOP"平面内的草图绘制工作。

（7）在"模型"选项卡的"基准"组中单击"草绘"按钮 草绘，系统弹出"草绘"对话框，以"DTM2"平面为草绘平面，接受系统默认的参考平面和方向选择，绘制草图，如图 5-84 所示。

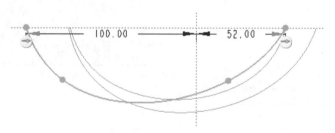

图 5-84　在"DTM2"平面内绘制草图

（8）在"草绘"选项卡的"关闭"组中单击"确定"按钮 确定，完成"DTM2"平面内的草图绘制工作。

（9）在"模型"选项卡的"基准"组中单击"草绘"按钮 草绘，系统弹出"草绘"对话框，以"RIGHT"平面为草绘平面，接受系统默认的参考平面和方向选择，绘制草图，如图 5-85 所示。

（10）在"草绘"选项卡的"草绘"组中单击"偏移"按钮 偏移，将曲线向外偏移"8"，如图 5-86 所示。

（11）在"草绘"选项卡的"关闭"组中单击"确定"按钮 确定，完成草图绘制工作。

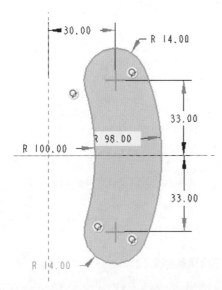

图 5-85　在"RIGHT"平面内绘制草图

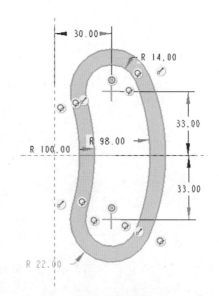

图 5-86　偏移曲线

提示

用以下操作分别创建两条样条曲线。

（12）在"模型"选项卡的"基准"组中单击"草绘"按钮 草绘，系统弹出"草绘"对话框，以"FRONT"平面为草绘平面，接受系统默认的参考平面和方向选择，绘制草图，如图 5-87 所示。

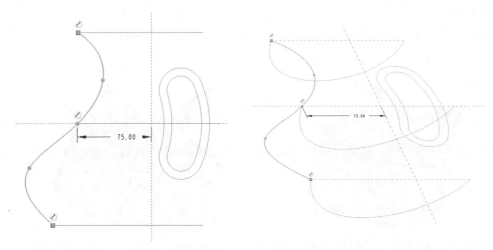

图 5-87　在"FRONT"平面内草绘样条曲线（1）

（13）在"草绘"选项卡的"关闭"组中单击"确定"按钮 确定，完成草图绘制工作。

（14）在"模型"选项卡的"基准"组中单击"草绘"按钮 草绘，系统弹出"草绘"对话框，以"RIGHT"平面为草绘平面，接受系统默认的参考平面和方向选择，绘制草图，如图 5-88 所示。

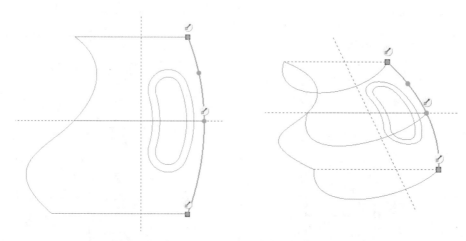

图 5-88　在"FRONT"平面内草绘样条曲线（2）

提示

下面开始进行创建杯体单侧曲面操作。

（15）在"草绘"选项卡的"关闭"组中单击"确定"按钮 ✓ 确定，完成草图绘制工作。

（16）在"模型"选项卡的"曲面"组中单击"边界混合"按钮 边界混合，系统弹出"边界混合"选项卡。

（17）按住"Ctrl"键，单击鼠标左键依次选择第一方向的上、中、下三条曲线，如图 5-89 所示。

（18）按建模要求，选择第二方向的左、右两条曲线，如图 5-90 所示。

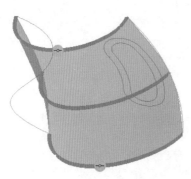

图 5-89　选择第一方向的三条曲线

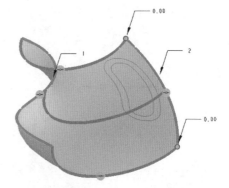

图 5-90　选择第二方向的两条曲线

（19）单击"边界混合"选项卡中的"确定"按钮 ✓ 确定，完成曲面创建工作。

提示

按步骤（20）～（24）进行曲线投影操作。

（20）在"模型"选项卡的"编辑"组中单击"投影"按钮 投影，系统弹出"投影曲线"选项卡。

（21）根据提示，选择要投影的外侧曲线，如图 5-91 所示。

（22）单击"曲面"选项下的收集器，选择边界混合曲面为投影面，如图 5-92 所示。

图 5-91　选择要投影的外侧曲线

图 5-92　选择投影面

（23）单击"方向参考"选项下的收集器，选择"FRONT"平面为投影方向参考平面，并在"投影方向"组中选择"沿方向"方式进行投影，如图 5-93 所示。

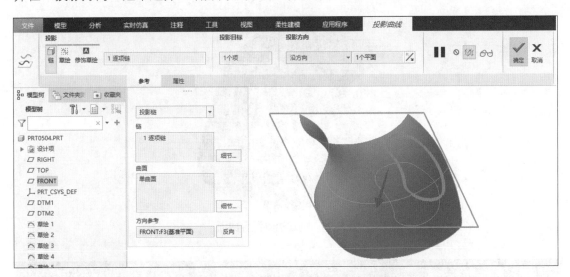

图 5-93　选择投影方式和投影方向参考平面

（24）单击"投影曲线"选项卡中的"确定"按钮 确定，完成曲线投影工作。

（25）在"模型"选项卡的"编辑"组中单击"镜像"按钮 镜像，系统弹出"镜像"选项卡。以"FRONT"平面为镜像平面，将边界混合曲面和投影曲线进行镜像操作，如图 5-94 所示。

（26）单击"镜像"选项卡中的"确定"按钮 确定，完成曲面镜像工作。

（27）在"模型"选项卡的"曲面"组中单击"边界混合"按钮 边界混合，系统弹出"边界混合"选项卡。单击鼠标左键依次选择图 5-95 所示的三条曲线，创建边界混合曲面。

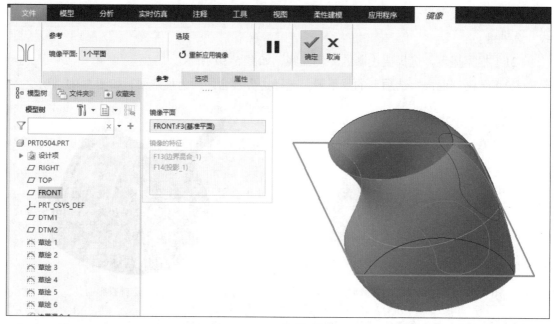

图 5-94　完成镜像操作

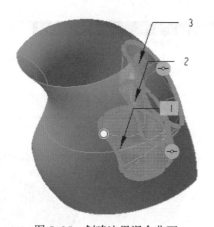

图 5-95　创建边界混合曲面

提示

　　该边界混合曲面只要第一方向曲线，稍加观察，将发现该曲面紊乱。

　　（28）单击"控制点"面板，依次单击三条曲线上某一对应点，曲面就会变得光滑，如图 5-96 所示。

　　（29）单击"边界混合"选项卡中的"确定"按钮 ✓，完成曲面创建工作。

　　（30）在"模型"选项卡的"编辑"组中单击"合并"按钮 ⬭合并，系统弹出"合并"选项卡。第一次合并图 5-97 所示的两个边界混合曲面。

　　（31）单击"合并"选项卡中的"确定"按钮 ✓，完成第一次边界混合曲面的合并工作。

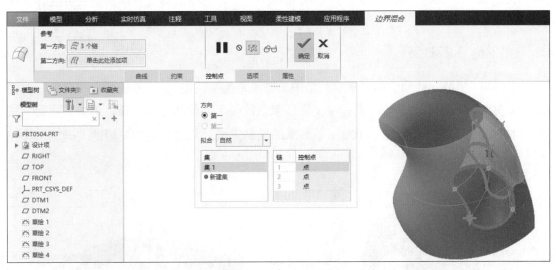

图 5-96　设置控制点

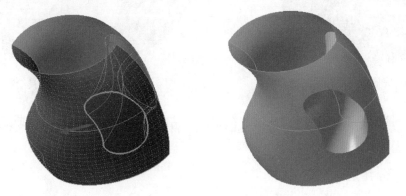

图 5-97　第一次合并边界混合曲面

（32）在"模型"选项卡的"编辑"组中单击"合并"按钮 📮合并，第二次合并图 5-98 所示的两个边界混合曲面。

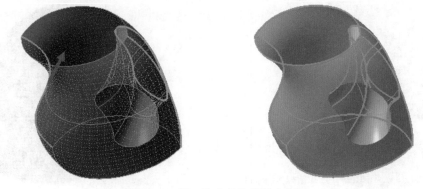

图 5-98　第二次合并边界混合曲面

（33）单击"合并"选项卡中的"确定"按钮 ✔ 确定，完成边界混合曲面的合并工作，如图 5-99 所示。

3. 创建杯底曲面

（1）在"模型"选项卡的"基准"组中单击"草绘"按钮 ，系统弹出"草绘"对话框，以"DTM2"平面为草绘平面，接受系统默认的参考平面和方向选择，单击"投影"按钮 □ 投影，绘制草图，如图 5-100 所示。草图绘制完成后单击"关闭"组的"确定"按钮 ✔ 确定，完成草图绘制工作。

图 5-99　完成边界混合曲面的合并　　　　图 5-100　通过"投影"工具绘制草图

（2）在"模型"选项卡的"曲面"组中单击"填充"按钮 □ 填充，完成底面的创建工作，如图 5-101 所示。

4. 曲面合并及加厚

（1）在"模型"选项卡的"编辑"组中单击"合并"按钮 ⬭ 合并，完成杯底与杯体的合并操作，如图 5-102 所示。

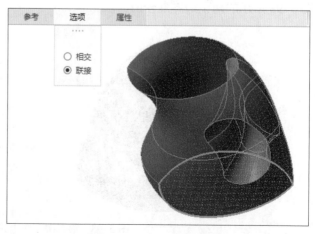

图 5-101　创建底面　　　　　　　图 5-102　合并杯体与杯底

> **提示**
>
> 在"选项"面板中选中"联接"单选按钮。
>
> 选中"相交"单选按钮时，合并两个相交面组，并保留原始面组各部分。
>
> 选中"联接"单选按钮时，合并两个相邻组，两组平面要有相连部分。

（2）在"模型"选项卡的"编辑"组中单击"加厚"按钮 加厚 ，系统弹出"加厚"选项卡，在"厚度"组中将厚度值设置为"2"，如图 5-103 所示。

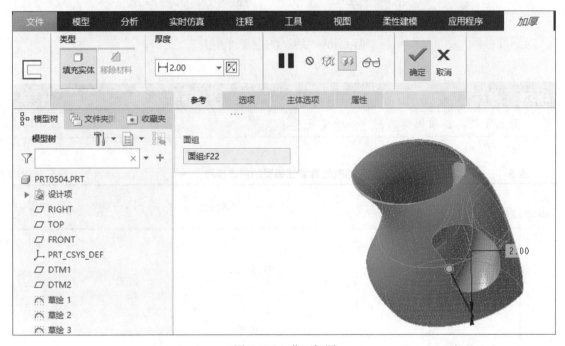

图 5-103　曲面加厚

（3）单击"加厚"选项卡中的"确定"按钮 确定，完成曲面加厚操作，如图 5-104 所示。

5. 保存文件

至此，本课题任务全部完成。

在快速访问工具栏中单击"保存（S）"按钮 保存(S)，系统弹出"保存对象"对话框，单击"确定"按钮 确定 ，完成文件的保存。

图 5-104　完成曲面加厚

四、任务拓展

任务拓展 1　试创建图 5-105 所示的天然气灶具旋钮模型。

图 5-105　天然气灶具旋钮模型

提示

天然气灶具旋钮模型的创建步骤见表 5-1。

表 5-1　　　　　　　　　　天然气灶具旋钮模型的创建步骤

主要步骤	操作内容	图示
1	绘制草图（"FRONT"平面）	R 30.00 5.00
2	创建旋转曲面	

续表

主要步骤	操作内容	图示
3	草绘扫描轨迹线	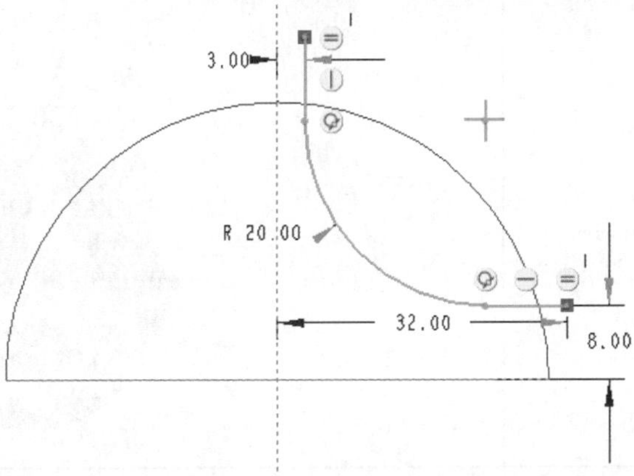
4	草绘扫描截面	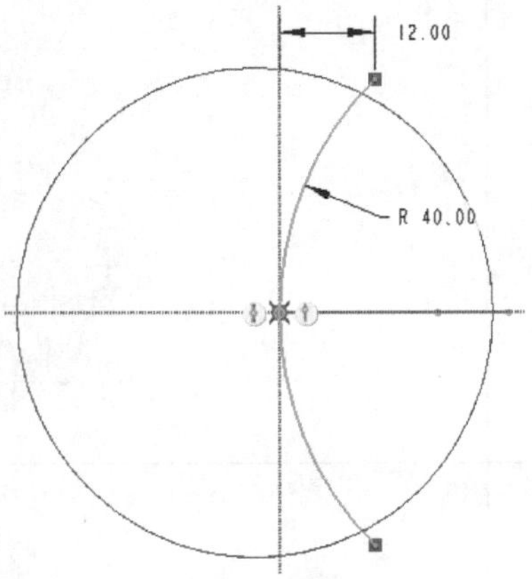
5	创建扫描曲面	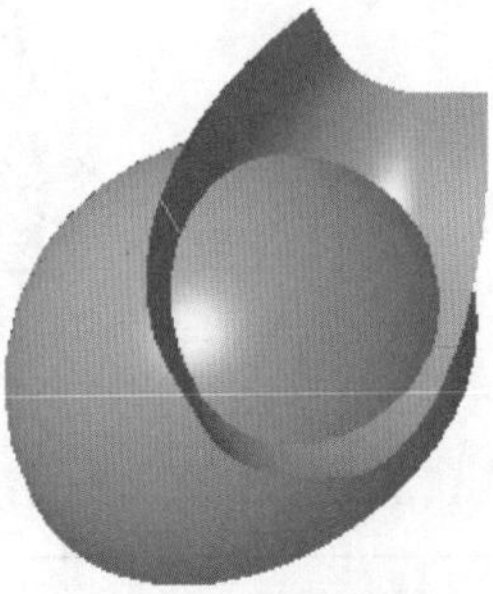
6	创建镜像曲面	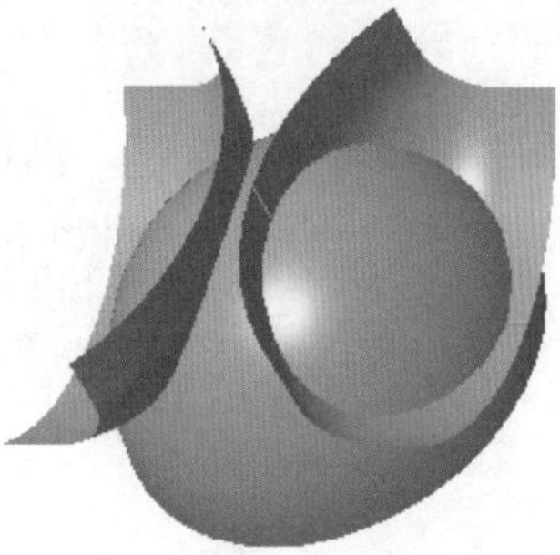

续表

主要步骤	操作内容	图示
7	合并曲面 1	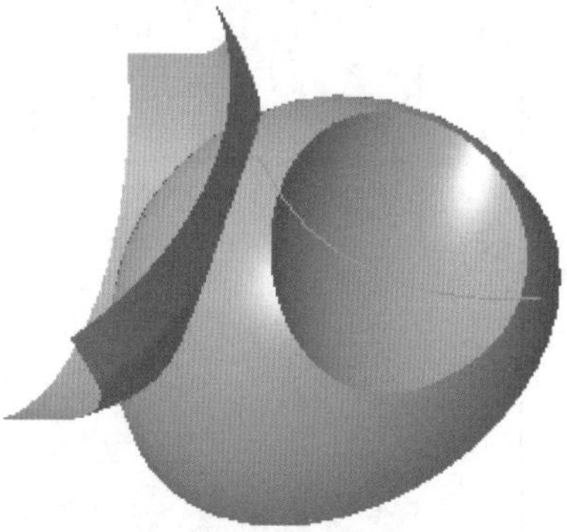
8	合并曲面 2	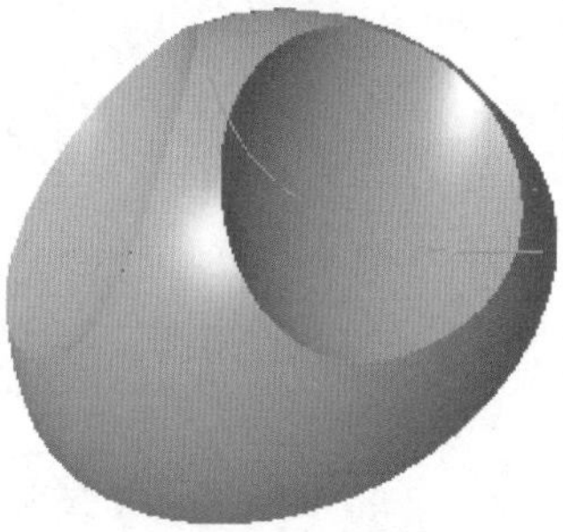
9	草绘曲线	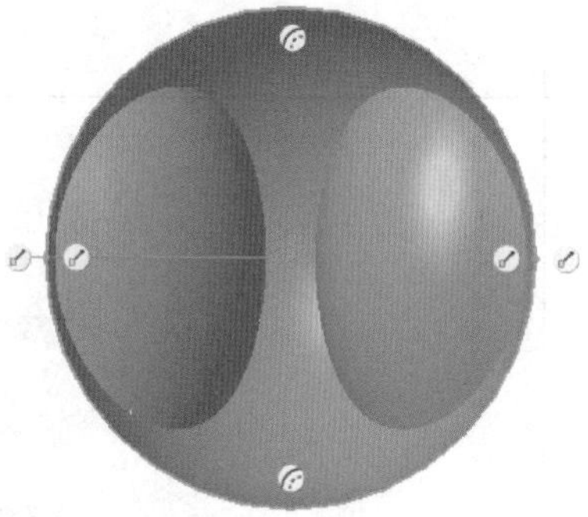
10	创建填充曲面	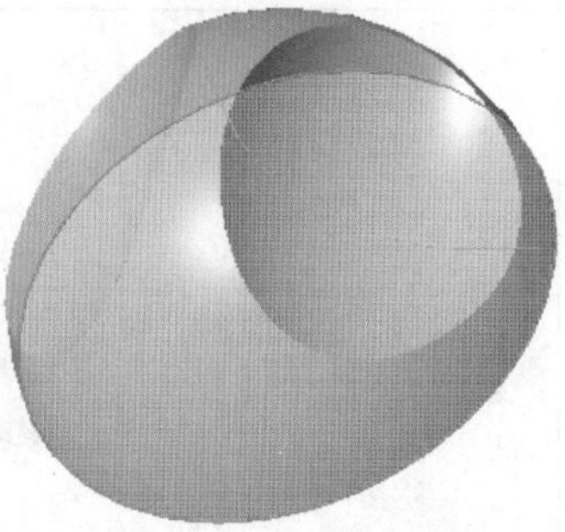

续表

主要步骤	操作内容	图示
11	合并曲面 3	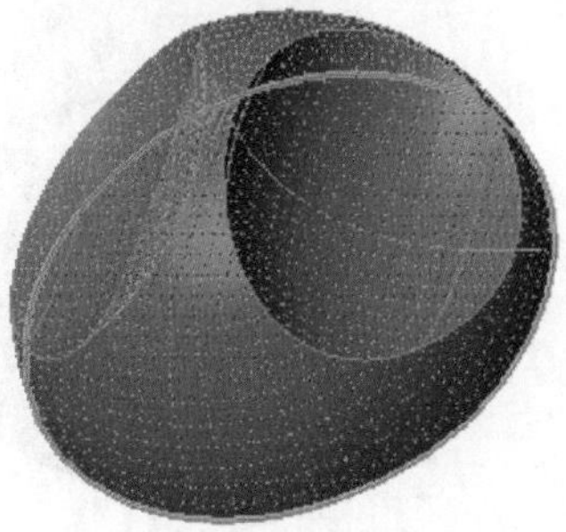
12	曲面实体化	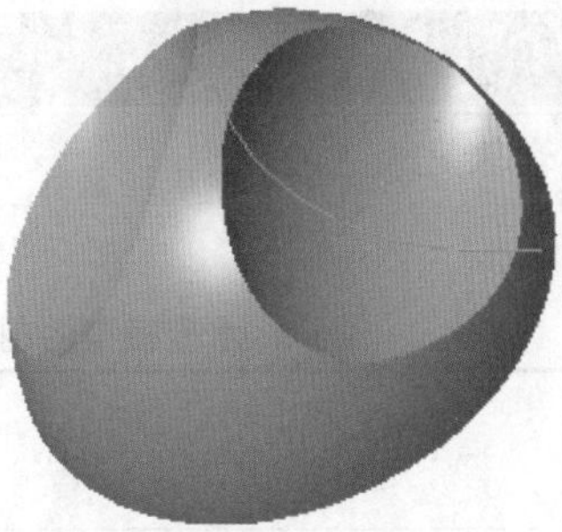
13	抽壳	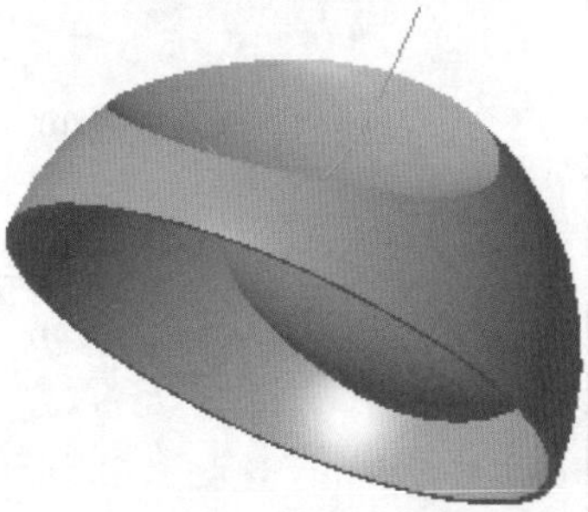
14	倒圆角（*R*2 mm）	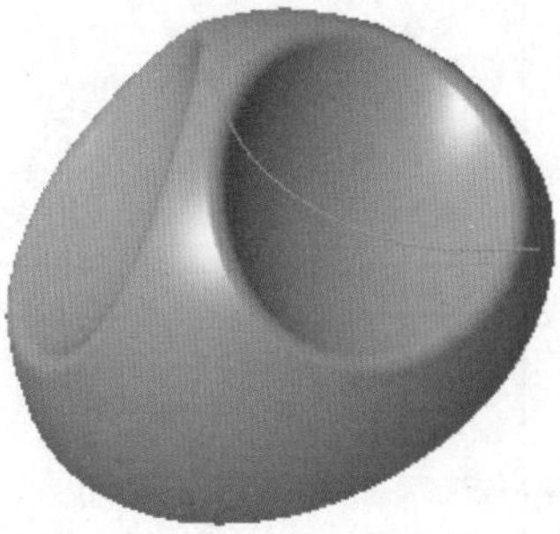

任务拓展 2　试创建图 5–106 所示的水壶模型。

图 5–106　水壶模型

水壶模型的创建步骤见表 5–2。

表 5–2　　　　　　　　　　　　　　　　水壶模型的创建步骤

主要步骤	操作内容	图示
1	创建草图（"TOP" 平面）	（草图：R 30.00，R 20.00，50.00）
2	拉伸曲面	深度 侧 1　止 可变　100.00　侧 2　无　☑封闭端　□添加锥度　100.00

续表

主要步骤	操作内容	图示
3	创建基准轴"A_1"	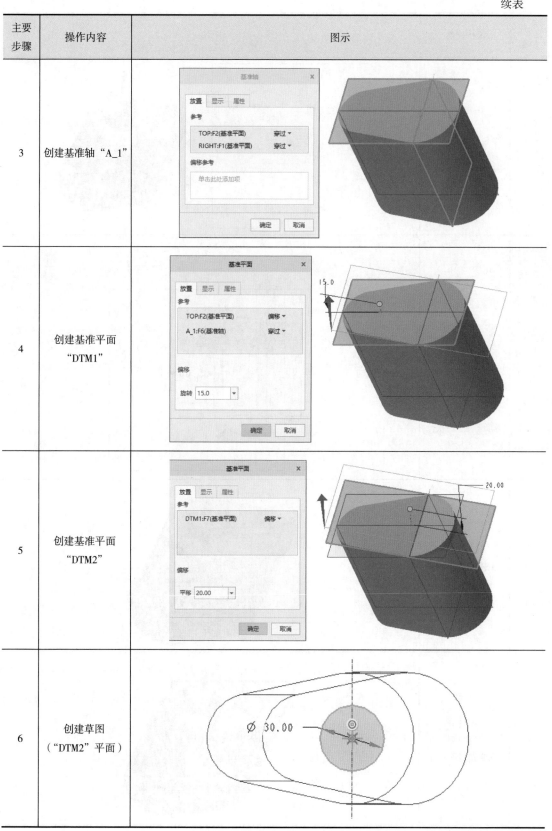
4	创建基准平面"DTM1"	
5	创建基准平面"DTM2"	
6	创建草图（"DTM2"平面）	

续表

主要步骤	操作内容	图示
7	拉伸实体	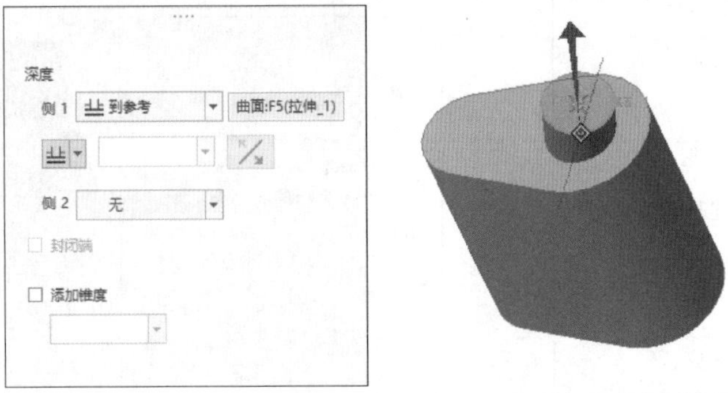
8	绘制草图（"FRONT"平面）	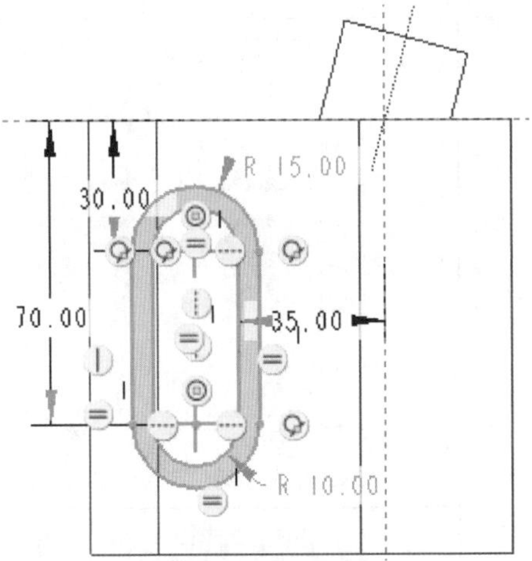
9	绘制草图（主体侧面，偏移距离为"5"）	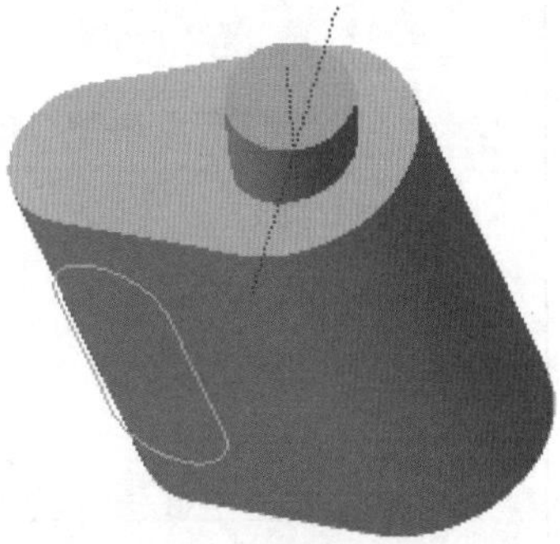
10	镜像曲线（以"FRONT"平面为镜像平面）	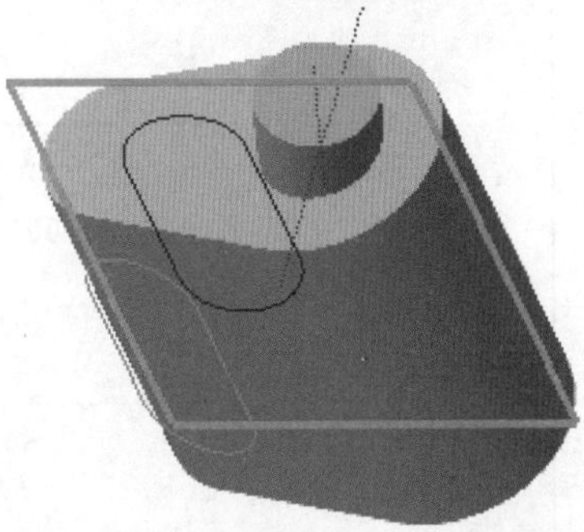

续表

主要步骤	操作内容	图示
11	边界混合曲面	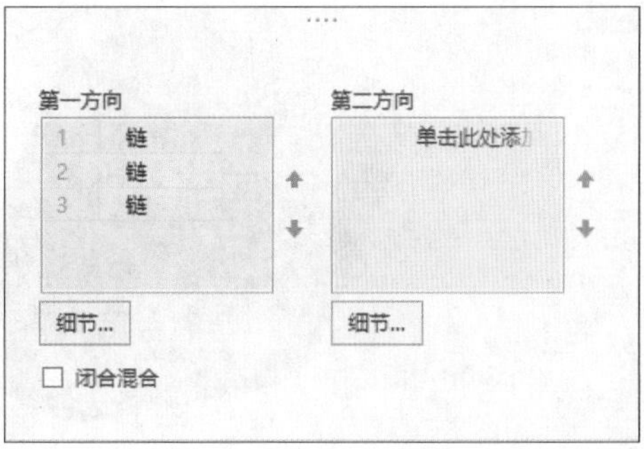 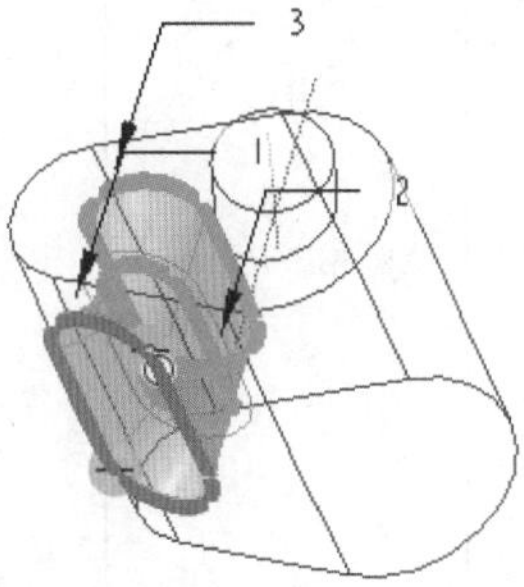
12	合并曲面	
13	实体化	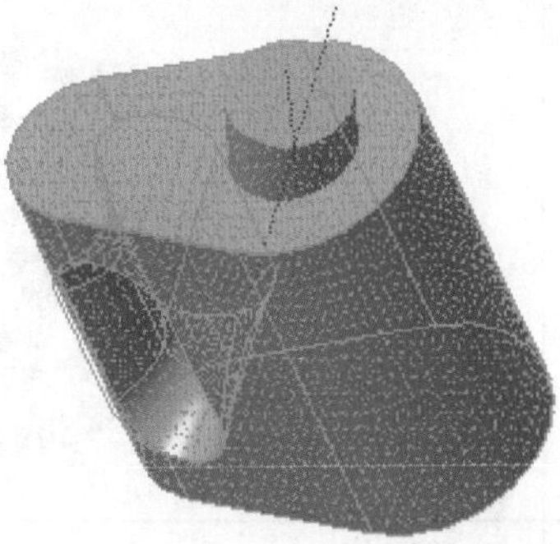
14	倒圆角（ *R*10 mm ）	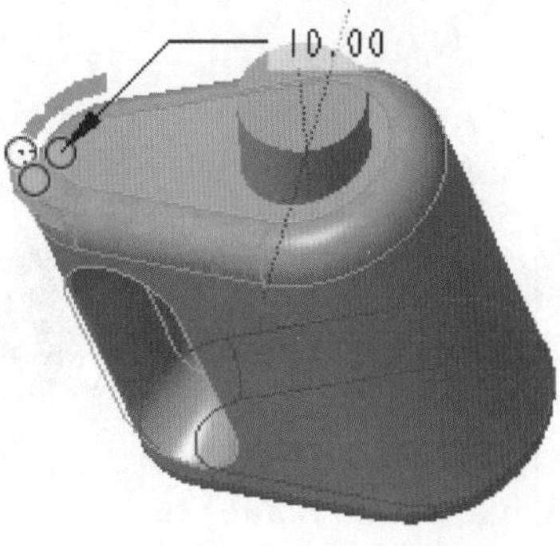

续表

主要步骤	操作内容	图示
15	倒圆角（*R*5 mm）	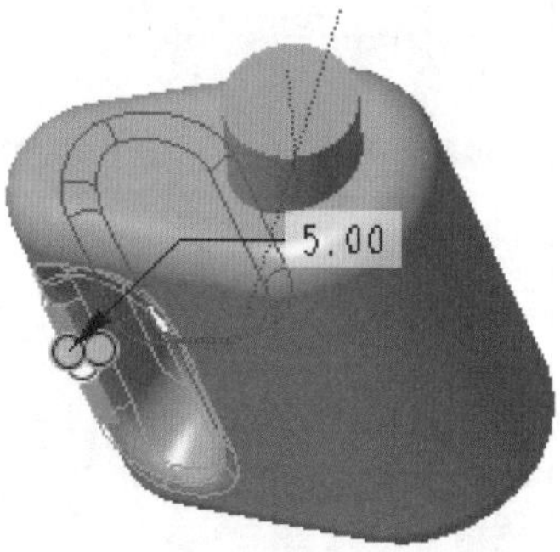
16	倒圆角（*R*2 mm）	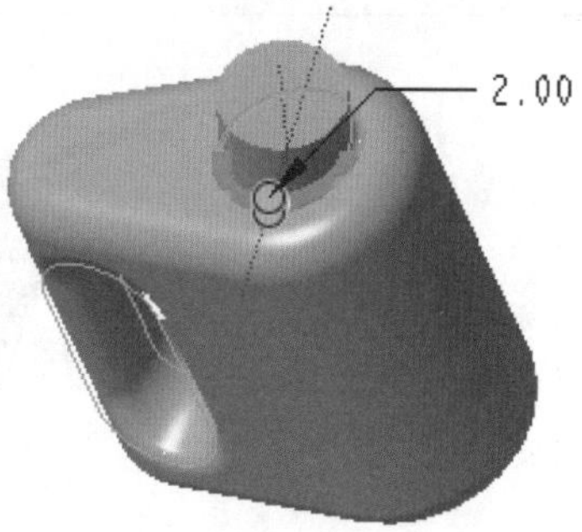
17	抽壳（厚度为 2 mm）	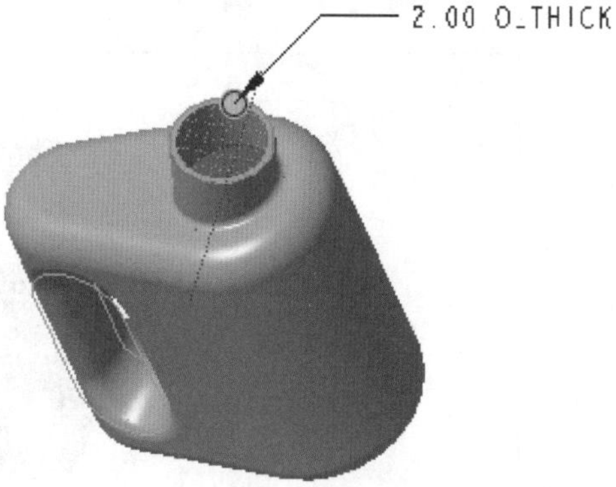
18	螺纹扫描（不变螺距、右旋、螺距为 3 mm）	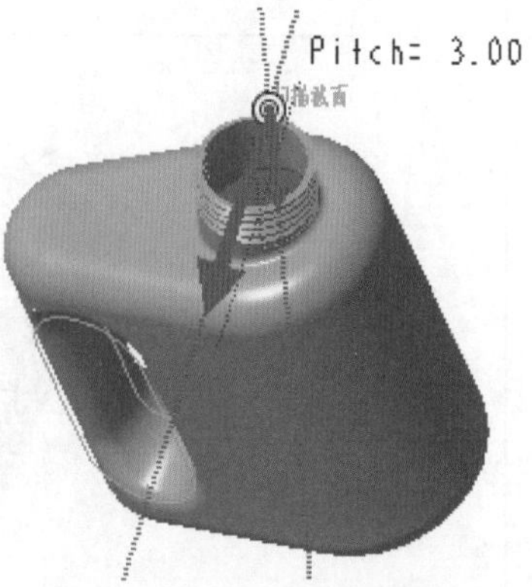

任务拓展 3　试创建图 5–107 所示的足球模型。

图 5–107　足球模型

表 5–3 足球模型的创建步骤

主要步骤	操作内容	图示
1	创建草图（"TOP"平面）	
2	旋转曲面 1	

续表

主要步骤	操作内容	图示
3	旋转曲面 2	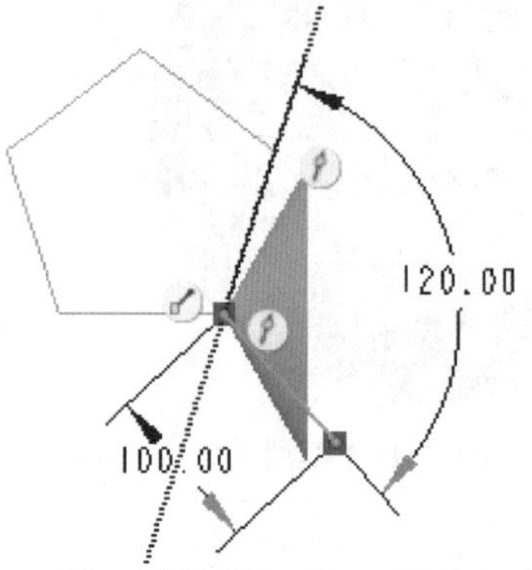 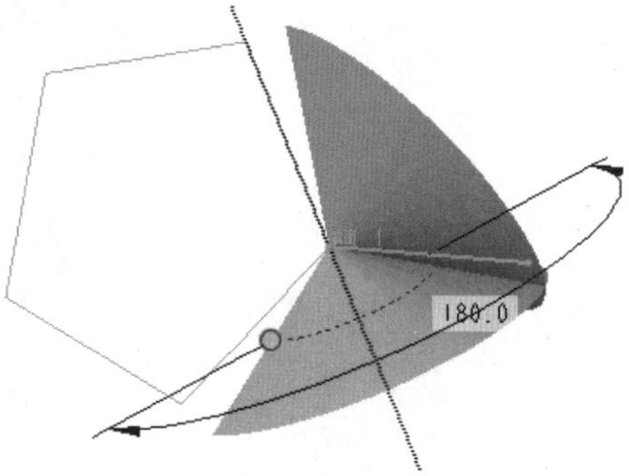
4	旋转曲面 1 和旋转曲面 2 的相交线	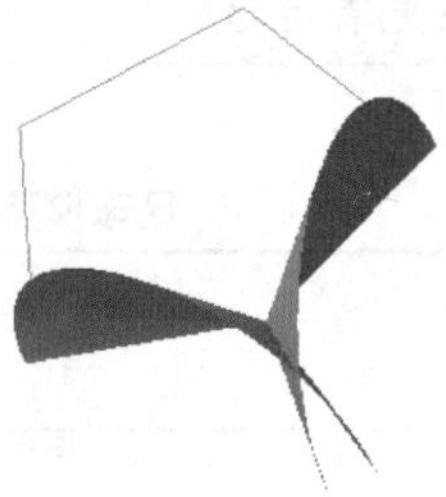
5	创建基准平面“DTM1”	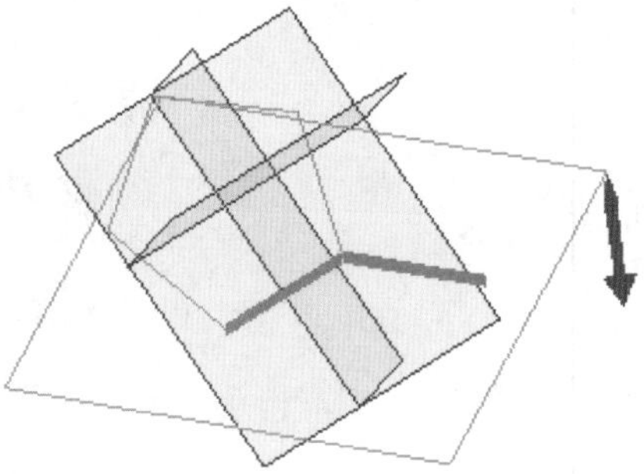
6	创建草图（“DTM1”平面）	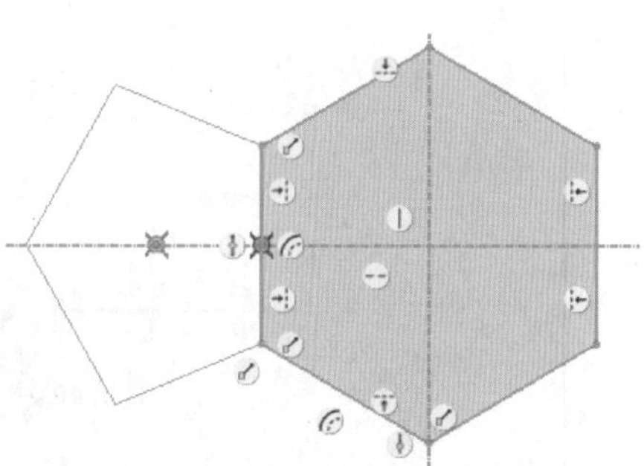

续表

主要步骤	操作内容	图示
7	创建草图 （"RIGHT"平面）	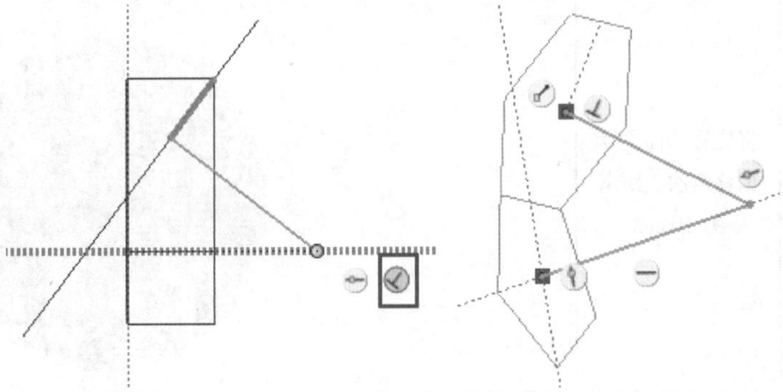
8	绘制基准轴 "A_5"	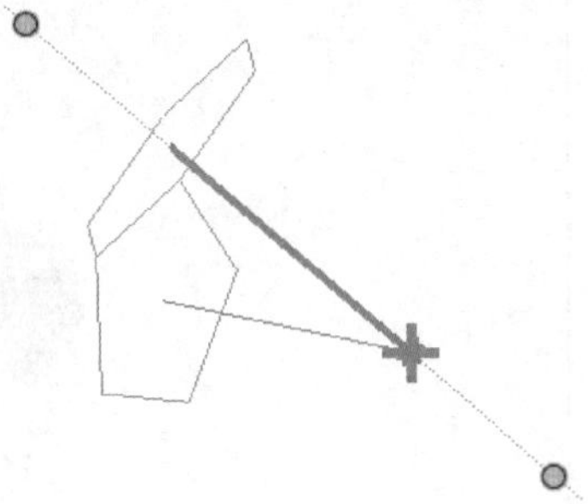
9	绘制基准轴 "A_6"	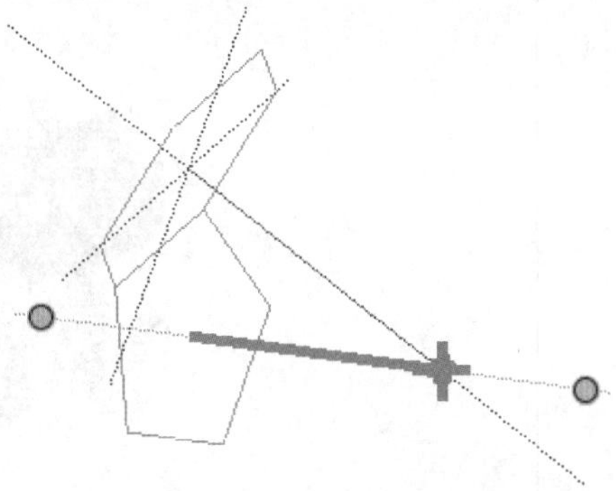
10	旋转曲面 （"RIGHT"平面）	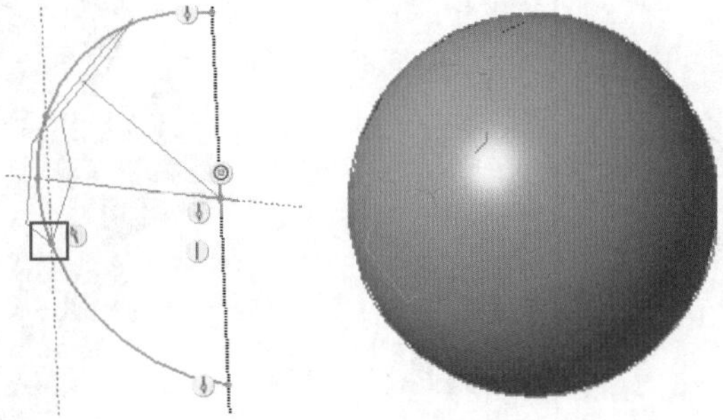

续表

主要步骤	操作内容	图示
11	将旋转曲面连续偏移两次，距离为 10 mm	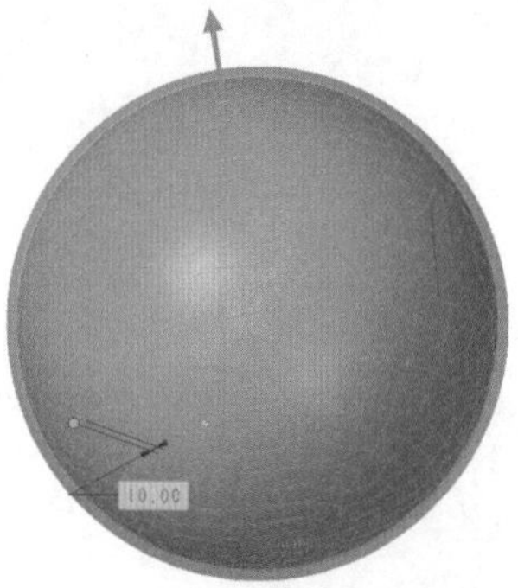
12	拉伸曲面 1（五边形）	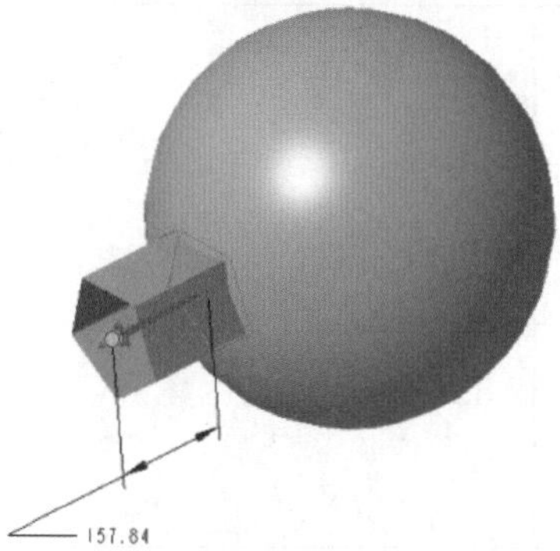
13	拉伸曲面 2（六边形）	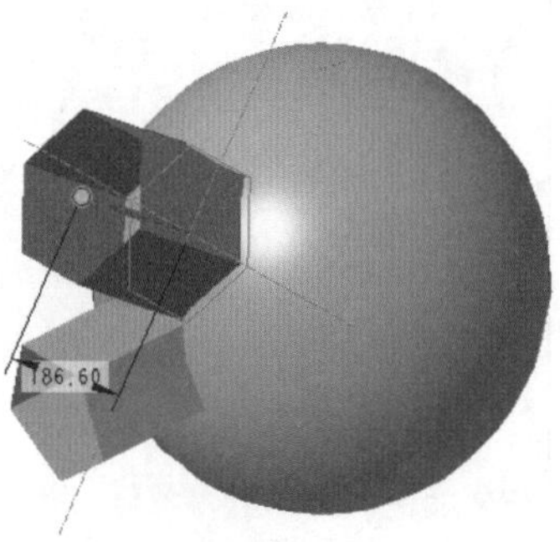
14	合并 1（拉伸曲面 1 和旋转曲面 1）	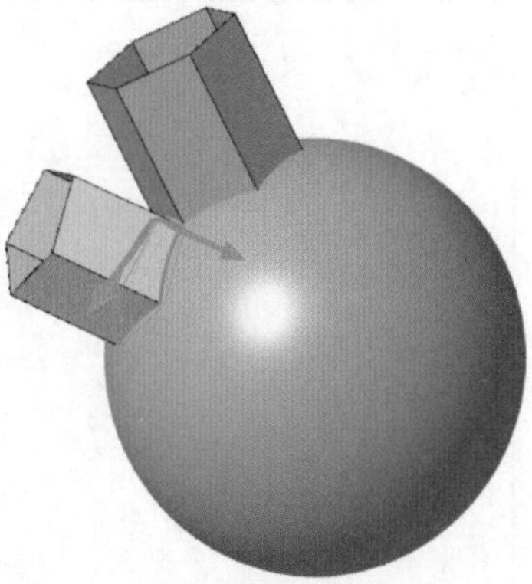

续表

主要步骤	操作内容	图示
15	合并 2（拉伸曲面 2 和旋转曲面 2）	
16	隐藏步骤 10 的旋转曲面并倒圆角	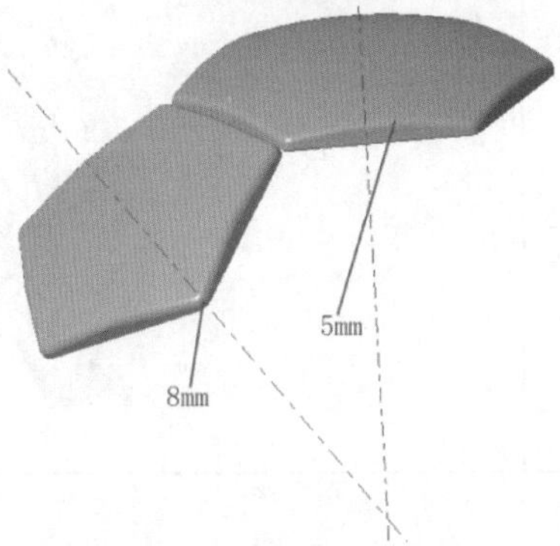 5mm　8mm
17	复制六边形，选择性粘贴旋转轴为 A_6，角度为 72°	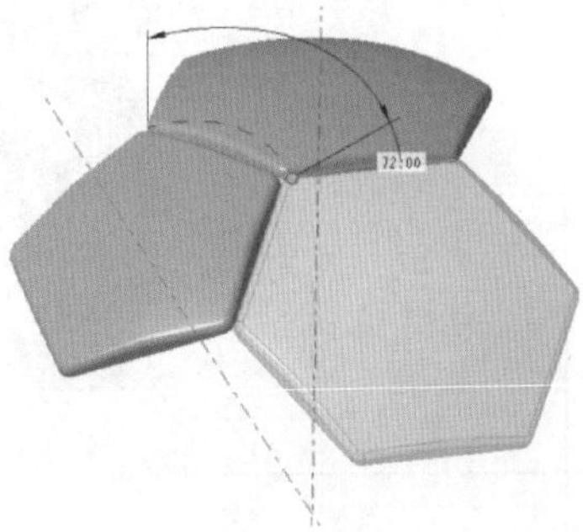 72.00
18	复制五边形，选择性粘贴旋转轴为 A_5，角度为 120°	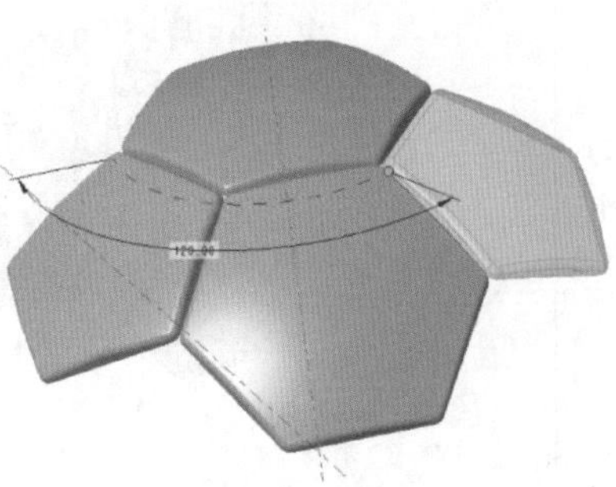 120.00

续表

主要步骤	操作内容	图示
19	旋转阵列六边形（合并 2）	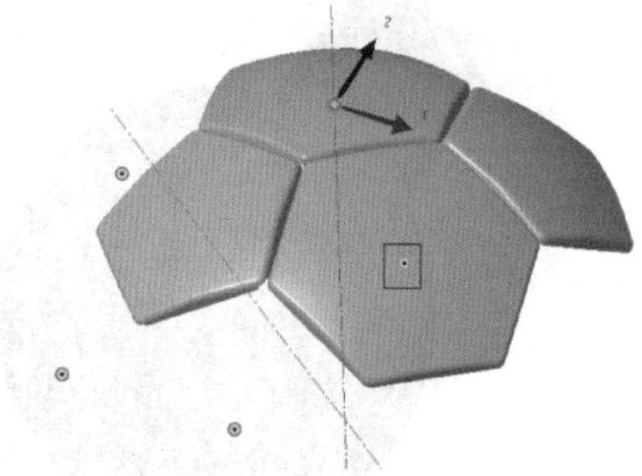 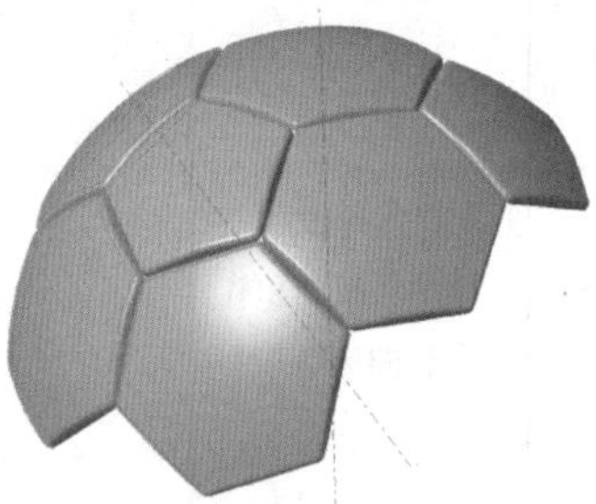
20	复制步骤 17 的六边形，选择性粘贴旋转轴为 A_5，角度为 120°	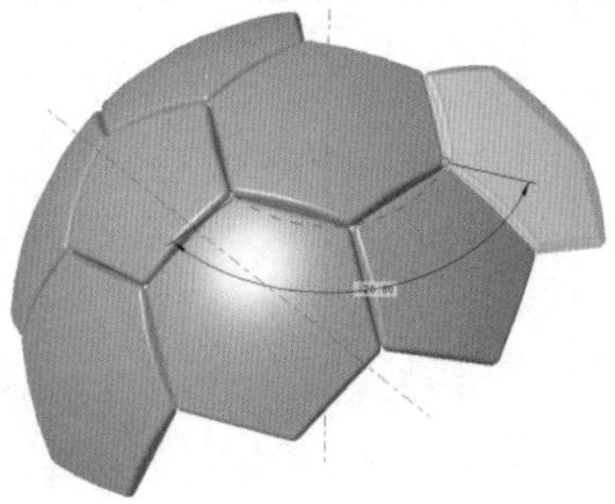
21	合并步骤 20 和步骤 18 中的两个曲面	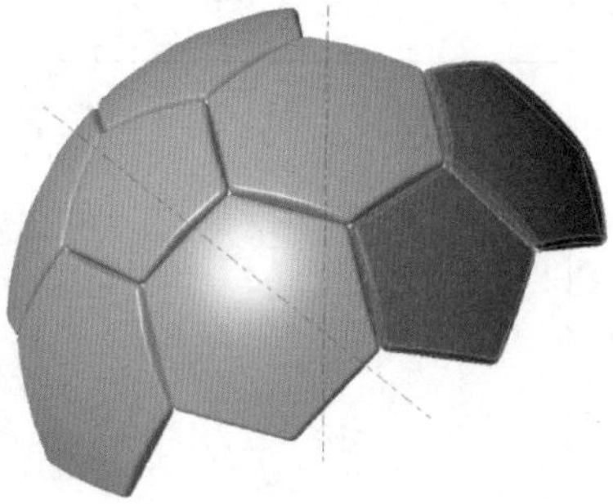
22	旋转阵列步骤 21 合并曲面的 5 个旋转轴 A_6	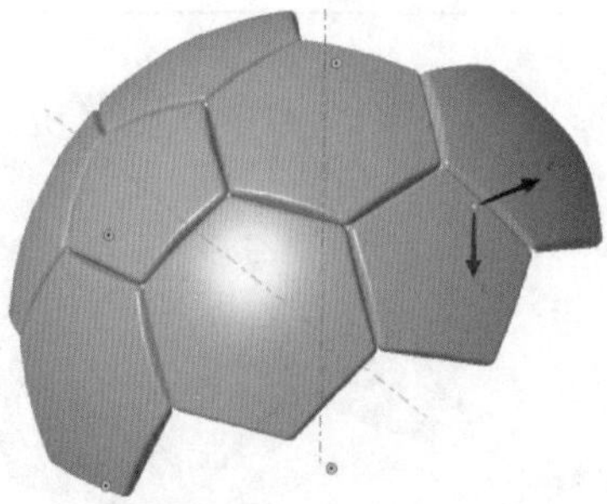 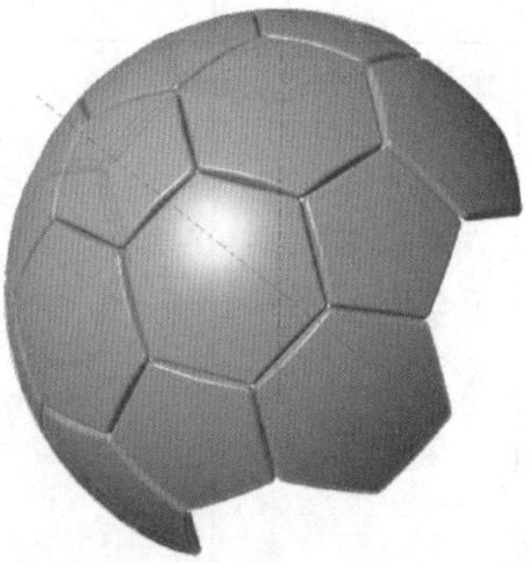

续表

主要步骤	操作内容	图示
23	创建基准轴 A_7（"RIGHT"面和步骤 7 两条线的交点）	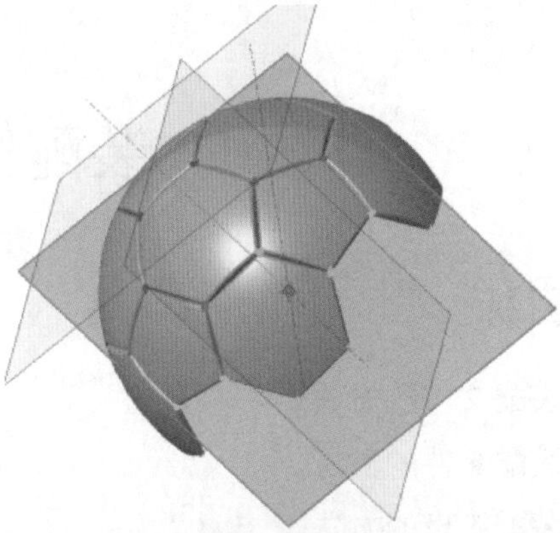
24	合并所有曲面	
25	复制步骤 24 的合并曲面，选择性粘贴旋转轴为 A_8，角度为 180°	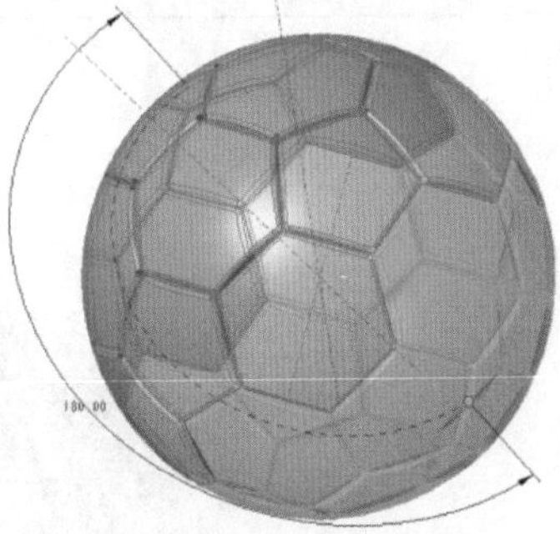
26	成品	

模块六 零部件装配

课题 1 装配体创建

一、学习目标

1. 掌握创建装配文件的方法。
2. 掌握添加装配零件的方法。
3. 掌握添加装配约束的方法。

二、任务描述

一个产品（组件）通常由多个部件组合（装配）而成，可以使用 Creo Parametric 8.0 软件中的装配模块建立零件间的相对位置关系，从而形成复杂的装配体。在零件的装配过程中，通常需要给定若干约束条件，以控制零件与零件之间的相对位置。

试采用适当的装配约束方法完成图 6-1 所示小车轮模型的装配工作。

> **提示**
>
> 小车轮模型各零件图如图 6-2~图 6-6 所示，学习本课题内容前，先进行相关零件的造型。

图 6-1 小车轮装配体

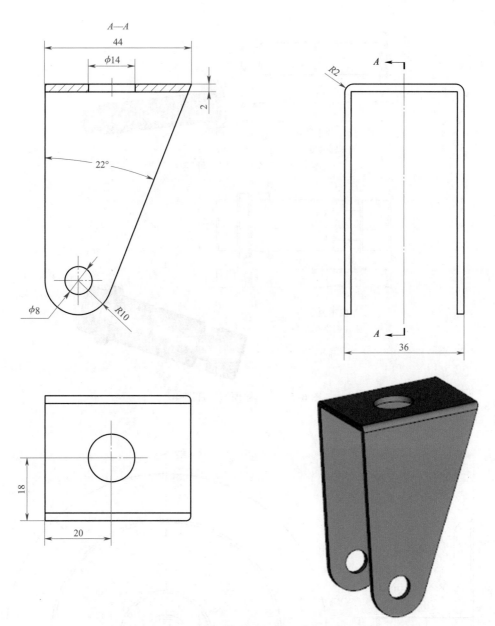

图 6-2 小车轮模型零件图 1

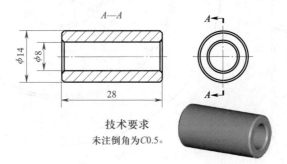

技术要求
未注倒角为C0.5。

图 6-3 小车轮模型零件图 2

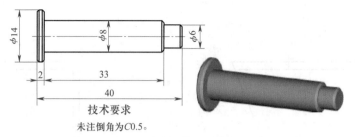

技术要求

未注倒角为C0.5。

图 6-4　小车轮模型零件图 3

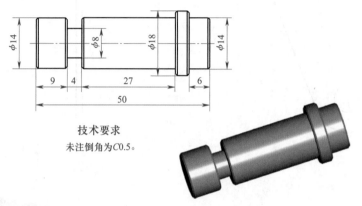

技术要求

未注倒角为C0.5。

图 6-5　小车轮模型零件图 4

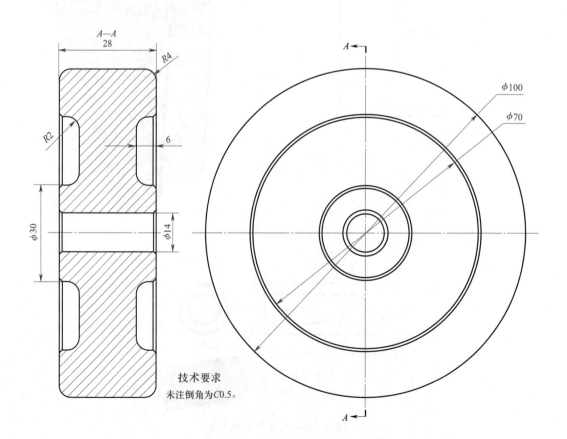

技术要求

未注倒角为C0.5。

图 6-6 小车轮模型零件图 5

三、任务实施

1. 创建新文件

（1）通过快捷方式图标启动 Creo Parametric 8.0 软件。

（2）在"主页"选项卡的"数据"组中单击"新建"按钮 ，系统弹出"新建"对话框，将类型设为"装配"，子类型选择"设计"，并在"文件名"文本框中输入"小车轮"，取消选中"使用默认模板"复选框，如图 6-7 所示。

> **提示**
>
> Creo Parametric 高版本软件已经可以使用中文命名，但是为了避免在后续使用模型中出错，或者需要在低版本软件中打开文件，前面几个模块的模型均使用英文命名。本模块和后续部分模块会使用中文文件名，以便于区分多个零件。

（3）单击"新建"对话框中的"确定"按钮 确定 ，系统弹出"新文件选项"对话框，在"模板"选项下选择"mmns_asm_design_abs"，如图 6-8 所示。

（4）单击"新文件选项"对话框中的"确定"按钮 确定 ，系统进入装配模块。

2. 装配第一个零件

（1）在"模型"选项卡的"元件"组中单击"组装"按钮 ，系统弹出"打开"对话框，选择第一个装配零件，如图 6-9 所示。

图 6-7 "新建"对话框

图 6-8 "新文件选项"对话框

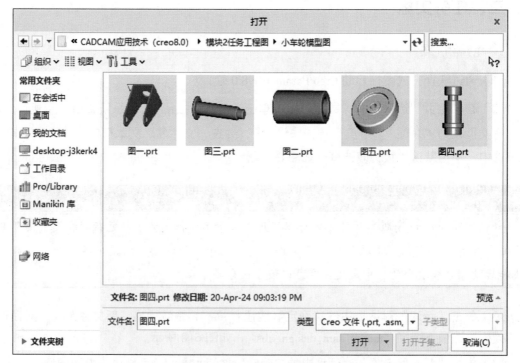

图 6-9 选择第一个装配零件（建议选"图四 .prt"）

（2）单击"打开"按钮 打开 ，打开文件，系统弹出"元件放置"选项卡。

（3）在"元件放置"选项卡中"约束"组的"当前约束"下拉列表中选择"默认"选项，按图 6-10 所示添加元件。

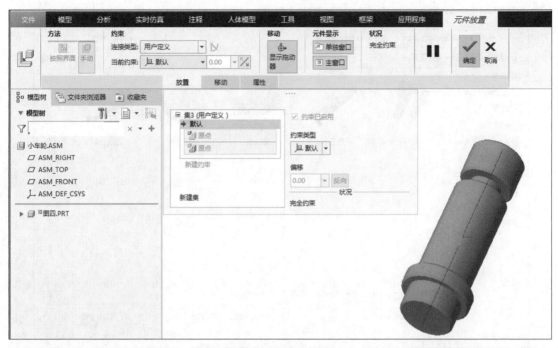

图 6-10　添加元件

提示

　　或者在"元件放置"选项卡"放置"面板的"约束类型"下拉列表中选择"默认"选项。

（4）单击"元件放置"选项卡中的"确定"按钮 ，完成第一个零件的放置工作。装配设计常用基本术语的含义见表 6-1。

表 6-1　　　　　　　　　　装配设计常用基本术语的含义

术语名称	含义
组件（又称装配体）	一组通过约束集被放置在一起以构成模型的元件；由若干零部件组成，在一个组件中又可以包含若干个子组件
元件	元件通过放置约束以相对于彼此的方式排列，是组件的基本组成单位，既可以是装配体内的零件，也可以是子装配体
装配模型树（组件模型树）	以"树状"形式形象地表示组件（装配体）的结构层次
装配爆炸图	组件的分解视图常被形象地称为装配爆炸图，它将模型中每个元件与其他元件分开表示

3. 装配第二个零件

（1）在"模型"选项卡的"元件"组中单击"组装"按钮 ，系统弹出"打开"对话框，选择第二个装配零件，如图 6-11 所示。

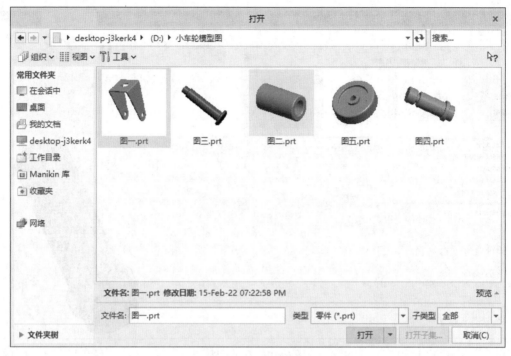

图 6-11　选择第二个装配零件

（2）单击"打开"按钮 **打开** ，打开文件，系统弹出"元件放置"选项卡。

（3）在"元件放置"选项卡中"约束"组的"当前约束"下拉列表中选择"重合"选项，根据提示，分别选择元件和组件的中轴线，如图 6-12 所示。

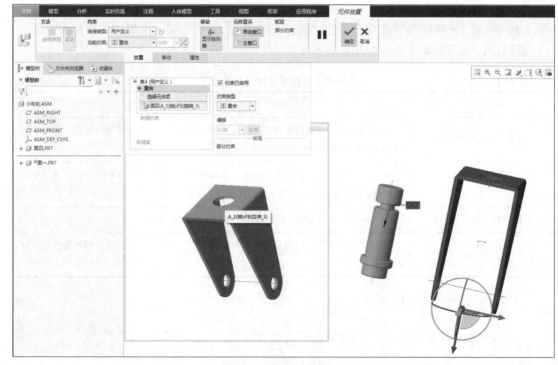

图 6-12　装配约束设置

常用连接类型的功能或说明见表 6-2。常用约束类型的功能或说明见表 6-3。

表 6-2 常用连接类型的功能或说明

图标	名称	功能或说明
用户定义	用户定义	创建一个用户定义约束集
刚性	刚性	用于连接两个元件，使其无法相对移动
销	销	用于将元件连接至参考轴，以使元件以一个自由度绕此轴旋转或沿此轴移动
滑块	滑块	用于将元件连接至参考轴，以使元件以一个自由度沿此轴移动
圆柱	圆柱	用于连接元件，以使其以两个自由度沿着指定轴移动并绕其旋转
平面	平面	用于连接元件，以使其在一个平面内彼此相对移动，在该平面内有两个自由度，围绕与其正交的轴有一个自由度
球	球	用于连接元件，使其可以三个自由度在任意方向上旋转（360°旋转）
焊缝	焊缝	用于将一个元件连接到另一个元件上，使它们无法相对移动
轴承	轴承	相当于"球"和"滑块"连接的组合，具有四个自由度，即具有三个自由度（360°旋转）及可沿参考轴移动
常规	常规	创建有两个约束的用户定义集
6DOF	6DOF	6DOF 不影响元件与装配相关的运动，因为未应用任何约束
万向	万向	绕工件坐标系或装配坐标系进行多方向旋转
槽	槽	包含一个点对齐约束，允许沿一条非直轨迹设置

表 6-3 常用约束类型的功能或说明

图标	名称	功能或说明
自动	自动	由系统设置适当的约束类型
距离	距离	元件参考偏离装配参考一定距离
角度偏移	角度偏移	元件参考与装配参考成一个角度
平行	平行	元件参考与装配参考的两个面平行
重合	重合	元件参考与装配参考重合

图标	名称	功能或说明
法向	法向	元件参考与装配参考垂直
共面	共面	元件参考定位面与装配参考定位面共面
居中	居中	元件参考与装配参考同轴
相切	相切	定位两种不同类型的参考，使其彼此相对，接触点为切点
固定	固定	将被移动或封装的元件固定到当前位置
默认	默认	用默认的装配坐标系对齐元件坐标系

（4）在"元件放置"选项卡的"放置"面板"集14（用户定义）"组中单击"新建约束"按钮 ➡ 新建约束，并将"约束类型"设为"重合"，根据提示，分别选择元件、组件的对齐面，如图 6-13 所示。

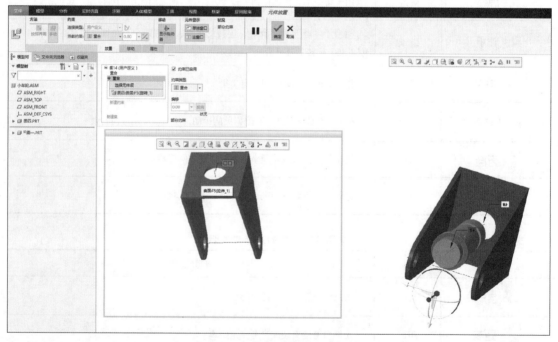

图 6-13　选择新的装配约束设置

提示

为了便于观察元件的装配基准，点开"元件显示"组下面的"单独窗口"按钮 单独窗口，让元件单独显示。

（5）单击"元件放置"选项卡中的"确定"按钮 确定，完成第二个零件的装配工作，如图 6-14 所示。

4. 装配第三个零件

（1）在"模型"选项卡的"元件"组中单击"组装"按钮 组装，系统弹出"打开"对话框，选择第三个装配零件，如图 6-15 所示。

（2）单击"打开"按钮 打开，打开文件，系统弹出"元件放置"选项卡。

（3）在"元件放置"选项卡中"约束"组的"当前约束"下拉列表中选择"重合"选项，根据提示，分别选择元件和组件的中轴线，如图 6-16 所示。

（4）在"元件放置"选项卡的"放置"面板"集8（用户定义）"组中单击"新建约束"按钮 ➔ 新建约束，并将"约束类型"设为"距离"，根据提示，选择元件的侧面与组件的配对面，如图 6-17 所示。

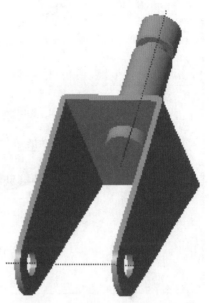

图 6-14　完成第二个零件的装配

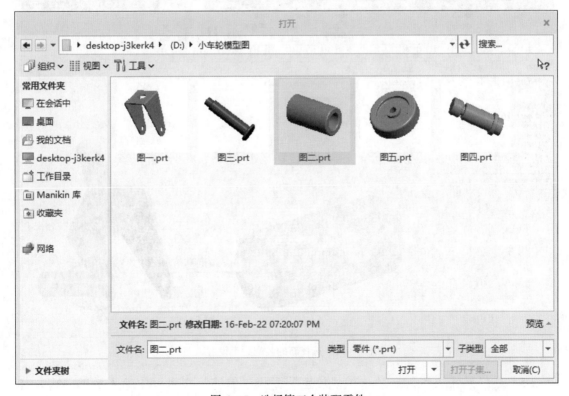

图 6-15　选择第三个装配零件

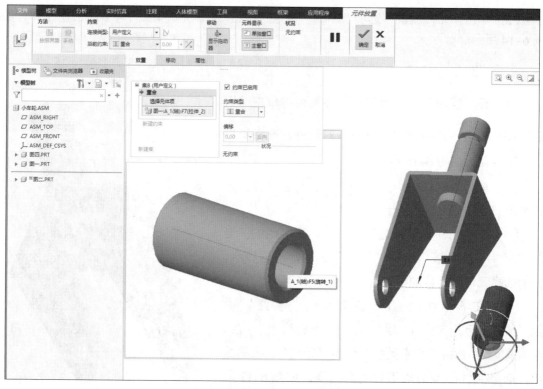

图 6-16　装配约束设置

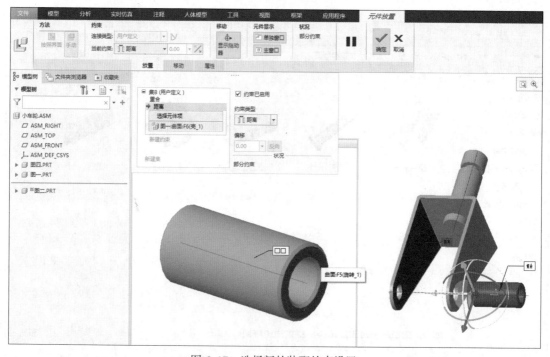

图 6-17　选择新的装配约束设置

（5）在"元件放置"选项卡的"放置"面板"偏移"文本框中输入数值"2"，如图 6-18 所示。

（6）单击"元件放置"选项卡中的"确定"按钮 确定，完成第三个零件的装配工作，如图 6-19 所示。

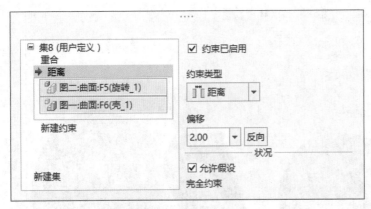

图 6-18 设定偏移值

图 6-19 完成第三个零件的装配

5. 装配第四个零件

（1）在"模型"选项卡的"元件"组中单击"组装"按钮 组装，系统弹出"打开"对话框，选择第四个装配零件，如图 6-20 所示。

（2）单击"打开"按钮 打开，打开文件，系统弹出"元件放置"选项卡。

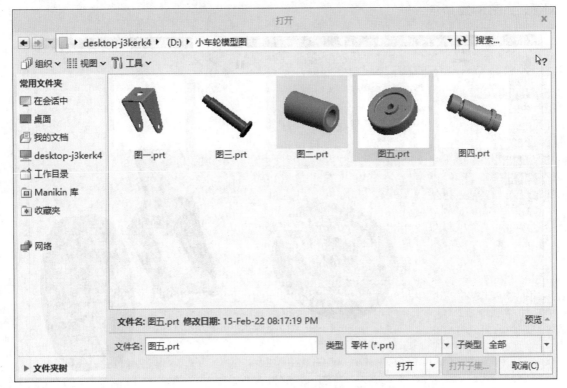

图 6-20 选择第四个装配零件

（3）在"元件放置"选项卡中"约束"组的"当前约束"下拉列表中选择"重合"选项，根据提示，分别选择元件和组件的中轴线，如图 6-21 所示。

图 6-21　装配约束设置

（4）在"元件放置"选项卡的"放置"面板"集 10（用户定义）"组中单击"新建约束"按钮 ➡ 新建约束，并将"约束类型"设为"距离"，根据提示，选择元件的侧面与组件的配对面，如图 6-22 所示。

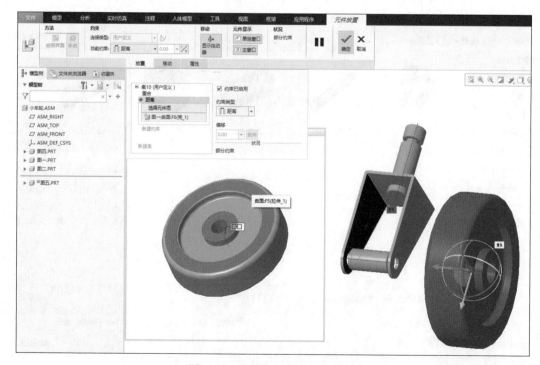

图 6-22　选择新的装配约束设置

（5）在"元件放置"选项卡的"放置"面板"偏移"文本框中输入数值"2"，如图 6-23 所示。

（6）单击"元件放置"选项卡中的"确定"按钮 ，完成第四个零件的装配工作，如图 6-24 所示。

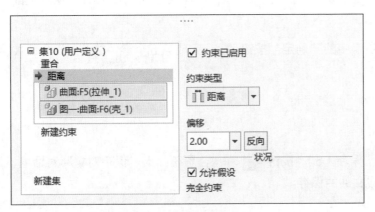

图 6-23 设定偏移值 　　　　　　　　　图 6-24 完成第四个零件的装配

6. 装配第五个零件

（1）在"模型"选项卡的"元件"组中单击"组装"按钮 ，系统弹出"打开"对话框，选择第五个装配零件，如图 6-25 所示。

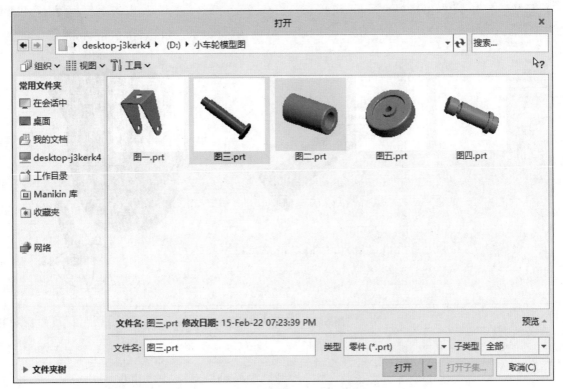

图 6-25 选择第五个装配零件

（2）单击"打开"按钮 打开 ，打开文件，系统弹出"元件放置"选项卡。

（3）在"元件放置"选项卡中"约束"组的"当前约束"下拉列表中选择"重合"选项，根据提示，分别选择元件和组件的中轴线，如图 6-26 所示。

（4）在"元件放置"选项卡的"放置"面板"集 11（用户定义）"组中单击"新建约束"按钮 ➜ 新建约束，并将"约束类型"设为"重合"，根据提示，选择元件的侧面与组件的配对面，如图 6-27 所示。

（5）单击"元件放置"选项卡中的"确定"按钮 ✓，完成第五个零件的装配工作，如图 6-28 所示。

7. 保存文件

至此，本课题任务全部完成。

在快速访问工具栏中单击"保存（S）"按钮 保存(S)，系统弹出"保存对象"对话框，单击"确定"按钮 确定 ，完成文件的保存。

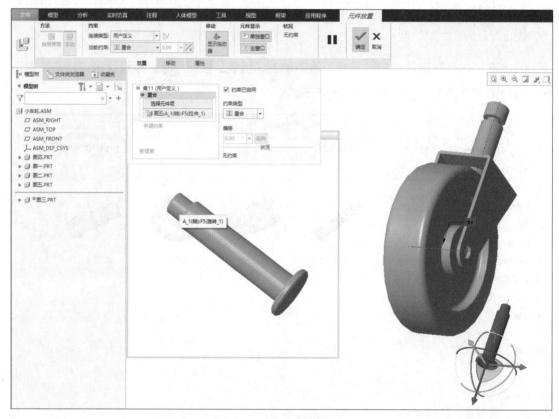

图 6-26　装配约束设置

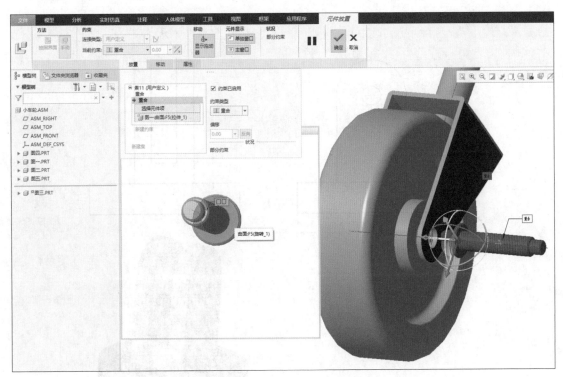

图 6-27　选择新的装配约束设置

四、任务拓展

试完成图 6-29 所示机械手模型的装配工作。机械手零件图如图 6-30～图 6-32 所示。

图 6-28　完成第五个零件的装配

图 6-29　机械手模型

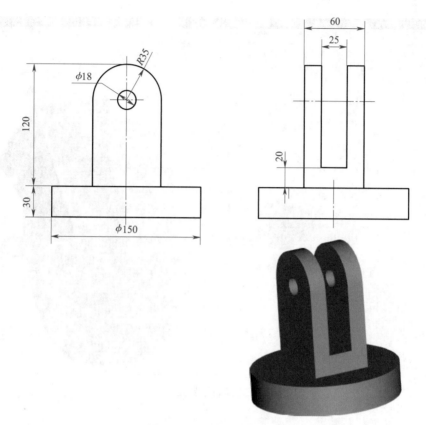

图 6-30　机械手零件图 1

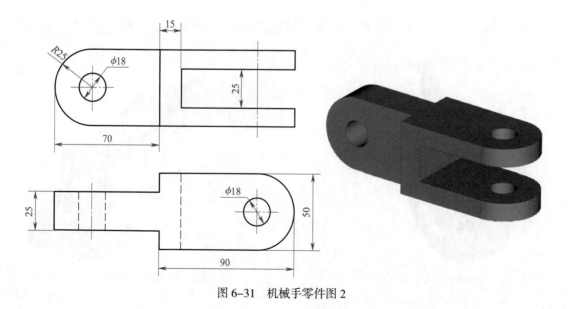

图 6-31　机械手零件图 2

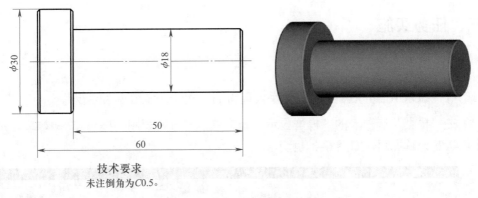

图 6-32 机械手零件图 3

课题 2 分解视图创建

一、学习目标

1. 掌握分解视图创建方法。
2. 掌握编辑位置操作方法。
3. 掌握切换状态操作方法。

二、任务描述

分解视图是指在同一装配体模型内将各元件拆分开，使各元件之间分开一定的距离，以便于观察装配体中的每一个元件，更清晰地反映元件的装配方向和关系，包括分解视图、编辑位置、切换状态等功能。

试创建图 6-33 所示机械手模型的分解视图，并对分解视图进行相关操作。

图 6-33 机械手模型

> **提示**
>
> 进行本课题操作前，请准备好机械手模型文件。

三、任务实施

1. 创建分解视图

（1）打开课题 1 任务拓展中"机械手模型 .asm"文件，如图 6-33 所示。

（2）在"模型"选项卡的"模型显示"组中单击"分解视图"按钮  分解视图，系统产生一个默认的分解视图，如图 6-34 所示。

图 6-34　系统默认的分解视图

提示

也可在"视图"选项卡的"模型显示"组中单击"分解视图"按钮 ⊡ 分解视图。通过分解视图，可以使用户清晰地了解一个组件的整体结构，但自动分解并不总能获得满意的效果，为此，系统提供了编辑位置功能。

---

2. 编辑位置操作

（1）在"模型"选项卡的"模型显示"组中单击"管理视图"按钮 管理视图，系统弹出"视图管理器"对话框，单击打开"分解"选项卡，如图 6-35 所示。

（2）单击"视图管理器"对话框中的"编辑"溢出按钮 编辑 ，在按钮列表中单击"编辑位置"按钮 编辑位置，打开图 6-36 所示的"分解工具"选项卡，编辑分解视图。

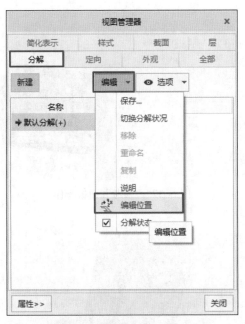

图 6-35 "视图管理器"对话框

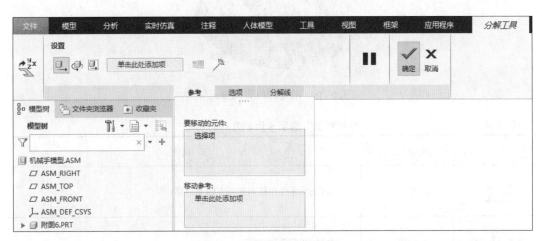

图 6-36 "分解工具"选项卡

提示

或单击"模型"选项卡"模型显示"组中的"编辑位置"按钮 编辑位置。

（3）单击"分解工具"选项卡"参考"面板中"要移动的元件"收集器，在图形窗口中单击鼠标左键，选中要设置的元件，如图 6-37 所示。

（4）选择要移动的元件，沿箭头方向拖动并调整元件的位置，如图 6-38 所示。"分解视图"选项卡运动方式的功能见表 6-4。

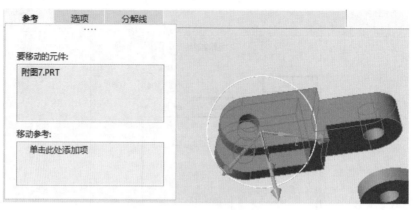

图 6-37 "参考"面板操作

图 6-38 沿光标位置调整元件

表 6-4   **"分解视图"选项卡运动方式的功能**

图标	运动方式名称	功能
	平移	直接拖动元件在移动参考方向上平移
	旋转	使元件在参考轴上旋转
	自由移动	拖动元件到指定位置

（5）单击"分解视图"选项卡中的"确定"按钮 ，完成元件位置的编辑工作，如图 6-39 所示。

3．切换状态操作

（1）在"模型"选项卡的"模型显示"组中单击"管理视图"按钮 ，系统弹出"视图管理器"对话框，单击打开"分解"选项卡，如图 6-40 所示。

图 6-39 编辑位置后的分解视图

图 6-40 "视图管理器"对话框

（2）单击"编辑"溢出按钮 编辑 ，在按钮列表中单击"编辑位置"按钮 编辑位置，系统弹出"分解工具"选项卡，编辑分解视图，如图 6-41 所示。

（3）在图形窗口中单击鼠标左键，选择"要移动的元件"，如图 6-42 所示。

（4）单击"分解工具"选项卡中的"切换选定元件的分解状态"按钮 ，将选定元件切换为未分解状态，如图 6-43 所示。

（5）利用同样的方法完成所有元件分解状态的切换。

4. 保存文件

至此，本课题任务全部完成。

在快速访问工具栏中单击"保存（S）"按钮 保存(S)，系统弹出"保存对象"对话框，单击"确定"按钮 确定 ，完成文件的保存。

图 6-41 "分解工具"选项卡

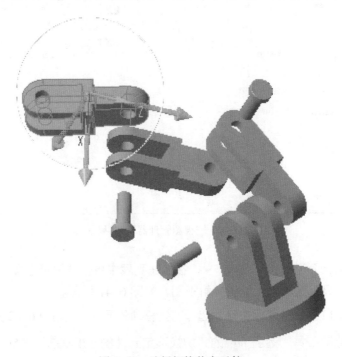

图 6-42 选择切换状态元件

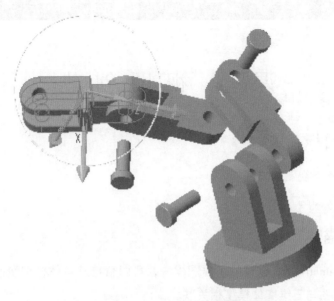

图 6-43　完成选定元件分解状态的切换

四、任务拓展

试完成图 6-44 所示小车轮模型的视图分解操作。

图 6-44　小车轮模型

模块七　工程图基础

课题 1　视 图 创 建

一、学习目标

1. 掌握创建各类视图的方法。
2. 掌握编辑视图的方法。

二、任务描述

通过 Creo Parametric 8.0 软件的工程图模块，可以直接从实体模型快速地生成二维工程图，并且二维工程图与三维实体模型相关联。

在 Creo Parametric 8.0 软件中，根据视图的使用目的和创建原理不同，可分为全视图、全剖视图、半视图、半剖视图、局部视图、局部剖视图、辅助视图、详细视图、旋转视图、旋转剖视图和破断视图等。

如图 7-1 所示为联轴器、下模座、台阶轴的三维模型，试通过它们完成相关工程图的创建工作。

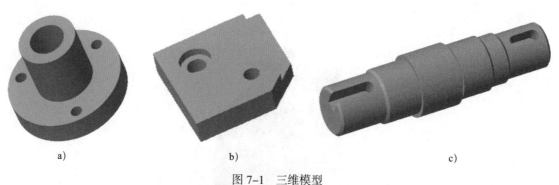

a)　　　　　　　　　　　b)　　　　　　　　　　　c)

图 7-1　三维模型

a) 联轴器　b) 下模座　c) 台阶轴

提示

联轴器、下模座、台阶轴的零件图如图 7-2～图 7-4 所示，可预先完成其建模工作。

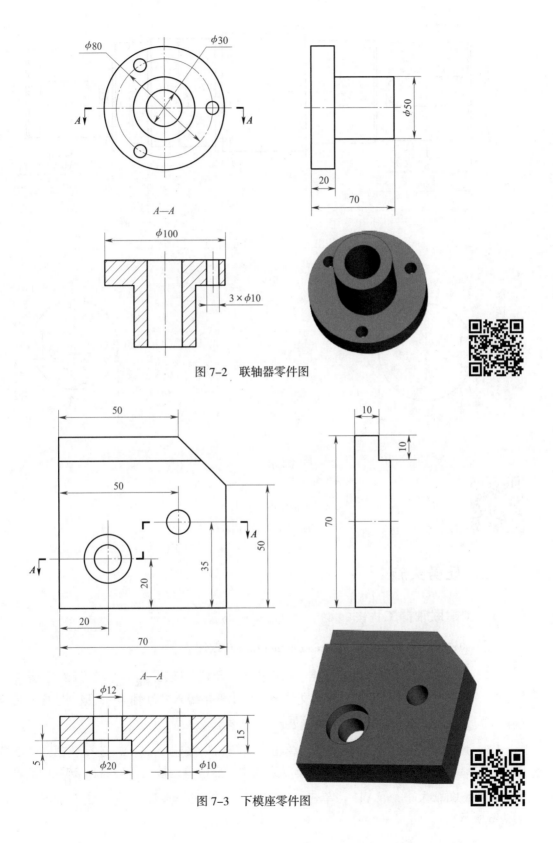

图 7-2 联轴器零件图

图 7-3 下模座零件图

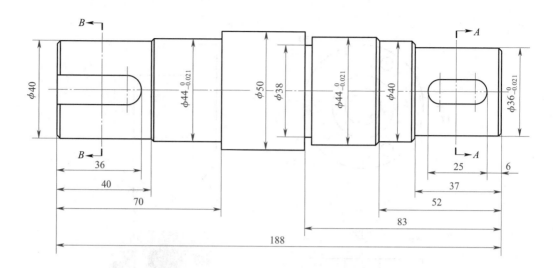

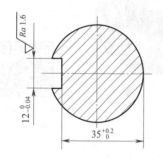

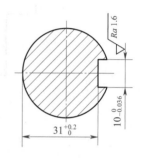

技术要求

1. 未注倒角为C1。
2. 倒钝锐边。
3. 未注尺寸公差按GB/T 1804—m。

图 7-4　台阶轴零件图

三、任务实施

1. 创建联轴器工程图

（1）通过快捷方式图标启动 Creo Parametric 8.0 软件。

（2）在"主页"选项卡的"数据"组中单击"新建"按钮 **新建**，系统弹出"新建"对话框，将"类型"设为"绘图"，在"文件名"文本框中输入"联轴器"，取消选中"使用默认模板"复选框，单击"确定"按钮 **确定**，如图 7-5 所示。

（3）弹出"新建绘图"对话框，单击"浏览 ..."按钮 **浏览...**，选择根据图 7-2 建模的"联轴器"文件，在"指定模板"选项组选中"空"单选按钮，"方向"选项中选择"横向"，确定图纸大小为"A4"，单击"确定（O）"按钮 **确定(O)**，系统进入绘图模块，如图 7-6 所示。

图 7-5　"新建"对话框

图 7-6　"新建绘图"对话框

如果在新建绘图文件前已经打开了一个模型文件（如零件、组件等），那么系统自动将当前模型设置为默认模型。

（4）在"布局"选项卡的"模型视图"组中单击"普通视图"按钮 ，弹出"选择组合状态"对话框，单击"确定（O）"按钮 确定(O)。用鼠标左键在空白处任意一点单击，零件三维图将显示在窗口中，并弹出"绘图视图"对话框，如图 7-7 所示。

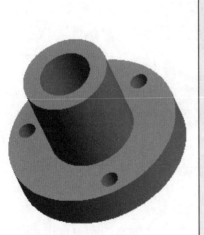

图 7-7　"绘图视图"对话框和零件三维图

（5）在"绘图视图"对话框的"类别"选项下单击"比例"按钮 比例 ，系统弹出"比例和透视图选项"，在"自定义比例"文本框中输入数值"1"，单击"绘图视图"对话框中的"应用"按钮 应用 ，如图 7-8 所示。

图 7-8　设置比例

（6）在"绘图视图"对话框的"类别"选项下单击"视图类型"按钮 视图类型 ，在"视图方向"选项组中选中"几何参考"单选按钮，"参考 1"选择"FRONT"平面为前参考，"参考 2"选择"TOP"平面为上参考，创建主视图，如图 7-9 所示。

图 7-9　创建主视图

（7）在"绘图视图"对话框的"类别"选项下单击"视图显示"按钮 视图显示，在"视图显示选项"中"显示样式"下拉列表中选择"消隐"，单击"应用"按钮 应用，继续单击"确定"按钮 确定，如图 7-10 所示。

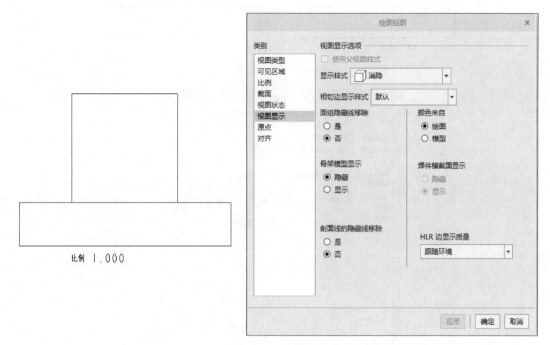

图 7-10 消隐视图

（8）选择刚添加的主视图，在"布局"选项卡的"模型视图"组中单击"投影视图"按钮 投影视图，沿着主视图竖直方向拖动鼠标，在适当位置单击鼠标左键，放置该投影视图，双击投影视图，系统弹出"绘图视图"对话框，在"类别"选项下单击"视图显示"按钮 视图显示，在"视图显示选项"中"显示样式"下拉列表中选择"消隐"，单击"确定"按钮 确定，完成俯视图的创建工作，如图 7-11 所示。

（9）用类似的方法选择刚添加的主视图，在"布局"选项卡的"模型视图"组中单击"投影视图"按钮 投影视图，沿着主视图水平方向拖动鼠标，在适当位置单击鼠标左键，放置该投影视图，完成左视图的创建工作，如图 7-12 所示。

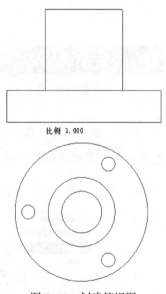

图 7-11 创建俯视图

（10）双击主视图，系统弹出"绘图视图"对话框，在"类别"选项下单击"截面"按钮 截面，系统弹出"截面选项"，选中"2D 横截面"单选按钮，如图 7-13 所示。

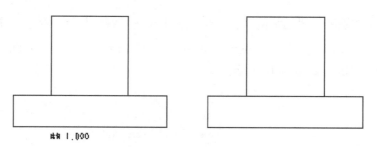

图 7-12　创建左视图

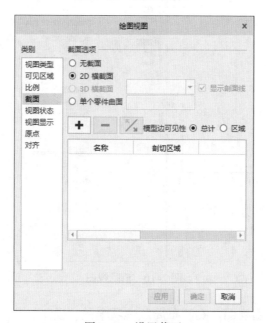

图 7-13　设置截面

提示

为了方便、直观地展示截面的功能，建议在零件模块完成截面的设置。

（11）单击"将横截面添加到视图"按钮 **+**，单击"新建"按钮 **新建...**，系统弹出"横截面创建"菜单管理器，单击"完成"按钮 **完成**，在"输入横截面名称［退出］："文本框中输入"A"，单击"接受值"按钮 ✓，如图 7-14 所示。

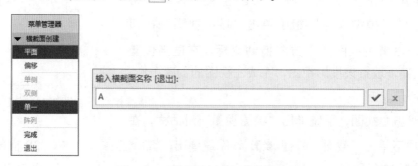

图 7-14　"横截面创建"菜单管理器

（12）选取"FRONT"平面为剖切平面，单击"绘图视图"对话框中的"确定"按钮 确定 ，将主视图转化为全剖视图，如图 7-15 所示。

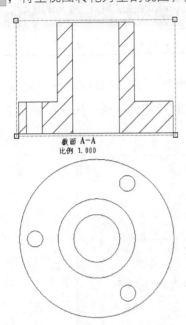

图 7-15　全剖视图

（13）双击全剖主视图中的剖面线，系统弹出"修改剖面线"菜单管理器，依次单击"剖面线 PAT"按钮 剖面线 PAT 、"比例"按钮 比例 、"半倍"按钮 半倍 ，单击"完成"按钮 完成 ，将剖面线的间距减半，如图 7-16 所示。

（14）选择主视图，在"布局"选项卡的"编辑"组中单击"箭头"按钮 箭头 ，单击俯视图，添加剖视图箭头，如图 7-17 所示。

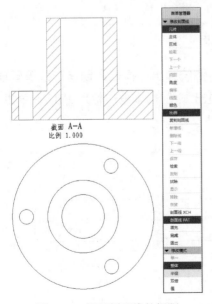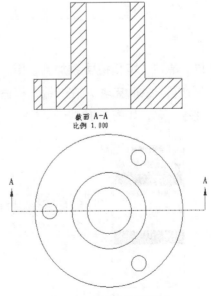

图 7-16　设置剖面线的间距　　　　图 7-17　添加剖视图箭头

（15）在主视图上单击"删除"按钮 ✕ ，删除所有创建的视图。

提示

进行删除操作是为以下操作做好准备。

（16）重新创建主视图并双击主视图，系统弹出"绘图视图"对话框，在"类别"选项下单击"截面"按钮 **截面** ，在"截面选项"下选中"2D 横截面"单选按钮，如图 7-18 所示。

图 7-18　设置截面

（17）单击"将横截面添加到视图"按钮 **＋** ，系统弹出"横截面创建"菜单管理器，单击"完成"按钮 **完成** ，在"输入横截面名称［退出］:"文本框中输入"B"，单击"接受值"按钮 ✓ ，如图 7-19 所示。

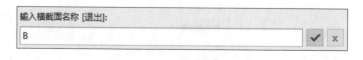

图 7-19　"横截面创建"菜单管理器

（18）在"绘图视图"对话框的"剖切区域"选项中选择"半倍"，选择"RIGHT"平面作为参考平面，单击左侧边，改变箭头方向为半倍区域，在"箭头显示"收集器中选择俯视图，如图7-20所示。

（19）单击"确定"按钮 确定 ，完成半剖视图的创建工作，如图7-21所示。

图7-20　半剖设置选项　　　　　　　　　　图7-21　创建半剖视图

（20）在主视图上单击"删除"按钮 ✕ ，删除所有创建的视图。

（21）重新创建主视图并双击主视图，系统弹出"绘图视图"对话框，在"类别"选项下单击"截面"按钮 截面 ，在"截面选项"下选中"2D横截面"单选按钮，如图7-22所示。

（22）单击"将横截面添加到视图"按钮 ＋ ，单击"新建"按钮 新建… ，系统弹出"横截面创建"菜单管理器，单击"偏移"按钮 偏移 ，单击"完成"按钮 完成 ，在"输入横截面名称［退出］："文本框中输入"C"，单击"接受值"按钮 ✔ ，如图7-23所示。

（23）系统同时弹出"联轴器"零件活动窗口和菜单管理器，选择图形上表面为草绘面，依次在菜单管理器中单击"确定"按钮 确定 和"默认"按钮 默认 ，如图7-24所示。

（24）在零件活动窗口中单击"视图（V）"→"方向（O）"→"草绘方向（K）"，如图7-25所示。

（25）单击"草绘（S）"→"参考（R）"，弹出"参考"对话框，选择"曲面:F10（孔_1_2）"为参考边，单击"关闭"按钮 关闭 ，如图7-26所示。

图 7-22　截面设置对话框

图 7-23　"横截面创建"菜单管理器

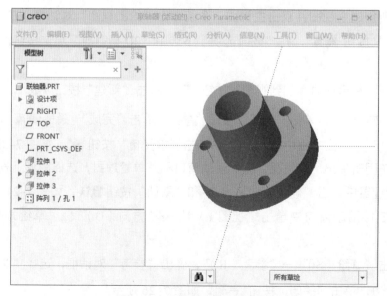

图 7-24　选择草绘平面的方向

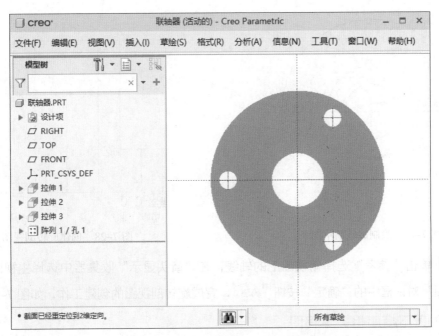

图 7-25 定向草绘平面与屏幕平行

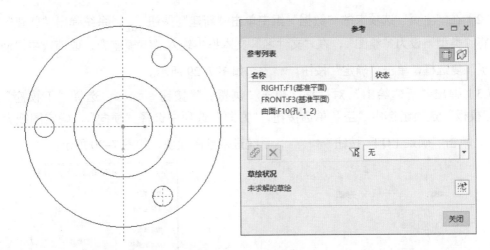

图 7-26 选择参考边

> **提示**
>
> 　　单击"视图（V）"→"显示设置"→"模型显示"，系统弹出"模型显示"对话框，在"常规"区域"显示样式"下拉列表中选择"无隐藏线"。

　　（26）单击"草绘（S）"→"线"→"线"，绘制旋转剖截面线草图，如图 7-27 所示。

　　（27）单击"草绘（S）"→"完成"。

　　（28）在"绘图视图"对话框的"剖切区域"选项中选择"全部（展开）"，单击"确定"按钮 确定 ，完成旋转剖视图的创建工作，如图 7-28 所示。

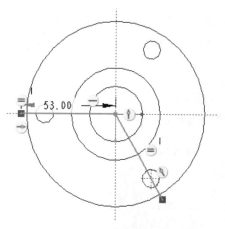

图 7-27　绘制旋转剖草图

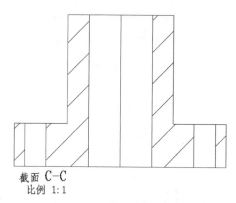

截面 C-C
比例 1:1

图 7-28　创建旋转剖视图

（29）单击"参考"选择俯视图上的轴线，在"箭头显示"收集器中选择主视图，单击"绘图视图"对话框中的"确定"按钮 确定 ，完成旋转剖视图的创建工作，如图 7-28 所示。

2. 创建下模座相关工程图

（1）通过快捷方式图标启动 Creo Parametric 8.0 软件。

（2）在"主页"选项卡的"数据"组中单击"新建"按钮 ，系统弹出"新建"对话框，将"类型"设为"绘图"，在"文件名"文本框中输入"下模座"，取消选中"使用默认模板"复选框，单击"确定"按钮 确定 ，如图 7-29 所示。

（3）弹出"新建绘图"对话框，单击"浏览 ..."按钮 浏览... ，选择"下模座"，在"指定模板"选项组选中"空"单选按钮，"方向"选项中选择"横向"，确定图纸大小为"A4"，单击"确定（O）"按钮 确定(O) ，系统进入绘图模块，如图 7-30 所示。

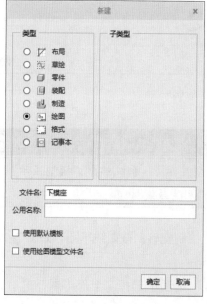

图 7-29　"新建"对话框

图 7-30　"新建绘图"对话框

（4）单击"普通视图"按钮 ，弹出"选择组合状态"对话框后直接单击"确定（O）"按钮 确定(O)，然后用鼠标左键在空白处任意一点单击，零件三维图显示在窗口中，并弹出"绘图视图"对话框，如图7–31所示。

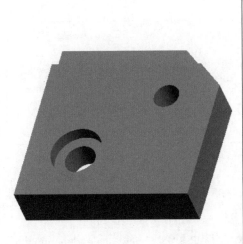

图7–31 "绘图视图"对话框

（5）在"绘图视图"对话框的"类别"选项下单击"比例"按钮 比例，在"比例和透视图选项"下选中"自定义比例"单选按钮，在右侧文本框中输入新的比例"1"，单击"应用"按钮 应用，按图7–32所示设置比例。

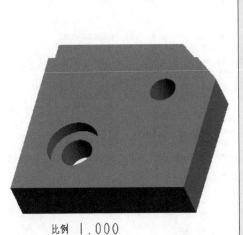

图7–32 设置比例

提示

Creo 8.0 软件默认的比例是小数，我国标准是以比例形式显示的。

（1）在一个新建的或打开的绘图文件中，依次单击"文件"→"准备（R）"→"绘图属性（I）"，系统弹出"绘图属性"对话框，如图 7-33 所示。

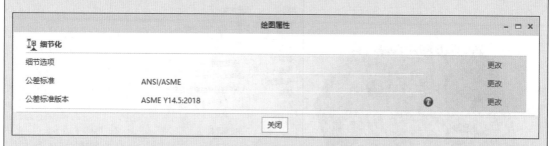

图 7-33 "绘图属性"对话框

（2）单击"绘图属性"对话框中"细节选项"对应的"更改"按钮 更改 ，弹出"选项"对话框。

（3）在"选项"对话框的"选项（O）："文本框中输入"view_scale_denominator"后，单击文本框下方的"查找..."按钮 查找... ，接着关闭弹出的"查找选项"对话框，并在"值（V）："文本框中输入"3600"，单击"添加/更改"按钮 添加/更改 ，完成更改，如图 7-34 所示。

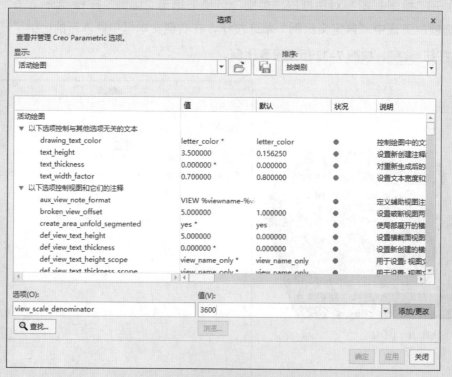

图 7-34 将视图用比例形式显示步骤（1）

（4）在"选项"对话框的"选项（O）："文本框中输入"view_scale_format"后，单击文本框下方的"查找 …"按钮 ，接着关闭弹出的"查找选项"对话框，并在"值（V）："下拉列表框中选择"ratio_colon"，单击"添加 / 更改"按钮 添加/更改 ，完成更改，如图 7-35 所示。

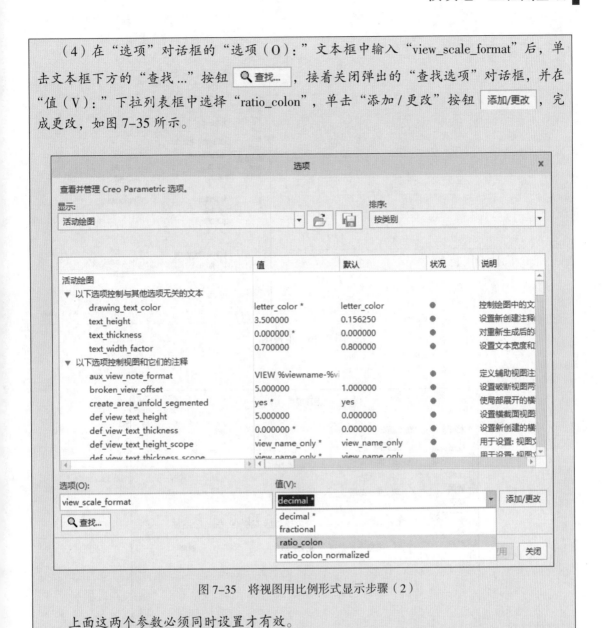

图 7-35 将视图用比例形式显示步骤（2）

上面这两个参数必须同时设置才有效。

（6）在"绘图视图"对话框的"类别"选项下单击"视图类型"按钮 视图类型 ，在"视图方向"选项组中选中"查看来自模型的名称"单选按钮，选择"视图名称"为"FRONT"，单击"应用"按钮 应用 。在"类别"选项下单击"视图显示"按钮 视图显示 ，在"视图显示选项"中"显示样式"下拉列表中选择"消隐"，然后单击"确定"按钮 确定 ，完成主视图的创建工作，如图 7-36 所示。

（7）双击主视图，系统弹出"绘图视图"对话框，在"类别"选项下单击"截面"按钮 截面 ，在"截面选项"下选中"2D 横截面"单选按钮，按图 7-37 所示设置对话框。

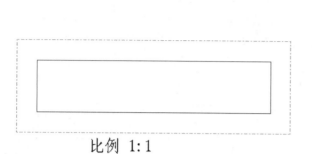

比例 1:1

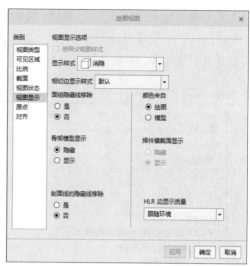

图 7-36　主视图

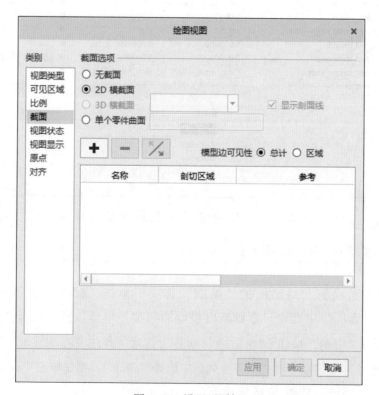

图 7-37　设置对话框

（8）单击"将横截面添加到视图"按钮 ✚，单击"新建"按钮 新建...，系统弹出"横截面创建"菜单管理器，单击"偏移"按钮 偏移，单击"完成"按钮 完成，在"输入横截面名称［退出］："文本框中输入"**A**"，单击"接受值"按钮 ✔，如图 7-38 所示。

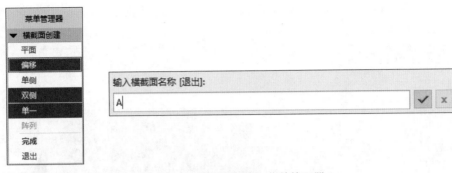

图 7-38　"横截面创建"菜单管理器

（9）系统同时弹出"下模座"零件活动窗口和菜单管理器，选择图形上表面为草绘面，如图 7-39 所示。

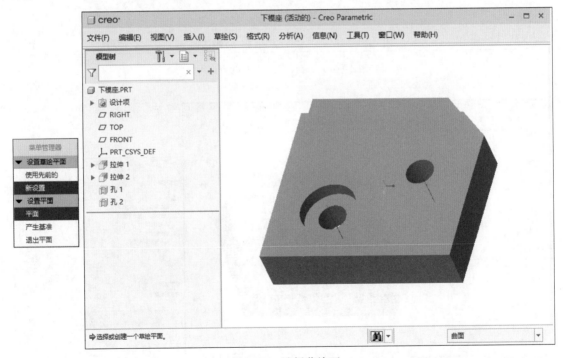

图 7-39　选择草绘面

（10）依次在菜单管理器中单击"确定"按钮 **确定** 和"默认"按钮 **默认**，如图 7-40 所示完成草绘平面方向的选择。

（11）单击"草绘（S）"→"参考（R）"，分别选择左、右两侧边和孔的中心轴为参考边，单击"关闭"按钮 关闭 ，如图 7-41 所示。

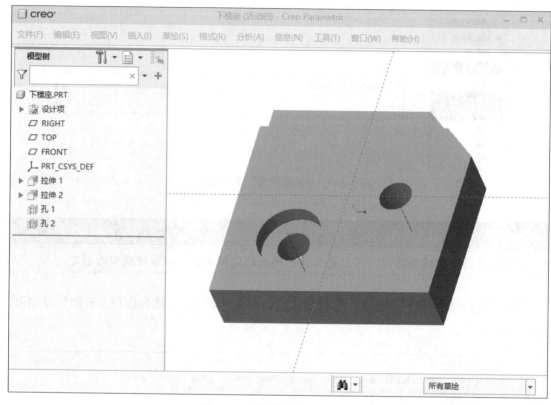

图 7-40　选择草绘平面的方向

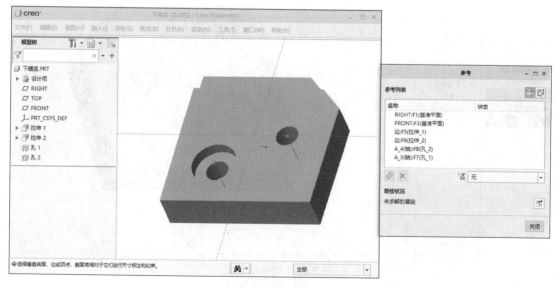

图 7-41　选择参考边

（12）在"下模座"零件活动窗口中单击"视图（V）"→"方向（O）"→"草绘方向（K）"，如图 7-42 所示定向草绘平面与屏幕平行。

（13）单击"草绘（S）"→"线（L）"→"线（L）"，绘制旋转剖草图，如图 7-43 所示。

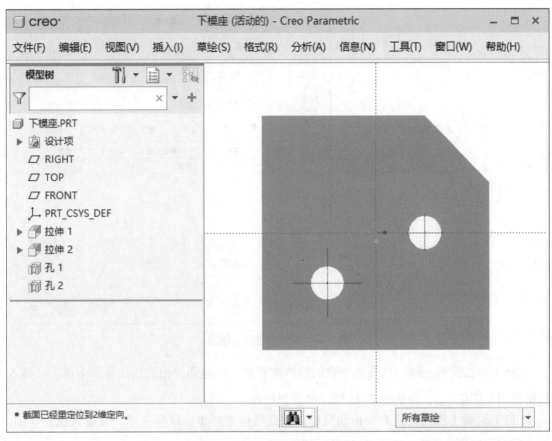

图 7-42 定向草绘平面与屏幕平行

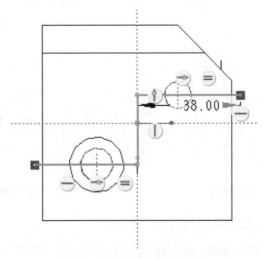

图 7-43 绘制旋转剖草图

（14）单击"草绘（S）"→"完成"。

（15）在"绘图视图"对话框的"剖切区域"选项中选择"完整"，单击"确定"按钮 确定 ，完成旋转剖视图的创建工作，如图 7-44 所示。

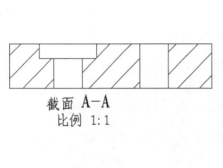

图 7-44　旋转剖视图的创建

（16）单击鼠标左键，选择刚创建的旋转剖视图，在随即弹出的快捷菜单中单击"插入投影视图"按钮 ，得到图 7-45 所示的投影视图。

（17）沿着主视图竖直方向拖动鼠标，在适当位置处单击鼠标左键，放置该投影视图，完成俯视图的创建工作，如图 7-46 所示。

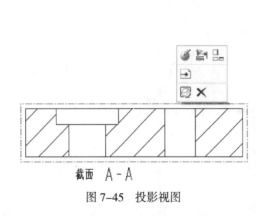

图 7-45　投影视图

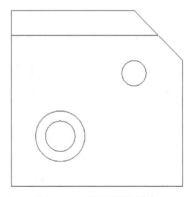

图 7-46　俯视图的创建

（18）用类似的方法完成左视图的创建工作。

（19）双击主视图，系统弹出"绘图视图"对话框，在"类别"选项下单击"截面"按钮 截面 ，在"箭头显示"收集器中选择"俯视图"，完成箭头的添加工作。

（20）单击"普通视图"按钮 普通视图 ，在适当位置处单击鼠标左键，零件三维图显示在窗口中，并弹出"绘图视图"对话框，单击"应用"按钮 应用 ，再单击"确定"按钮 确定 ，完成零件三维图的放置工作，如图 7-47 所示。

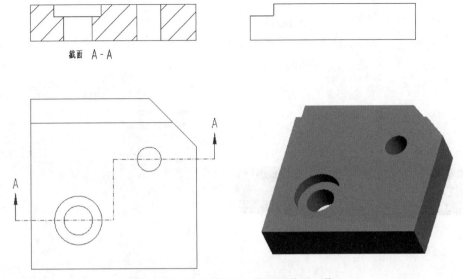

图 7-47 完成下模座三维图的放置工作

3. 创建台阶轴相关工程图

（1）通过快捷方式图标启动 Creo Parametric 8.0 软件。

（2）在"主页"选项卡的"数据"组中单击"新建"按钮 ，系统弹出"新建"对话框，将"类型"设为"绘图"，在"文件名"文本框中输入"台阶轴"，取消选中"使用默认模板"复选框，单击"确定"按钮 确定 ，如图 7-48 所示。

（3）弹出"新建绘图"对话框，单击"浏览…"按钮 浏览… ，选择根据图 7-4 绘制的建模文件"台阶轴"，在"指定模板"选项组选中"空"单选按钮，"方向"选项中选择"横向"，确定图纸大小为"A4"，单击"确定（O）"按钮 确定(O) ，系统进入绘图模块，如图 7-49 所示。

图 7-48 "新建"对话框

图 7-49 "新建绘图"对话框

（4）单击"普通视图"按钮 ，弹出"选择组合状态"对话框后直接单击"确定（O）"按钮 确定(O)，然后在空白处任意一点单击鼠标左键，零件三维图将显示在窗口中，并弹出"绘图视图"对话框，如图 7-50 所示。

图 7-50　"绘图视图"对话框

（5）在"绘图视图"对话框的"类别"选项下单击"比例"按钮 比例，在"比例和透视图选项"下选中"自定义比例"单选按钮，在右侧文本框中输入新的比例"1"，单击"应用"按钮 应用，按图 7-51 所示设置比例。

图 7-51　设置比例

（6）在"绘图视图"对话框的"类别"选项下单击"视图类型"按钮 视图类型，在"视图方向"选项组中选中"查看来自模型的名称"单选按钮，选择"视图名称"为"TOP"，单击"应用"按钮 应用。在"视图显示选项"中"显示样式"下拉列表中选择"消隐"，单击"应用"按钮 应用，继续单击"确定"按钮 确定，完成主视图的创建工作，如图 7-52 所示。

（7）选择刚添加的主视图，单击"投影视图"按钮 投影视图，沿着主视图竖直方向拖动鼠标，在适当位置单击鼠标左键，放置该投影视图，设置视图显示样式为"消隐"，按图 7-53 所示创建俯视图。

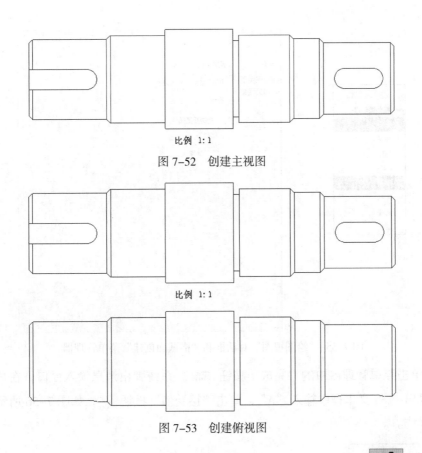

比例 1:1

图 7-52 创建主视图

比例 1:1

图 7-53 创建俯视图

（8）在"布局"选项卡的"文档"组中单击"锁定视图移动"按钮 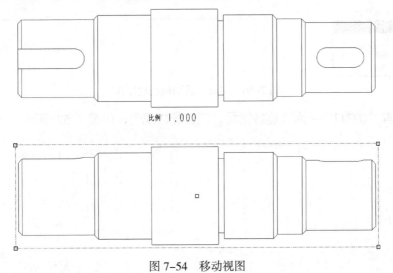，解除视图的锁定状态，可以将视图移至界面合适的位置，如图 7-54 所示。

比例 1.000

图 7-54 移动视图

（9）单击"旋转视图"按钮 旋转视图 ，选取主视图为父视图，在父视图下方适当位置单击鼠标左键，确定旋转视图放置点，系统弹出"绘图视图"对话框和"横截面创建"菜单管理器，如图 7-55 所示。

图 7-55 "绘图视图"对话框和"横截面创建"菜单管理器

（10）单击菜单管理器中的"完成"按钮 **完成**，系统弹出消息输入窗口，在"输入横截面名称［退出］："文本框中输入"**A**"，单击"接受值"按钮 ✔，如图 7-56 所示完成旋转剖面创建操作。

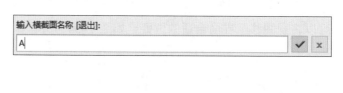

图 7-56 完成旋转剖面创建操作

（11）选取"DTM2"平面为旋转剖面，创建旋转视图，如图 7-57 所示。

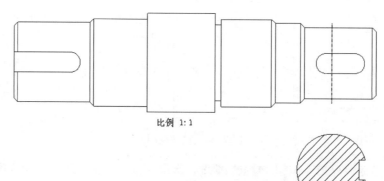

图 7-57 创建旋转视图

（12）双击俯视图，系统弹出"绘图视图"对话框，在"类别"选项下单击"截面"按钮 **截面**，在"截面选项"下选中"2D 横截面"单选按钮，如图 7-58 所示。

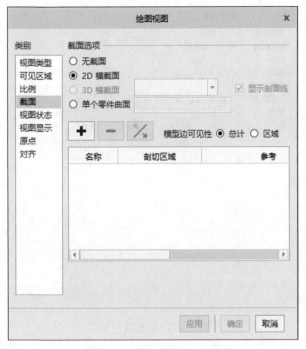

图 7-58　"绘图视图"对话框

（13）单击"将横截面添加到视图"按钮 **✚**，单击"新建"按钮 **新建...**，系统弹出"横截面创建"菜单管理器，单击"完成"按钮 **完成**，系统弹出消息输入窗口，在"输入横截面名称［退出］："文本框中输入"B"，单击"接受值"按钮 **✓**，如图 7-59 所示完成横截面创建操作。

图 7-59　完成横截面创建操作

（14）单击鼠标左键，选取俯视图上的"FRONT"平面为横截面，在"剖切区域"选项中选择"局部"，如图 7-60 所示。

（15）选择底边上一点为中心点，围绕中心点绘制样条曲线，如图 7-61 所示。

（16）单击"确定"按钮 **确定**，完成局部剖视图的创建工作，如图 7-62 所示。

图 7-60　局部剖设置

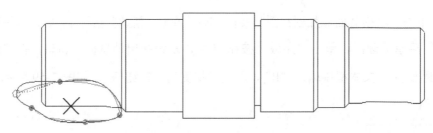

图 7-61　绘制局部剖样条曲线

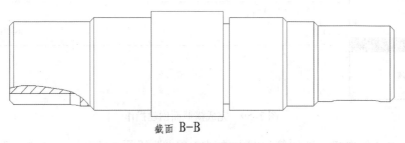

截面 B-B

图 7-62　局部剖视图

（17）在"布局"选项卡的"模型视图"组中单击"局部放大图"按钮 局部放大图 ，选择槽左侧直线上一点为中心点，围绕中心点绘制样条曲线，如图 7-63 所示。

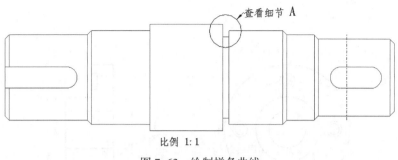

比例 1:1

图 7-63　绘制样条曲线

（18）在适当位置单击鼠标左键，放置详细视图，完成详细视图的创建工作，如图 7-64 所示。

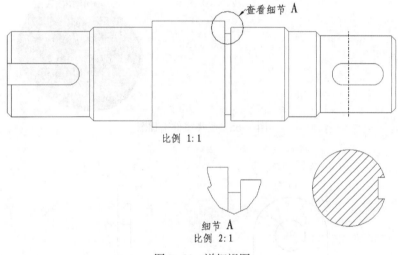

比例 1:1

细节 **A**
比例 2:1

图 7-64　详细视图

提示

　　对于详细视图的比例等图形显示方式，可通过双击详细视图，在系统弹出的"绘图视图"对话框中进行修改。

---

4. 保存文件

至此，本课题任务全部完成。

在快速访问工具栏中单击"保存（S）"按钮 <kbd>保存(S)</kbd>，系统弹出"保存对象"对话框，单击"确定"按钮 <kbd>确定</kbd>，完成文件的保存。

四、任务拓展

任务拓展 1　试创建图 7-65 所示的盘类零件工程图。

任务拓展 2　试创建图 7-66 所示的支架零件工程图。

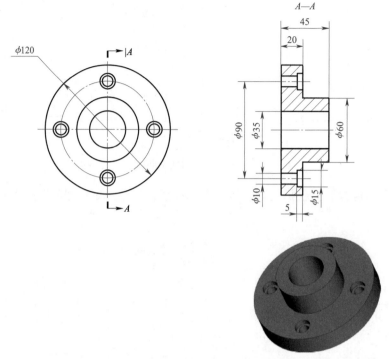

图 7-65 盘类零件工程图

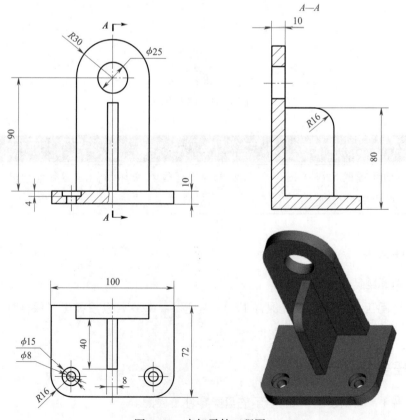

图 7-66 支架零件工程图

课题 2　工程图标注

一、学习目标

1. 掌握尺寸标注方法。
2. 掌握几何公差标注方法。
3. 掌握表面粗糙度标注方法。
4. 掌握文字加入方法。

二、任务描述

一张完整的工程图是由一组视图、尺寸、公差、明细栏和注释等项目构成的，因此，创建完所需的视图后，还需要添加必要的尺寸、公差、表面粗糙度等重要的信息。试完成图 7-67 所示下模座工程图的创建工作。

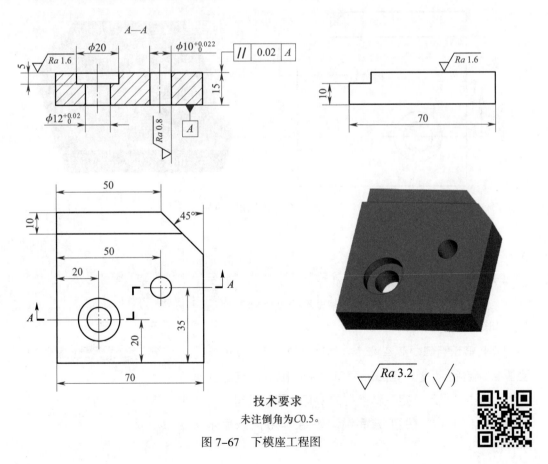

技术要求

未注倒角为C0.5。

图 7-67　下模座工程图

三、任务实施

1. 创建下模座工程图

（1）通过快捷方式图标启动 Creo Parametric 8.0 软件。

（2）打开名称为"下模座"的三维模型。

（3）在"主页"选项卡的"数据"组中单击"新建"按钮，打开"新建"对话框。将"类型"设为"绘图"，并在"文件名"文本框中输入"下模座"，取消选中"使用默认模板"复选框，单击"确定" 确定 按钮。

（4）添加相关视图，如图 7-68 所示。

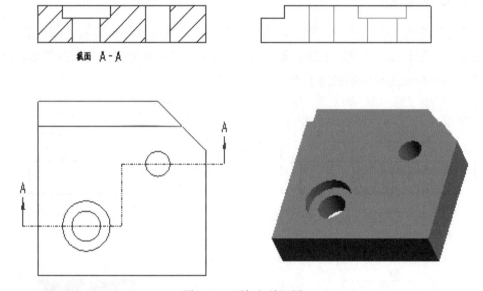

图 7-68　添加相关视图

2. 尺寸标注

（1）在"注释"选项卡的"注释"组中单击"显示模型注释"按钮，系统弹出"显示模型注释"对话框，如图 7-69 所示。

（2）单击"显示模型注释"对话框中的"显示模型基准"选项卡，在图形窗口中单击鼠标左键选择视图，单击"显示选定注释类型的所有注释"按钮，单击"应用（A）"按钮 应用(A)，如图 7-70 所示显示所有轴。

（3）在"注释"选项卡的"注释"组中单击"尺寸"按钮，系统弹出"选择参考"对话框，如图 7-71 所示。

图 7-69　"显示模型注释"对话框

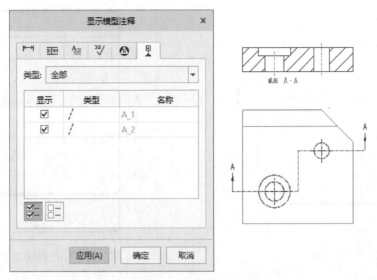

图 7-70　显示所有轴

（4）单击"选择图元"按钮 ，按图 7-72 所示选择标注线。

（5）单击鼠标中键，完成尺寸的标注工作，如图 7-73 所示。

图 7-71　"选择参考"对话框

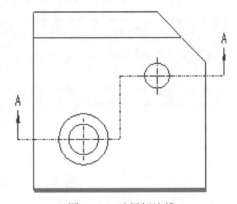

图 7-72　选择标注线

提示

更改尺寸线平行且位于引线上方的方法如下：单击"文件"→"准备（R）"→"绘图属性（I）"，在弹出的"绘图属性"对话框内"细节选项"中把"default_lindim_text_orientation"选项设置为"parallel_to_and_above_leader"。

（6）单击"选择图元"按钮 ，按住"Ctrl"键选择上、下两条线，单击鼠标中键完成标注，如图 7-74 所示。

（7）在"选择参考"对话框中单击"选择边或图元的中点"按钮 ，按住"Ctrl"键，分别选择圆弧线和左侧边线，如图 7-75 所示。

（8）单击鼠标中键，完成尺寸的标注工作，如图 7-76 所示。

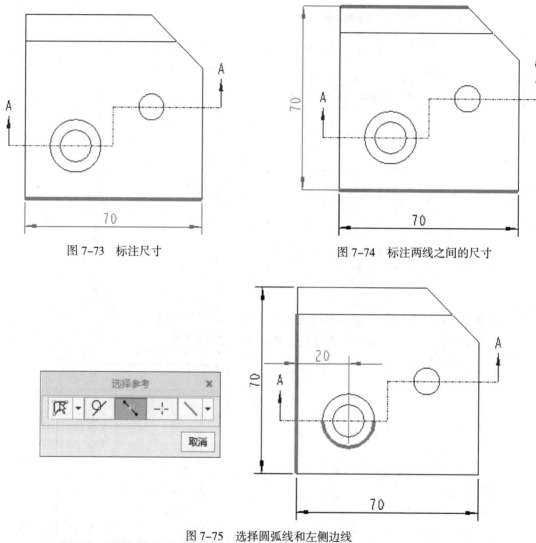

图 7-73　标注尺寸

图 7-74　标注两线之间的尺寸

图 7-75　选择圆弧线和左侧边线

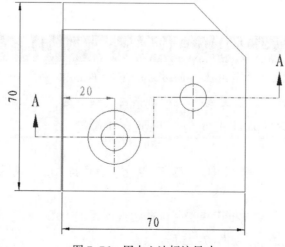

图 7-76　用中心法标注尺寸

（9）采用以上任意标注法完成其他尺寸的标注，如图 7-77 所示。

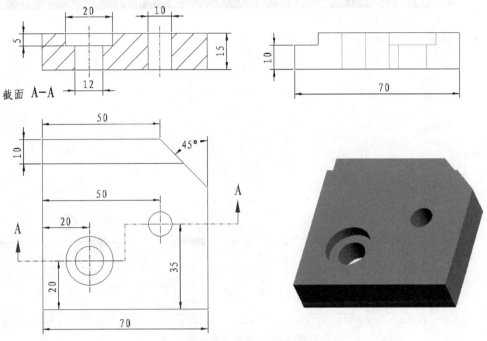

图 7-77　其他尺寸的标注

（10）按住"Ctrl"键，选择直径为"20"和"10"的圆的尺寸线，单击"注释"选项卡"编辑"组中的"对齐尺寸"按钮 ，完成尺寸线的对齐操作，如图 7-78 所示。

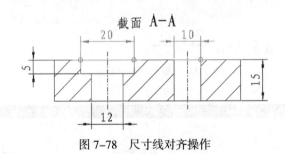

图 7-78　尺寸线对齐操作

（11）单击主视图上尺寸"10"，系统弹出"尺寸"选项卡。在"尺寸"选项卡的"尺寸文本"组中单击"尺寸文本"按钮 ，系统弹出"尺寸文本"对话框，用鼠标左键单击"前缀 / 后缀"下方第一个文本框，在面板中的"符号"选项框中选取直径符号"ϕ"，完成尺寸"10"直径前缀的添加工作，如图 7-79 所示。

（12）用类似的方法完成其他直径前缀的添加工作，如图 7-80 所示。

（13）单击主视图上尺寸"ϕ10"，系统弹出"尺寸"选项卡。在"公差"组中单击"公差"溢出按钮 ，在按钮列表中单击"正负"按钮 ，此时可在"公差"面板中输入公差值，如图 7-81 所示。

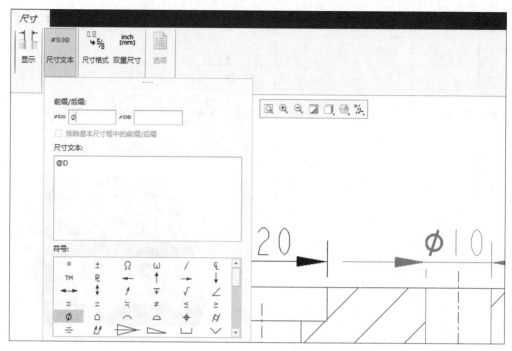

图 7-79　添加直径前缀

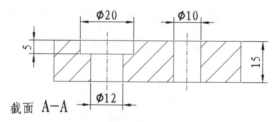

截面 A-A

图 7-80　其他直径前缀的添加

图 7-81　"尺寸"选项卡

> **提示**
>
> 　　修改公差显示属性的方法如下：单击"文件"→"准备（R）"→"绘图属性（I）"，在弹出的"绘图属性"对话框内"细节选项"中搜索"tol_display"，将"值"的内容设置为"yes"，则公差显示可用。

（14）修改尺寸精度为小数点后三位，输入上偏差为"+0.022"，下偏差为"0"，即可为该尺寸添加公差标注，如图7-82所示。

3.　几何公差标注

（1）在"注释"选项卡的"注释"组中单击"基准特征符号"按钮 📮 **基准特征符号**，选择主视图底边作为基准放置位置，如图7-83所示。

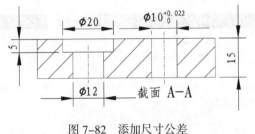

图7-82　添加尺寸公差

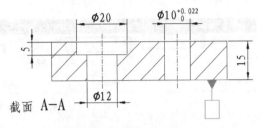

图7-83　基准放置位置

（2）向下方拖动鼠标至合适位置后单击鼠标中键确定，系统弹出"基准要素"选项卡，如图7-84所示。

图7-84　"基准要素"选项卡

（3）在"基准要素"选项卡的"标签"组中单击上方文本框，输入参考基准字母"A"，结果如图7-85所示。

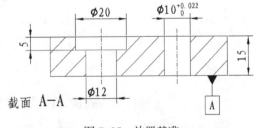

图7-85　放置基准

（4）在"注释"选项卡的"注释"组中单击"几何公差"按钮 ⊅**1M**，选择尺寸边界线，向上移动鼠标，在适当位置单击鼠标中键确定，结果如图7-86所示。

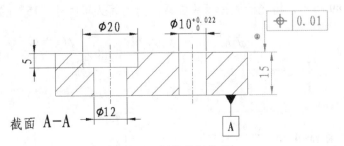

图7-86　标注几何公差

提示

修改几何公差属性的方法如下：单击"文件"→"准备（R）"→"绘图属性（I）"，在弹出的"绘图属性"对话框内"细节选项"中搜索"gtol_lead_trail_zeros"，将"值"的内容设置为"lead_only（metric）"，即显示数字开头的"0"。设置好后单击"关闭"按钮 关闭 。

（5）单击创建好的几何公差，弹出"几何公差"选项卡，如图7-87所示。

图7-87 "几何公差"选项卡

（6）在"几何公差"选项卡的"符号"组中单击"几何特性"溢出按钮 ，在按钮列表中单击选取合适的几何公差，在"公差和基准"组中单击文本框，修改公差并添加基准符号，如图7-88所示。

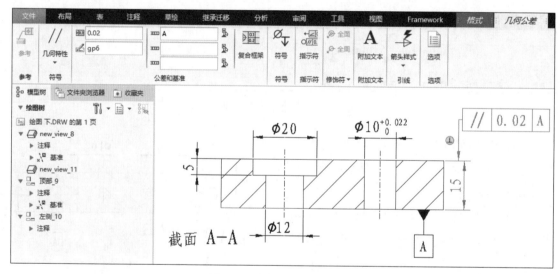

图7-88 更改几何公差符号

（7）如图7-89所示，将光标放在箭头位置，拖动箭头与尺寸"15"的尺寸线重合。

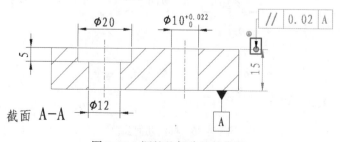

图7-89 调整几何公差的位置

（8）完成几何公差的创建工作，结果如图 7-90 所示。

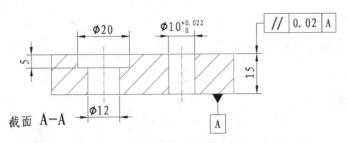

图 7-90　完成几何公差的创建

4. 表面粗糙度标注

（1）使用自定义表面粗糙度符号标注

在"注释"选项卡的"注释"组中单击"符号"按钮 🄰符号，系统弹出"符号"选项卡，如图 7-91 所示。

图 7-91　"符号"选项卡

提示

Creo Parametric 8.0 软件中没有提供新国家标准规定的表面粗糙度符号，为此要先创建符合新国家标准规定的表面粗糙度符号，然后使用已创建的符号。

（1）草绘表面粗糙度符号的方法如下：在"注释"选项卡的"注释"组中单击"注释"溢出按钮 注释▼，在按钮列表中选择"定义符号"按钮 🄲 定义符号，如图 7-92 所示。

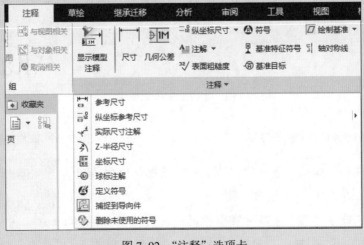

图 7-92　"注释"选项卡

（2）系统弹出"符号定义"菜单管理器，单击"定义"按钮 定义，如图7-93所示。

（3）系统弹出"输入符号名［退出］："文本框，在文本框中输入符号名称"粗糙度"，单击"接受值"按钮 ✓，如图7-94所示。

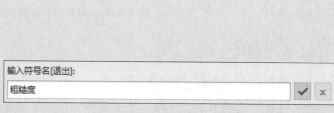

图7-93　"符号定义"菜单管理器　　　　　图7-94　输入定义的符号名称

（4）系统弹出"粗糙度"活动窗口，进入草绘界面，在图形窗口中绘制图7-95所示的表面粗糙度符号。尺寸参数参考国家标准《产品几何技术规范（GPS）　技术产品文件中表面结构的表示法》（GB/T 131—2006），绘制直线时，在单击第一点后可单击鼠标右键，在弹出的菜单中选择"角度..."选项，将角度设置为0或其他值，从而保证直线水平或是其他需要的方向。

（5）添加注解的方法如下：依次单击"插入（I）"→"注解（N）..."，系统弹出"注解类型"菜单管理器，单击菜单管理器中的"进行注解"按钮 进行注解，单击表面粗糙度符号图标任一位置，在弹出的"输入注解"文本框中输入"Ra"，单击"接受值"按钮 ✓，再次单击"接受值"按钮 ✓，单击菜单管理器中的"完成/返回"按钮 完成/返回，双击"Ra"，系统弹出浮动工具栏，单击"属性"按钮 ✍，系统弹出"注解属性"对话框，文本框"Ra"前后添加"\"，在"注解属性"对话框中单击"保存（A）..."按钮 保存(A)...，系统弹出"输入文件名［退出］"对话框，单击"接受值"按钮 ✓，单击"确定（O）"按钮 确定(O)，结果如图7-96所示。

图7-95　表面粗糙度符号　　　　　图7-96　添加注解

（6）单击"符号编辑"菜单管理器中的"属性"按钮 属性，系统弹出"符号定义属性"对话框，按图7-97所示进行设置。

（7）单击"符号定义"菜单管理器中的"定义"溢出按钮 定义 ▼，在按钮列表中单击"写入"按钮 写入，按图7-98所示输入保存的目录。

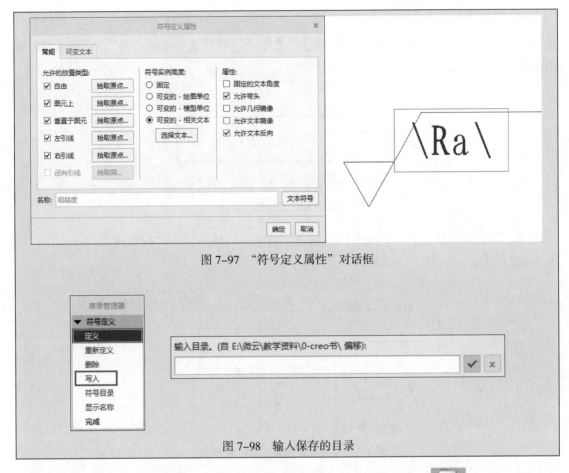

图 7-97 "符号定义属性"对话框

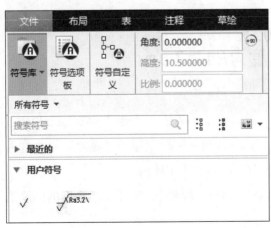

图 7-98 输入保存的目录

（2）在"符号"选项卡的"符号"组中单击"符号库"溢出按钮 ，在按钮列表中选择"用户符号"下的表面粗糙度符号"√ʳᵃ³·²\"，如图 7-99 所示。

（3）在"符号"选项卡的"自定义"组中单击"符号自定义"按钮，系统弹出符号自定义对话框。在"可变文本"下方的文本框中输入数值"Ra1.6"，按图 7-100 所示定义表面粗糙度值。

图 7-99 选择自定义符号

图 7-100 定义表面粗糙度值

（4）在需要标注表面粗糙度的地方单击鼠标左键，再单击鼠标中键确定，在"符号"选项卡的"引线"组中单击"箭头样式"按钮 ⚡，在下拉列表中选择"无"，所标注的表面粗糙度符号如图 7-101 所示。

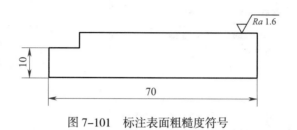

图 7-101　标注表面粗糙度符号

（5）继续选取其他表面粗糙度符号放置位置线，完成其他表面粗糙度的标注工作，如图 7-102 所示。

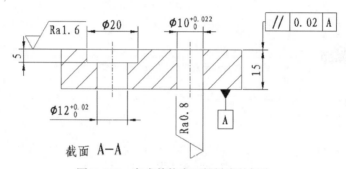

图 7-102　完成其他表面粗糙度的标注

5．文字加入

（1）单击"注解"溢出按钮 ⧉注解▾，在空白处单击鼠标左键放置文本框，输入"技术要求"；按"Enter"键换行，输入技术要求的内容，调整好字体大小，按鼠标左键确认，结果如图 7-103 所示。

技术要求
1. 未注倒角为 C0.5。
2. 未注表面粗糙度为 Ra3.2 μm。

图 7-103　文字的输入

（2）用鼠标单击"技术要求"文本框，系统弹出浮动工具栏，单击"属性"按钮 🖌，系统弹出"注解属性"对话框，在"文本样式（X）"选项卡中取消选中"高度"文本框后面的"默认"复选框，在"高度"文本框中输入"6"，如图 7-104 所示。

（3）单击"注解属性"对话框中的"确定（O）"按钮 确定(O)，完成文字高度的修改工作，修改后的样式如图 7-105 所示。

图 7-104　"注解属性"对话框

技术要求
1. 未注倒角为 $C0.5$。
2. 未注表面粗糙度为 $Ra3.2\ \mu m$。

图 7-105　修改后的样式

6. 保存文件

至此，本课题任务全部完成。

在快速访问工具栏中单击"保存（S）"按钮 ，系统弹出"保存对象"对话框，单击"确定"按钮 ，完成文件的保存。

四、任务拓展

试创建图 **7-106** 所示的工程图。

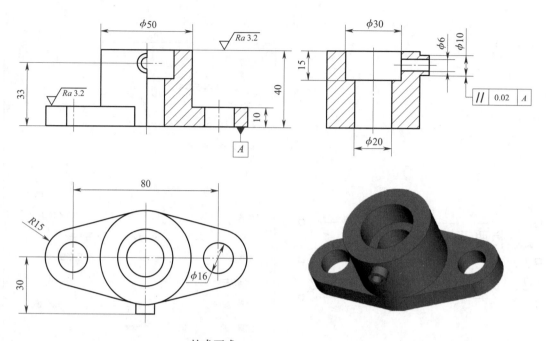

技术要求

铸件不能有裂纹、砂眼等缺陷。

图 7-106　工程图

模块八 注塑模具分模设计

课题 1 塑料旋钮分模设计

一、学习目标

1. 熟悉分模设计的一般流程。
2. 能用阴影法创建分模面。

二、任务描述

作为模具行业中流行的 CAD/CAM 软件之一，Creo 软件在塑料模具设计领域有着广泛的应用。分模操作的目的是根据塑料制品的三维模型构建塑料模具的型芯和型腔。应用 Creo 软件进行分模设计的基本流程包括创建参考模型、创建工件、设置收缩率、构建分型面、分割体积块、抽取实体等。

试通过图 8-1 所示塑料旋钮模具的分模操作学习注塑模具的分模设计。

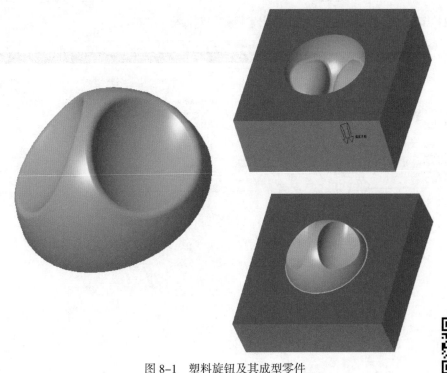

图 8-1　塑料旋钮及其成型零件

三、任务实施

1. 创建新文件

（1）通过快捷方式图标启动 Creo Parametric 8.0 软件。

（2）在"主页"选项卡的"数据"组中单击"新建"按钮 ，系统弹出"新建"对话框。将"类型"设为"制造"，子类型设为"模具型腔"，在"文件名"文本框中输入"mfg0801"，取消选中"使用默认模板"复选框，单击"确定"按钮 确定 ，如图 8-2 所示。

（3）单击"确定"按钮 确定 后系统弹出"新文件选项"对话框，在"模板"选项下选择"mmns_mfg_mold_abs"，单击"确定"按钮 确定 ，完成文件"mfg0801"的创建工作，系统进入模具设计环境，将绘图区背景设为白色，其窗口界面如图 8-3 所示。

图 8-2 "新建"对话框

2. 创建参考模型

（1）在"模具"选项卡的"参考模型和工件"组中单击"参考模型"溢出按钮 参考模型 ，在按钮列表中单击"组装参考模型"按钮 组装参考模型 ，系统弹出"打开"对话框。

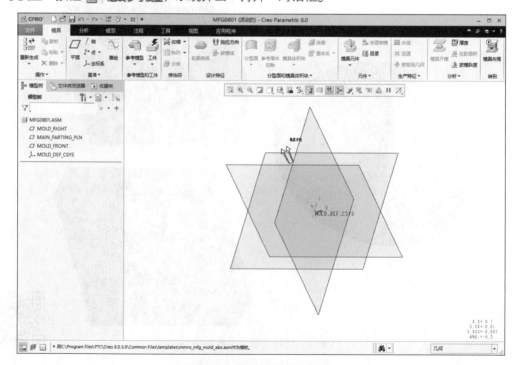

图 8-3 模具设计窗口界面

（2）在"打开"对话框中选择预先完成造型的塑料旋钮设计模型，如图 8-4 所示。

图 8-4 选择设计模型

（3）单击"打开"按钮 ，系统弹出"元件放置"选项卡，如图 8-5 所示。

图 8-5 "元件放置"选项卡

（4）在"元件放置"选项卡"放置"面板的"约束类型"下拉列表中单击"默认"按钮，选择默认约束类型，如图 8-6 所示。

（5）单击"元件放置"选项卡中的"确定"按钮 ，系统弹出"创建参考模型"对话框，如图 8-7 所示。

（6）在"创建参考模型"对话框中单击"确定"按钮 ，完成参考模型的创建工作，如图 8-8 所示。

3. 创建工件

（1）在"模具"选项卡的"参考模型和工件"组中单击"工件"溢出按钮 ，在按钮列表中单击"创建工件"按钮 ，系统弹出"创建元件"对话框，如图 8-9 所示。

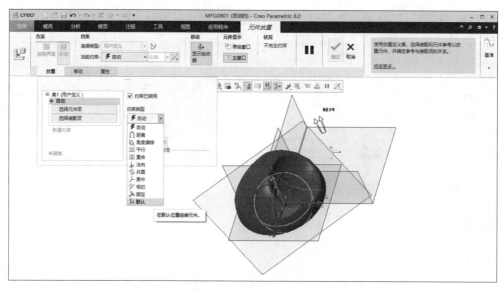

图 8-6 选择约束类型

图 8-7 "创建参考模型"对话框

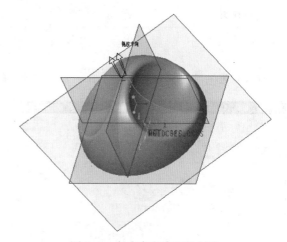

图 8-8 完成参考模型的创建

（2）在"创建元件"对话框中将"类型"设为"零件"，将"子类型"设为"实体"，在"文件名"文本框中根据要求输入坯料的名称，单击"确定（O）"按钮 确定(O)。

（3）系统弹出"创建选项"对话框，在"创建方法"中选中"创建特征"单选按钮，如图 8-10 所示。

（4）单击"创建选项"对话框中的"确定（O）"按钮 确定(O)。

（5）在"模具"选项卡的"形状"组中单击"拉伸"按钮 拉伸。

（6）在"拉伸"选项卡的"放置"面板中单击"定义 ..."按钮 定义...，在系统弹出的"草绘"对话框中选择

图 8-9 "创建元件"对话框

"MAIN_PARTING_PLN"基准平面为草绘平面，"MOLD_RIGHT"基准平面为草绘平面的参考平面，"方向"选择"右"，如图 8-11 所示。

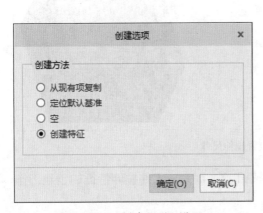

图 8-10　"创建选项"设置

图 8-11　"草绘"对话框

（7）单击"草绘"对话框中的"草绘"按钮 草绘 ，系统进入草绘模块。

（8）系统弹出"参考"对话框，选取"MOLD_RIGHT"基准平面和"MOLD_FRONT"基准平面为草绘平面的参考平面，然后单击"关闭"按钮 关闭 ，如图 8-12 所示。

（9）按图 8-13 所示绘制草图。

图 8-12　"参考"对话框

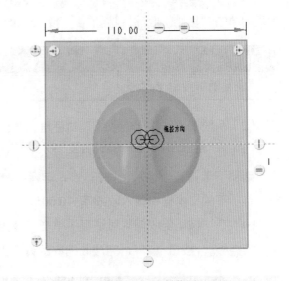

图 8-13　绘制草图

（10）在"草绘"选项卡的"关闭"组中单击"确定"按钮 确定 ，完成草图绘制工作。

（11）在"拉伸"选项卡的"选项"面板"深度"组中设置可变深度，"侧 1"深度为"50"，"侧 2"深度为"30"，如图 8-14 所示。

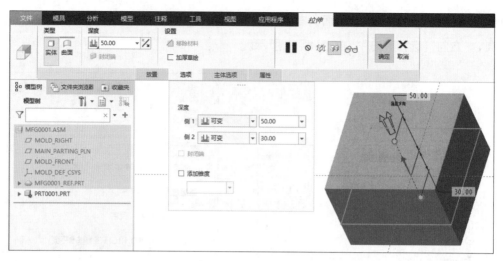

图 8-14　设置拉伸尺寸

（12）单击"拉伸"选项卡中的"确定"按钮 ，完成工件拉伸特征的创建工作，如图 8-15 所示。

提示

利用快捷键"Ctrl+A"切换到模具设计环境。

---

4. 设置收缩率

（1）在"模具"选项卡的"修饰符"组中单击"收缩"溢出按钮 收缩 ▾ ，在按钮列表中单击"按比例收缩"按钮 按比例收缩 。

提示

此处打开坐标系显示。

（2）系统弹出"按比例收缩"对话框，如图 8-16 所示。

（3）在"按比例收缩"对话框的"公式"选项下单击"1+S"按钮 1+S ；继续在"坐标系"选项下单击"坐标系"按钮 ，选择参考模型的坐标系作为比例缩放中心；在"收缩率"选项下的文本框中输入收缩率"0.005"。

（4）在"按比例收缩"对话框中单击"应用并保存在工具中所做的所有更改，然后关闭工具操控板。"按钮 ，完成收缩率的设置工作。

提示

塑料制品从热的模具中取出后，由于冷却及其他原因将引起体积收缩。为得到符合设计要求的制品，设计模具时要对收缩部分进行适当补偿。常用塑料收缩率可查阅相关手册，本书收缩率采用 0.5%～0.6%。

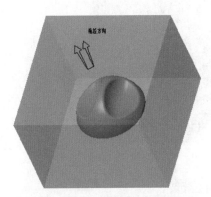

图 8-15　完成工件拉伸特征的创建

图 8-16　"按比例收缩"对话框

5. 构建分型面

（1）在"模具"选项卡的"分型面和模具体积块"组中单击"分型面"溢出按钮，系统弹出"分型面"选项卡，如图 8-17 所示。

图 8-17　"分型面"选项卡

（2）在"分型面"选项卡的"曲面设计"组中单击"曲面设计"溢出按钮 曲面设计▼，在按钮列表中单击"阴影曲面"按钮 阴影曲面，系统弹出"阴影曲面"对话框，如图 8-18 所示。

（3）单击"阴影曲面"对话框中的"预览"按钮 预览，分型面预览效果如图 8-19 所示。

（4）单击"阴影曲面"对话框中的"确定"按钮 确定，完成分型面的创建工作。

（5）在"分型面"选项卡的"控制"组中单击"确定"按钮 ✓，完成分型面功能的创建工作，如图 8-20 所示。

6. 分割体积块

（1）在"模具"选项卡的"分型面和模具体积块"组中单击"模具体积块"溢出按钮，在按钮列表

图 8-18　"阴影曲面"对话框

中单击"体积块分割"按钮  体积块分割 ，系统弹出"体积块分割"选项卡，如图8-21所示。

图 8-19　分型面预览效果

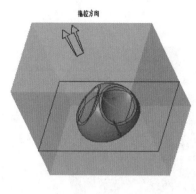

图 8-20　完成分型面功能的创建

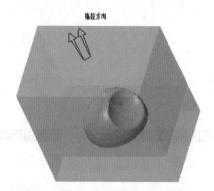

图 8-21　"体积块分割"选项卡

提示

　　所谓分割体积块，就是将已经创建的工件以分型面为参考，将其分割为数个体积块，为建立模具成型零件的三维实体模型（如型腔、型芯等）做准备。

（2）根据系统提示选择要分割的体积块，选择之前创建的工件为要分割的体积块，如图8-22所示。

（3）根据系统提示选择要分割模具体积块的分型面，选择之前创建的阴影曲面为分型面，如图 8-23 所示。

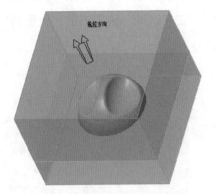

图 8-22　选择要分割的体积块　　　　　图 8-23　选择分型面

（4）在"体积块分割"选项卡的"模具几何"组中单击"参考零件切除"按钮 ，系统弹出"参考零件切除"选项卡，参数选择默认值，单击"确定"按钮 ，完成"参考零件切除"操作，如图 8-24 所示。

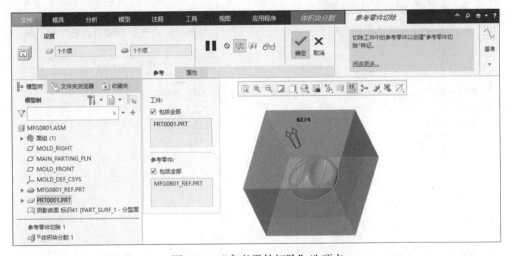

图 8-24　"参考零件切除"选项卡

（5）单击"体积块分割"选项卡的"退出暂停模式，继续使用此工具。"按钮 ▶ ，在"体积块分割"选项卡的"体积块输出"组中单击"单独体积块"按钮 ，单击"确定"按钮 完成体积块分割，如图 8-25 所示。

> **提示**
>
> 　　将模型中的参考零件、坯料和分型面遮蔽后，工作区中模具模型的这些元素将不显示，这样可使屏幕显示的内容更简洁，以方便后面模具开启的操作。

单击"视图"选项卡"可见性"组中的"模具显示"按钮 模具显示 ，系统弹出"遮蔽和取消遮蔽"对话框，如图 8-26 所示。在"过滤"选项下的"元件"组中选择坯料、参考零件，如图 8-27 所示，单击"遮蔽"按钮 遮蔽 。在"过滤"选项下的"分型面"中选择分型面，如图 8-28 所示，单击"遮蔽"按钮 遮蔽 。

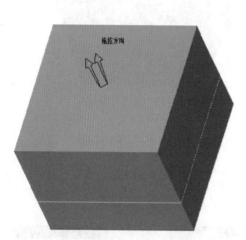

图 8-25　完成体积块分割

图 8-26　"遮蔽和取消遮蔽"对话框

图 8-27　遮蔽坯料和参考零件

图 8-28　遮蔽分型面

7. 抽取模具元件

（1）在"模具"选项卡的"元件"组中单击"模具元件"溢出按钮 ，在按钮列表中单击"型腔镶块"按钮 型腔镶块 ，系统弹出"创建模具元件"对话框，如图 8-29 所示。

（2）单击"选择所有体积块"按钮 ，如图 8-30 所示。

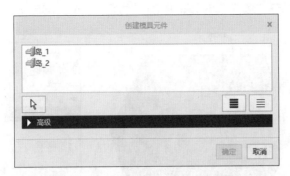

图 8-29　"创建模具元件"对话框

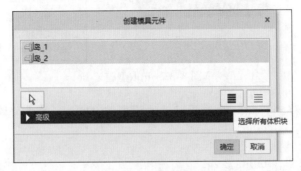

图 8-30　选择所有体积块

（3）单击"创建模具元件"对话框中的"确定"按钮 确定 。

（4）系统弹出消息输入窗口，接受默认名称，单击"接受值"按钮 ✓ ，完成抽取元件的创建工作。

8. 定义模具开模

（1）在"模具"选项卡的"分析"组中单击"模具开模"按钮 ，系统弹出"模具开模"菜单管理器，如图 8-31 所示。

（2）单击"模具开模"菜单管理器中的"定义步骤"按钮 定义步骤 ，弹出"定义步骤"下拉列表，单击"定义移动"按钮 定义移动 ，如图 8-32 所示。

图 8-31　"模具开模"菜单管理器

图 8-32　"定义步骤"下拉列表

（3）选取型腔，单击"选择"对话框中的"确定"按钮 确定 ，如图 8-33 所示。

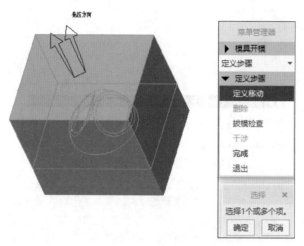

图 8-33　选取型腔

（4）选取边线为移动方向，输入要移动的距离值"80"，单击"接受值"按钮 ✔ 完成，如图 8-34 所示。

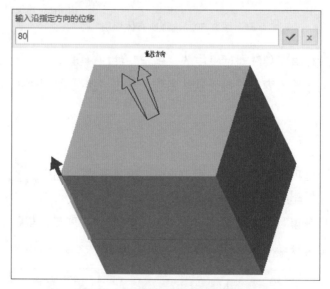

图 8-34　型腔移动方向和移动距离

（5）继续单击"定义移动"按钮 定义移动 ，选取型芯，单击"选择"对话框中的"确定"按钮 确定 ，如图 8-35 所示。

（6）选取边线为移动方向，输入要移动的距离值"-80"，单击"接受值"按钮 ✔ 完成，如图 8-36 所示。

（7）单击"模具开模"菜单管理器"定义步骤"下拉列表中的"完成"按钮 完成 ，结果如图 8-37 所示。

（8）在"模具开模"菜单管理器中单击"完成/返回"按钮 完成/返回 ，完成分模工作。

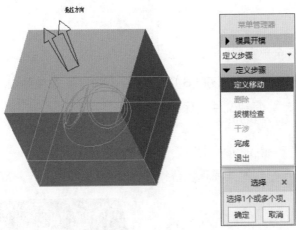

图 8-35　选取型芯

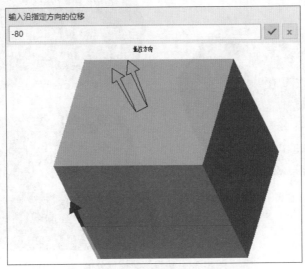

图 8-36　型芯移动方向和移动距离

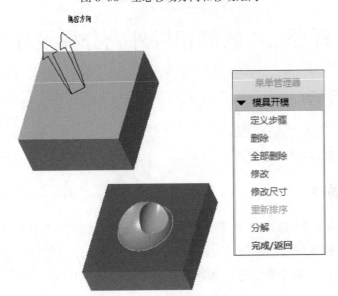

图 8-37　完成模具开模定义

9. 保存文件

至此，本课题任务全部完成。

在快速访问工具栏中单击"保存（S）"按钮 💾 保存(S) ，系统弹出"保存对象"对话框，单击"确定"按钮 确定 ，完成文件的保存。

四、任务拓展

试完成图 8-38 所示塑料笔架模具的分模操作。

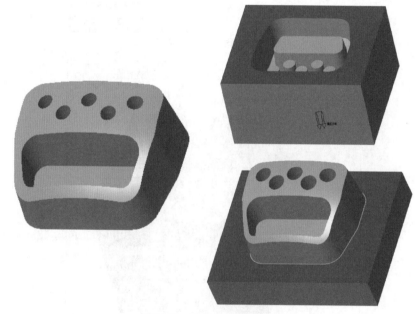

图 8-38　塑料笔架模具分模

课题 2　数码相机外壳分模设计

一、学习目标

1. 能使用裙边方法创建分型面。
2. 掌握侧面影像曲线的创建方法。

二、任务描述

在 Creo Parametric 8.0 软件中创建分型面时，有一个比较特殊的方法是利用"裙边曲面"沿着参考模型的轮廓线创建分型面。采用这种方法设计分型面时，首先要创建分型线，然后利用该分型线产生分型面。分型线通常是参考模型的轮廓线，一般可用轮廓曲线来建立。

试通过裙边方法完成图 8-39 所示数码相机外壳的分模设计。

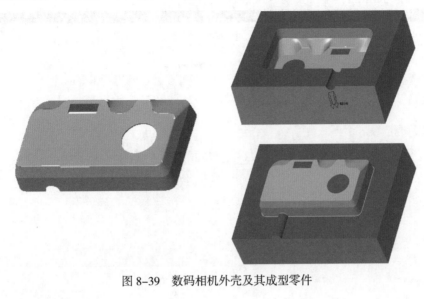

图 8-39 数码相机外壳及其成型零件

三、任务实施

1. 创建新文件

（1）通过快捷方式图标启动 Creo Parametric 8.0 软件。

（2）在"主页"选项卡的"数据"组中单击"新建"按钮 新建 ，系统弹出"新建"对话框。将"类型"设为"制造"，子类型设为"模具型腔"，在"文件名"文本框中输入"mfg0802"，取消选中"使用默认模板"复选框，单击"确定"按钮 确定 ，如图 8-40 所示。

（3）单击"确定"按钮 确定 后系统弹出"新文件选项"对话框，在"模板"选项下选择"mmns_mfg_mold_abs"，单击"确定"按钮 确定 ，完成文件"mfg0802"的创建工作，系统进入模具设计环境，将绘图区背景设为白色，其窗口界面如图 8-41 所示。

2. 创建参考模型

（1）在"模具"选项卡的"参考模型和工件"组中单击"参考模型"溢出按钮 参考模型 ，在按钮列表中单击"组装参考模型"按钮 组装参考模型 ，系统弹出"打开"对话框。

（2）在"打开"对话框中选择预先完成造型的数码相机外壳设计模型，如图 8-42 所示。

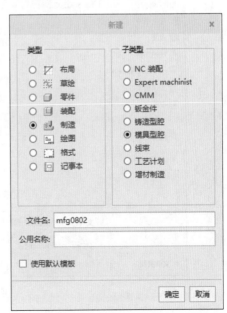

图 8-40 "新建"对话框的设置

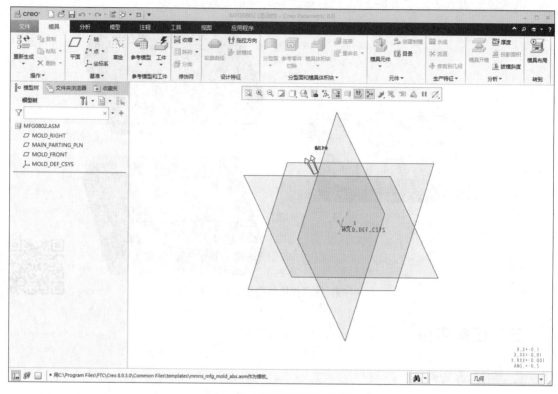

图 8-41　模具设计窗口界面

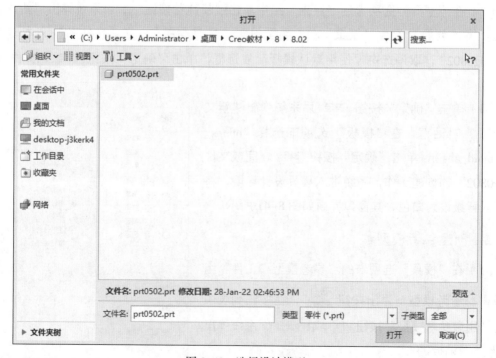

图 8-42　选择设计模型

（3）单击"打开"按钮 打开 ，系统弹出"元件放置"选项卡，如图8-43所示。

图8-43　"元件放置"选项卡

（4）在"元件放置"选项卡"放置"面板的"约束类型"下拉列表中单击"默认"按钮 默认，选择默认约束类型，如图8-44所示。

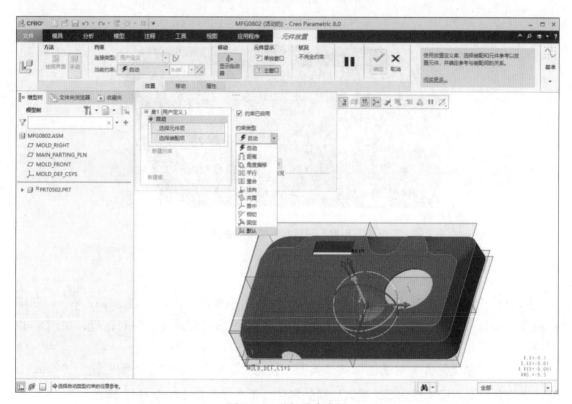

图8-44　选择约束类型

（5）单击"元件放置"选项卡中的"确定"按钮 确定 ，系统弹出"创建参考模型"对话框，如图8-45所示。

（6）在"创建参考模型"对话框中的"参考模型类型"组中选中"按参考合并"单选按钮，单击"确定"按钮 确定 ，弹出"布局"对话框，再单击"确定"按钮 确定 ，完成参考模型的创建工作，如图8-46所示。

图 8-45 "创建参考模型"对话框

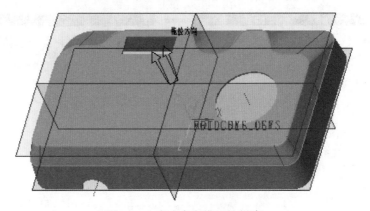

图 8-46 完成参考模型的创建

3. 创建工件

（1）在"模具"选项卡的"参考模型和工件"组中单击"工件"溢出按钮 ⚡ ，在按钮列表中单击"创建工件"按钮 ▱ 创建工件，系统弹出"创建元件"对话框，如图 8-47 所示。

（2）在"创建元件"对话框中将"类型"设为"零件"，将"子类型"设为"实体"，在"文件名"文本框中根据要求输入坯料的名称，单击"确定（O）"按钮 确定(O) 。

（3）系统弹出"创建选项"对话框，在"创建方法"选项组中选中"创建特征"单选按钮，如图 8-48 所示。

（4）单击"创建选项"对话框中的"确定（O）"按钮 确定(O) 。

（5）在"模具"选项卡的"形状"组中单击"拉伸"按钮 ▱ 拉伸 。

（6）单击"拉伸"选项卡中"放置"面板的"定义..."按钮 定义... ，在系统弹出的"草绘"对话框中选择"MAIN_PARTING_PLN"基准平面为草绘平面，"MOLD_RIGHT"基准平面为草绘平面的参考平面，"方向"选择"右"，如图8-49所示。

（7）在"草绘"对话框中单击"草绘"按钮 **草绘** ，系统进入草绘环境。

（8）系统弹出"参考"对话框，选取"MOLD_RIGHT"基准平面和"MOLD_FRONT"基准平面为草绘平面的参考平面，然后单击"关闭"按钮 **关闭** ，如图8-50所示。

图8-47 "创建元件"对话框

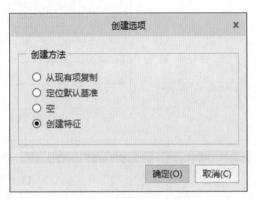

图8-48 "创建选项"设置

图8-49 "草绘"对话框

图8-50 "参考"对话框

（9）按图8-51所示绘制草图。

（10）在"草绘"选项卡的"关闭"组中单击"确定"按钮 ✔ ，完成草图绘制工作。

（11）在"拉伸"选项卡的"选项"面板"深度"组中设置可变深度，"侧1"深度为"50"，"侧2"深度为"30"，如图8-52所示。

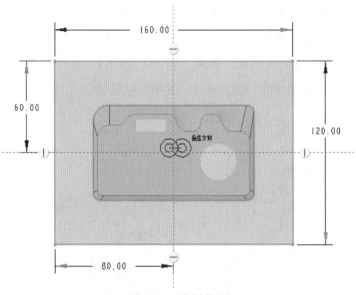

图 8-51　绘制草图

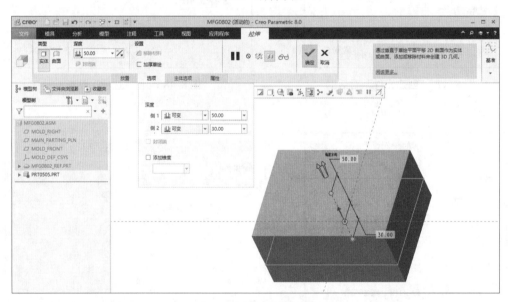

图 8-52　设置拉伸尺寸

（12）单击"拉伸"选项卡中的"确定"按钮 ，完成工件拉伸特征的创建工作，如图 8-53 所示。

4. 设置收缩率

（1）在"模具"选项卡的"修饰符"组中单击"收缩"溢出按钮 ，在按钮列表中单击"按比例收缩"按钮 。

提示
利用快捷键"Ctrl+A"切换到模具设计环境。

（2）系统弹出"按比例收缩"对话框，如图 8-54 所示。

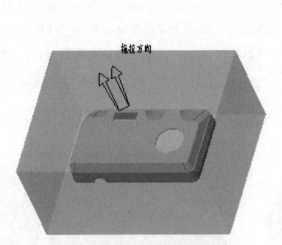

图 8-53 完成工件拉伸特征的创建

图 8-54 "按比例收缩"对话框

（3）在"按比例收缩"对话框的"公式"选项下单击"1+S"按钮 ，继续在"坐标系"选项下单击"坐标系"按钮 ，选择参考模型的坐标系作为比例缩放中心；在"收缩率"选项下的文本框输入收缩率 0.006。

（4）在"按比例收缩"对话框中单击"应用并保存在工具中所做的所有更改，然后关闭工具操控板。"按钮 ，完成收缩率的设置工作。

5. 构建分型面

（1）在"模具"选项卡的"设计特征"组中单击"轮廓曲线"按钮 ，系统弹出"轮廓曲线"选项卡，如图 8-55 所示。

图 8-55 "轮廓曲线"选项卡

（2）在"轮廓曲线"选项卡的"设置"组中单击收集器 ⬛ 选择1项 ，选择设计模型上表面为光线投影的方向，如图 8-56 所示。

（3）单击"轮廓曲线"选项卡中的"确定"按钮 ✓ 确定 ，完成轮廓曲线的创建工作，如图 8-57 所示。

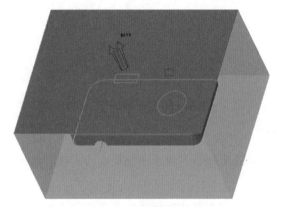

图 8-56　光线投影的方向

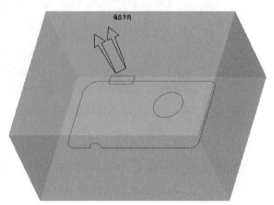

图 8-57　完成轮廓曲线的创建

（4）在"模具"选项卡的"分型面和模具体积块"组中单击"分型面"溢出按钮 分型面 ▾ ，系统弹出"分型面"选项卡，如图 8-58 所示。

图 8-58　"分型面"选项卡

（5）在"分型面"选项卡的"曲面设计"组中单击"曲面设计"溢出按钮 曲面设计 ▾ ，在按钮列表中单击"裙边曲面"按钮 ◲ 裙边曲面 ，系统弹出"裙边曲面"对话框和"链"菜单管理器，如图 8-59 所示。

（6）根据系统提示选取轮廓曲线，选取"模型树"中的"SILH_CURVE_1"，单击菜单管理器中的"完成"按钮 完成 ，按图 8-60 所示定义特征曲线。

图 8-59　"裙边曲面"对话框和"链"菜单管理器

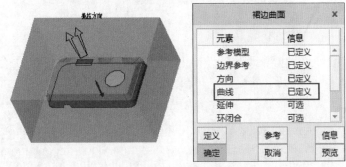

图 8-60　定义特征曲线

（7）双击"裙边曲面"对话框中的"方向"按钮 **方向**，系统弹出"常规选择方向"菜单管理器，单击模型上表面，依次在菜单管理器中单击"反向"按钮 反向 和"确定"按钮 确定 ，按图 8-61 所示改变光线投影方向。

（8）单击"裙边曲面"对话框中的"预览"按钮 预览 ，裙边曲面预览效果如图 8-62 所示。

（9）在"裙边曲面"对话框中单击"确定"按钮 确定 ，在"分型面"选项卡的"控制"组中单击"确定"按钮 ✓ ，完成裙边曲面创建工作，如图 8-63 所示。

6. 分割体积块

（1）在"模具"选项卡的"分型面和模具体积块"组中单击"模具体积块"溢出按钮

🔲 **模具体积块** ，在按钮列表中单击"体积块分割"按钮 🔲 体积块分割 ，系统弹出"体积块分割"选项卡，如图 8-64 所示。

（2）根据系统提示选择要分割的体积块，选择之前创建的工件为要分割的体积块，如图 8-65 所示。

（3）根据系统提示选择要分割模具体积块的分型面，选择之前创建的裙边曲面为分型面，如图 8-66 所示。

（4）在"体积块分割"选项卡的"模具几何"组中单击"参考零件切除"按钮 🔲 **参考零件切除** ，系统弹出"参考零件切除"选项卡，参数选择默认，单击"确定"按钮 ✓ ，完成"参考零件切除"操作，如图 8-67 所示。

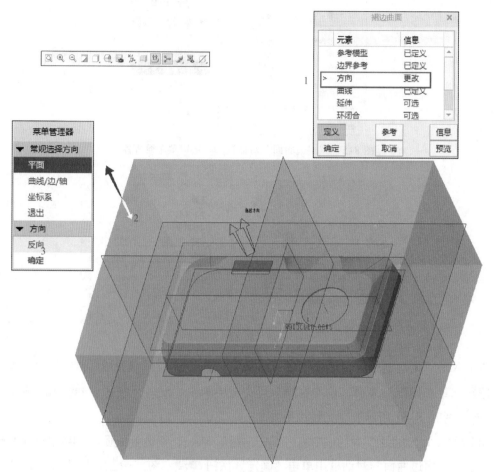

图 8-61　改变光线投影方向

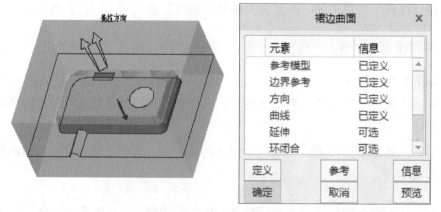

图 8-62　裙边曲面预览效果

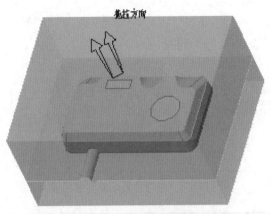

图 8-63 完成裙边曲面创建

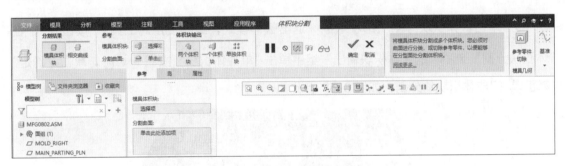

图 8-64 "体积块分割"选项卡

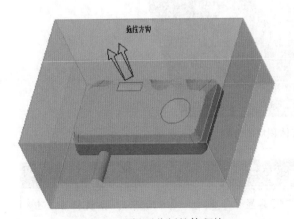

图 8-65 选择要分割的体积块

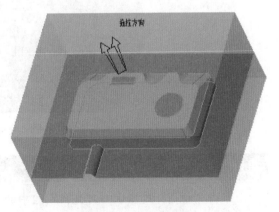

图 8-66 选择分型面

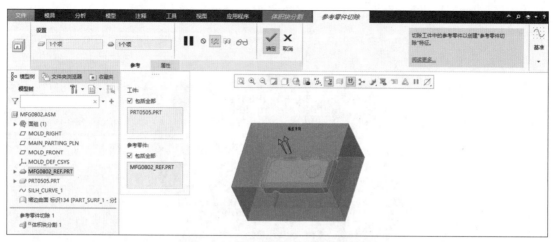

图 8-67　"参考零件切除"选项卡

（5）单击"体积块分割"选项卡的"退出暂停模式，继续使用此工具。"按钮 ▶ ，在"体积块分割"选项卡的"体积块输出"组中单击"单独体积块"按钮 单独体积块 ，单击"确定"按钮 确定 完成体积块的分割，如图 8-68 所示。

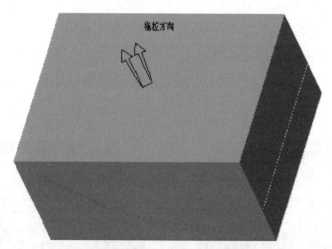

图 8-68　完成体积块的分割

图 8-69　"遮蔽和取消遮蔽"对话框

图 8-70　遮蔽坯料和参考零件

7. 抽取模具元件

（1）在"模具"选项卡的"元件"组中单击"模具元件"溢出按钮 ，在按钮列表中单击"型腔镶块"按钮 ，系统弹出"创建模具元件"对话框，如图 8-72 所示。

（2）单击"选择所有体积块"按钮 ，如图 8-73 所示，单击"确定"按钮 确定 。

8. 定义模具开模

（1）在"模具"选项卡的"分析"组中单击"模具开模"按钮 ，系统弹出"模具开模"菜单管理器，如图 8-74 所示。

（2）单击"模具开模"菜单管理器中的"定义步骤"按钮 定义步骤 ，在系统弹出的图 8-75 所示的下拉列表中单击"定义移动"按钮 定义移动 。

图 8-71　遮蔽分型面

图 8-72　"创建模具元件"选项卡

图 8-73　选择所有体积块

图 8-74 "模具开模"菜单管理器 　　　图 8-75 "定义步骤"下拉列表

（3）选取型腔，单击"选择"对话框中的"确定"按钮 确定 ，如图 8-76 所示。

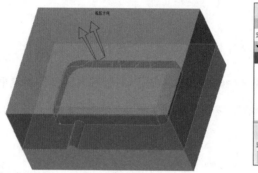

图 8-76 选取型腔

（4）选取边线为移动方向，输入要移动的距离值"80"，单击"接受值"按钮 ✔ 完成，如图 8-77 所示。

（5）继续单击"定义移动"按钮 定义移动 ，选取型芯，单击"选择"对话框中的"确定"按钮 确定 ，如图 8-78 所示。

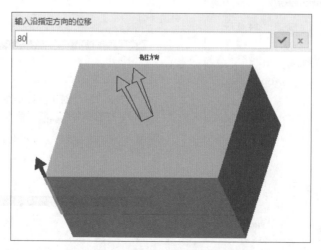

图 8-77 型腔移动方向和移动距离

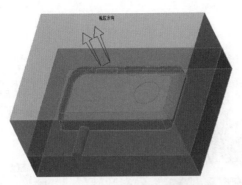

图 8-78 选取型芯

（6）选取边线为移动方向，输入要移动的距离值"-80"，单击"接受值"按钮 ☑ 完成，如图 8-79 所示。

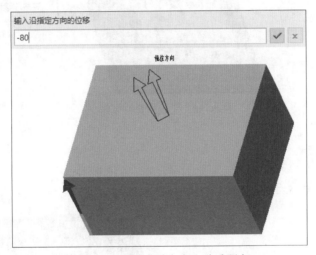

图 8-79 型芯移动方向和移动距离

（7）单击"模具开模"菜单管理器"定义步骤"下拉列表中的"完成"按钮 **完成** ，完成分模工作，如图 8-80 所示。

（8）在"模具开模"菜单管理器中单击"完成/返回"按钮 **完成/返回** ，完成分模工作。

9. 保存文件

至此，本课题任务全部完成。

在快速访问工具栏中单击"保存（S）"按钮 🖫 **保存(S)**，系统弹出"保存对象"对话框，单击"确定"按钮 **确定** ，完成文件的保存。

提示

在保存文件时，如果出现错误提示，在"模具"选项卡的"操作"组中单击"重新生成"溢出按钮 ，继续保存文件。

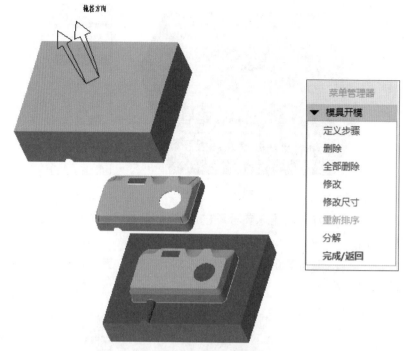

图 8-80　完成模具开模定义

四、任务拓展

试完成图 8-81 所示塑料名片盒的分模操作。

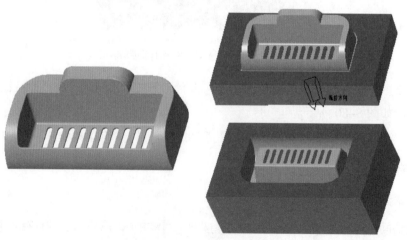

图 8-81　塑料名片盒分模

模块九 NC 加工

课题 1 平面铣加工

一、学习目标

1. 熟悉平面铣削加工操作步骤。
2. 能设置平面铣削的方法。
3. 掌握刀具路径演示方法。

二、任务描述

作为 CAD/CAM 软件，Creo Parametric 8.0 软件的 NC 模块提供了非常方便、实用的数控加工功能，包括建立零件三维模型和毛坯、参数设置、计算刀位点、后处理、生成数控加工程序、演示刀具轨迹等。

本模块通过平面铣削、轮廓铣削、孔加工和腔槽加工完成图 9-1a 所示零件的数控铣削加工。本课题将采用平面铣削的加工方法对零件毛坯的上表面进行加工，加工结果如图 9-1b 所示。

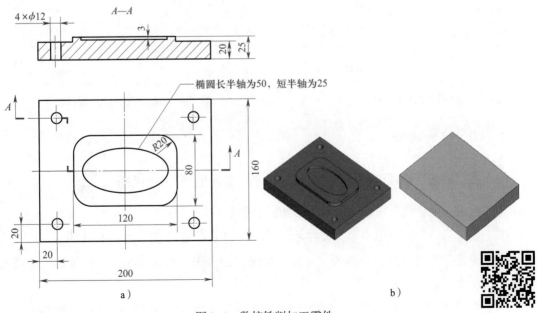

图 9-1 数控铣削加工零件

a）零件图 b）加工结果

三、任务实施

1. 创建新文件

（1）通过快捷方式图标启动 Creo Parametric 8.0 软件。

（2）在"主页"选项卡的"数据"组中单击"新建"按钮 ，系统弹出"新建"对话框。将"类型"设为"制造"，"子类型"设为"NC 装配"，在"文件名"文本框中输入"pingmianxixiao"，取消选中"使用默认模板"复选框，单击"确定"按钮 ，如图 9-2 所示。

（3）系统弹出"新文件选项"对话框，在"模板"选项下选择"mmns_mfg_nc_abs"，其窗口界面如图 9-3 所示，单击"确定"按钮 ，完成文件"pingmianxixiao"的创建工作，系统进入 NC 装配环境，将绘图区背景设为白色。

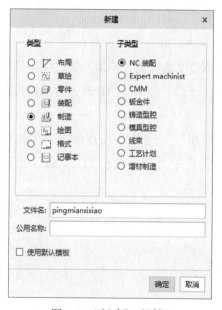
图 9-2 "新建"对话框

图 9-3 "新文件选项"对话框

2. 调入参考模型

（1）在"制造"选项卡的"元件"组中单击"参考模型"溢出按钮 ，在按钮列表中单击"组装参考模型"按钮 ，系统弹出"打开"对话框。

（2）在"打开"对话框中选择文件名为"prt0901.prt"的模型，如图 9-4 所示。

（3）单击"打开"对话框中的"打开"按钮 ，系统弹出"元件放置"选项卡，如图 9-5 所示。

（4）在"放置"面板的"约束类型"下拉列表中单击"默认"按钮 ，选择默认约束类型，如图 9-6 所示。

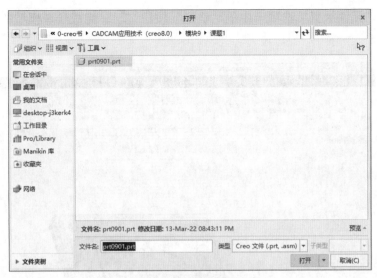

图 9-4　选择制造模型

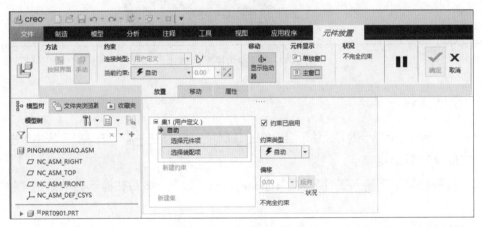

图 9-5　"元件放置"选项卡

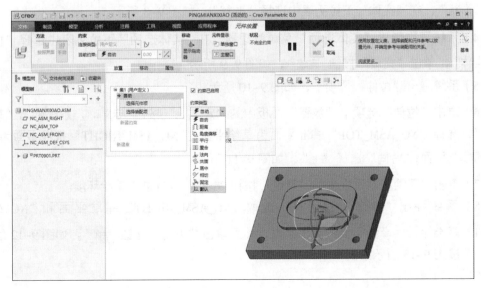

图 9-6　选择约束类型

（5）单击"元件放置"选项卡中的"确定"按钮 确定，完成参考模型的创建工作，如图 9-7 所示。

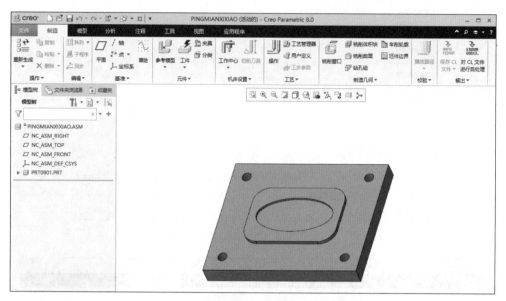

图 9-7　完成参考模型的创建

3. 创建工件

（1）在"制造"选项卡的"元件"组中单击"工件"溢出按钮 工件，在按钮列表中单击"创建工件"按钮 创建工件。

（2）在系统提示下输入工件名称"volume_workpiece"，然后在提示栏中单击"接受值"按钮 。

（3）系统弹出"特征类"菜单管理器，在菜单管理器的"特征类"下拉列表中选择默认选项"形状"，在"实体"下拉列表中选择"形状"，如图 9-8 所示。

（4）系统再次弹出"实体选项"菜单管理器，在"实体选项"下拉列表中选择"拉伸"和"实体"，单击"完成"按钮 完成，如图 9-9 所示。

（5）系统弹出"拉伸"选项卡，如图 9-10 所示。

（6）单击"拉伸"选项卡"放置"面板中的"定义..."按钮 定义...，系统弹出"草绘"对话框，选择"NC_ASM_TOP"基准平面为草绘平面，"NC_ASM_RIGHT"基准平面为草绘平面的参考平面，"方向"选择"上"，如图 9-11 所示。

（7）单击"草绘"对话框中的"草绘"按钮 草绘，系统进入草绘环境。

（8）系统弹出"参考"对话框，选取"NC_ASM_RIGHT"基准平面和"NC_ASM_FRONT"基准平面为草绘平面的参考平面，然后单击"关闭"按钮 关闭，如图 9-12 所示。

（9）按图 9-13 所示绘制草图。

图 9-8 菜单管理器（1）

图 9-9 菜单管理器（2）

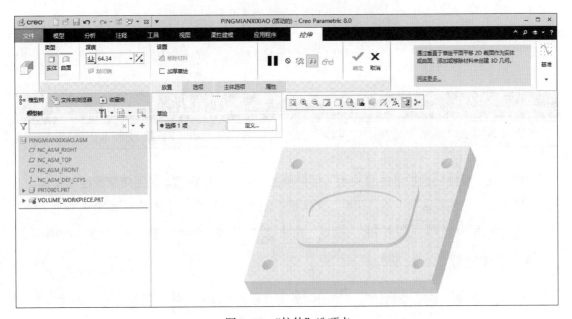

图 9-10 "拉伸"选项卡

图 9-11 "草绘"对话框

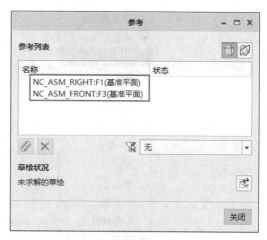

图 9-12 "参考"对话框

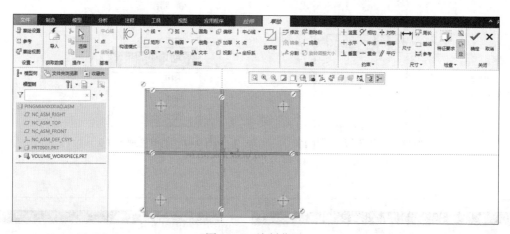

图 9-13 绘制草图

提示

也可以单击"草绘"选项卡"草绘"组中的"投影"按钮 □ 投影 绘制草图。

（10）在"草绘"选项卡的"关闭"组中单击"确定"按钮 确定 ，完成草图绘制工作。

（11）在"拉伸"选项卡的"深度"文本框中输入拉伸深度值"25.5"，如图 9-14 所示。

（12）单击"拉伸"选项卡中的"确定"按钮 确定 ，完成工件的创建工作，如图 9-15 所示。

4. 操作设置

（1）在"制造"选项卡的"工艺"组中单击"操作"按钮 操作 ，系统弹出"操作"选项卡，如图 9-16 所示。

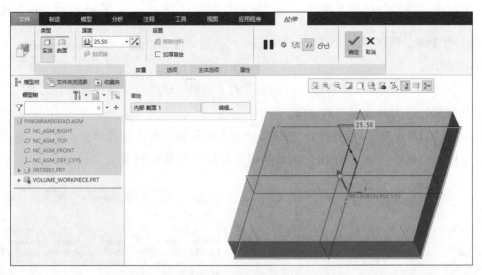

图 9-14　拉伸深度

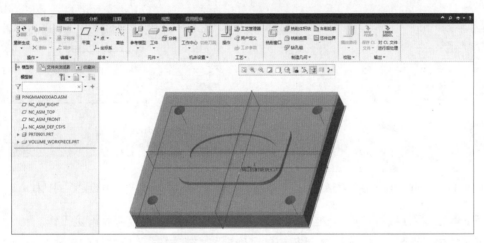

图 9-15　完成工件的创建

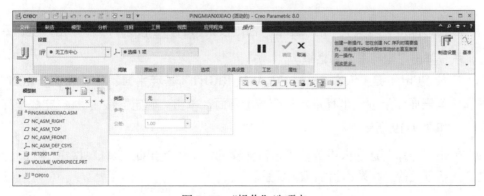

图 9-16　"操作"选项卡

（2）单击"操作"选项卡中的"制造设置"溢出按钮 ，在按钮列表中单击"铣削"按钮 铣削，系统弹出"铣削工作中心"对话框，在"轴数"下拉列表中选择"3 轴"，如图 9-17 所示。

（3）单击打开"铣削工作中心"对话框中的"刀具"选项卡，然后单击"刀具 ..."按钮 刀具...，系统弹出"刀具设定"对话框。

（4）在"刀具设定"对话框的"常规"选项卡中设置刀具类型和参数，单击"应用"按钮 应用，在对话框中显示"T0001"刀具的相关参数，如图 9-18 所示。

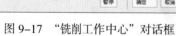

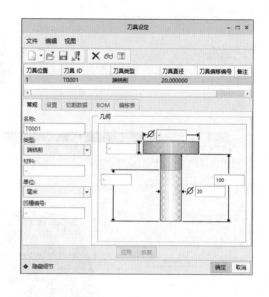

图 9-17　"铣削工作中心"对话框　　　图 9-18　"刀具设定"对话框

（5）单击"刀具设定"对话框中的"确定"按钮 确定 ，完成刀具设定工作。

（6）单击"铣削工作中心"对话框中的"确定"按钮 确定 ，完成铣削工作中心的创建工作。

（7）单击"操作"选项卡中的"基准"溢出按钮 基准，在按钮列表中单击"坐标系"按钮 ，系统弹出"坐标系"对话框。

（8）按住"Ctrl"键，依次选择"NC_ASM_RIGHT"基准平面、"NC_ASM_FRONT"基准平面和模型表面作为创建坐标系的三个参考平面，单击"确定"按钮 确定 完成坐标系的创建工作，如图 9-19 所示。

（9）单击"操作"选项卡中的"退出暂停模式，继续使用此工具。"按钮 ▶ ，此时系统自动选择新创建的坐标系作为加工坐标系。

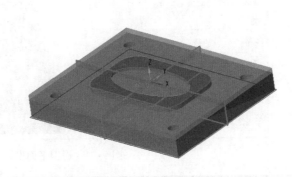

图9-19 创建工件坐标系

（10）在"操作"选项卡的"间隙"面板中选择"类型"下拉列表中的"平面"选项，单击"参考"后的文本框，选取模型树中的坐标系"ACS0"，在"值"文本框中输入数值"5"，在"公差"文本框中输入数值"0.1"，此时可在图形窗口预览退刀平面，如图9-21所示。

（11）单击"操作"选项卡中的"确定"按钮 ✓_{确定}，完成操作设置。

5．加工方法设置

（1）在"铣削"选项卡的"铣削"组中单击"表面"按钮 工表面，系统弹出"表面铣削"选项卡，如图9-22所示。

（2）在"表面铣削"选项卡的"设置"组中单击"刀具管理器"按钮 右侧的溢出按钮，在按钮列表中选择"01：T0001"刀具。

（3）单击"表面铣削"选项卡的"参数"面板，在面板中设置加工参数，如图9-23所示。

图9-20 "坐标系"对话框中的"方向"选项卡

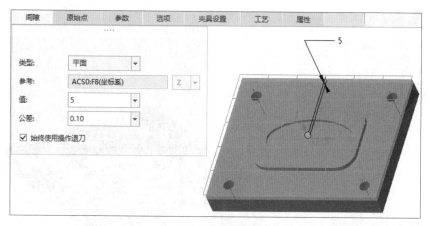

图 9-21　退刀平面设置

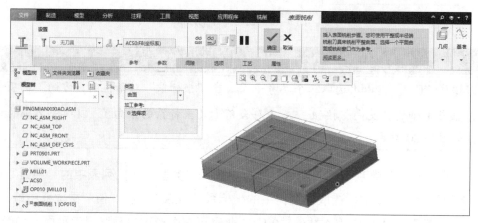

图 9-22　"表面铣削"选项卡

图 9-23　"参数"面板

提示

可以通过更改"底部允许余量"更改加工深度。

（4）在"铣削"选项卡的"制造几何"组中单击"铣削窗口"按钮 铣削窗口，系统弹出"铣削窗口"选项卡，如图 9-24 所示。

图 9-24　"铣削窗口"选项卡

（5）在"铣削窗口"选项卡的"设置"组中单击"草绘窗口类型"按钮 ，按系统提示的内容定义窗口平面，选择工件上表面为基准平面，如图 9-25 所示。

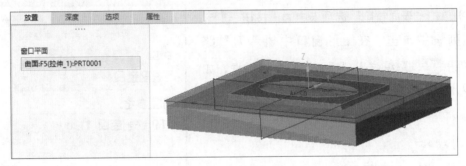

图 9-25　定义窗口平面

（6）在"铣削窗口"选项卡的"设置"组中单击"定义内部草绘"按钮 ，系统弹出"草绘"对话框，选择"NC_ASM_RIGHT"基准平面为草绘平面的参考平面，"方向"选择"右"，如图 9-26 所示。

（7）单击"草绘"对话框中的"草绘"按钮 草绘 ，系统弹出"草绘"选项卡。

（8）按图 9-27 所示绘制草图。

（9）在"草绘"选项卡的"关闭"组中单击"确定"按钮 ，完成草图绘制工作。

（10）单击"铣削窗口"选项卡中的"确定"按钮 ，完成"铣削窗口"的创建工作。

（11）在"表面铣削"选项卡中单击打开"参考"面板，在"类型"下拉列表中选择"铣削窗口"选项；选择"模型树"中的"铣削窗口 _1"，如图 9-28 所示。

图 9-26　"草绘"对话框

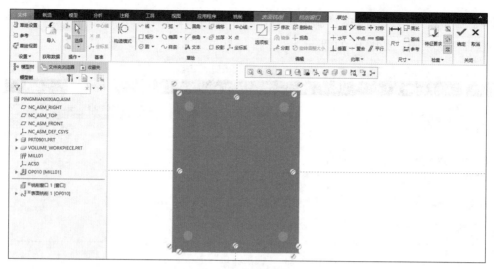

图 9-27　绘制草图

6. 演示刀具轨迹

（1）单击"表面铣削"选项卡中溢出按钮 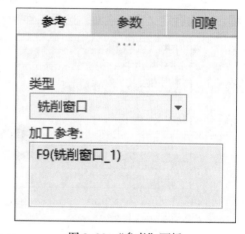，在按钮列表中单击"在图形窗口中显示刀具路径。"按钮 ，系统弹出"播放路径"对话框，如图 9-29 所示。

图 9-28　"参考"面板

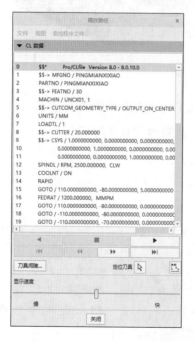

图 9-29　"播放路径"对话框

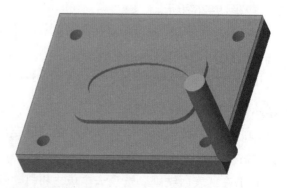

（2）单击"播放路径"对话框中的"向前播放"按钮 ▶，观察刀具的走刀路线，如图 9-30 所示。

（3）单击"播放路径"对话框中的"CL 数据"按钮 ▶ CL 数据 ，可以打开窗口查看生成的 CL 数据，如图 9-31 所示。

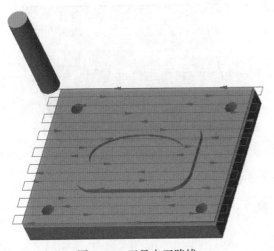

图 9-30　刀具走刀路线

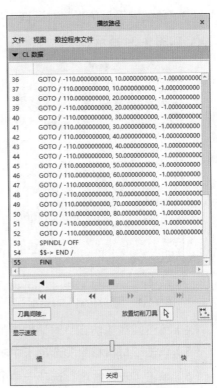

图 9-31　查看 CL 数据

（4）单击"播放路径"对话框中的"关闭"按钮 关闭 ，刀具轨迹演示完毕。

7．加工仿真

（1）单击"表面铣削"选项卡中溢出按钮 ，在按钮列表中单击"切削刀具从工件上移除材料时显示切削刀具的运动。"按钮 ，系统弹出"材料移除"选项卡，如图 9-32 所示。

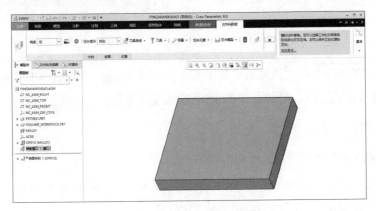

图 9-32　"材料移除"选项卡

（2）单击"材料移除"选项卡中的"启动仿真播放器"按钮 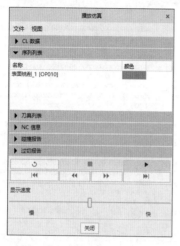，系统弹出"播放仿真"对话框，如图 9-33 所示。

（3）单击"播放仿真"对话框中的"播放仿真"按钮 ▶ ，观察刀具切削工件的运行情况，如图 9-34 所示。

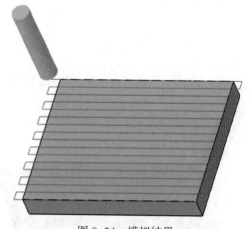

图 9-33 "播放仿真"对话框   图 9-34 模拟结果

（4）单击"播放仿真"对话框中的"关闭"按钮 关闭 。

（5）单击"材料移除"选项卡中的按钮 ✗ ，退出仿真环境。

（6）单击"表面铣削"选项卡中的"确定"按钮 ✔，完成表面铣削工序的创建工作。

8. 切减材料

材料切减属于工件特征，可通过创建该特征来表示单独数控加工轨迹中从工件切减的材料。

（1）在"铣削"选项卡的"制造几何"组中单击"制造几何"溢出按钮 制造几何▼ ，在按钮列表中单击"材料移除切削"按钮 材料移除切削 ，系统弹出"NC 序列列表"菜单管理器，如图 9-35 所示。

（2）单击"表面铣削 1，操作: OP020"选项，系统弹出"材料移除"对话框，依次单击"自动"→"完成"，系统弹出"相交元件"对话框，如图 9-36 所示。

（3）在"相交元件"对话框中单击"自动添加（A）"按钮 自动添加(A) 和"选择表中的所有元件"按钮 ≡ ，最后单击"确定（O）"按钮 确定 ，完成材料切减工作，得到图 9-37 所示的切减材料后的工件模型。

图 9-35 "NC 序列列表"菜单管理器

9. 保存文件

至此，本课题任务全部完成。

在快速访问工具栏中单击"保存（S）"按钮 保存(S) ，系统弹出"保存对象"对话框，单击"确定"按钮 确定 ，完成文件的保存。

图9-36 "相交元件"对话框

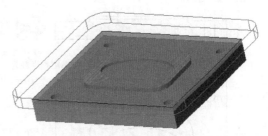

图9-37 切减材料后的工件模型

四、任务拓展

试完成图9-38所示零件平面的铣削加工,尺寸自定。

图9-38 零件平面的铣削加工模型

课题2 轮廓加工

一、学习目标

1. 能完成轮廓铣削的设置操作。

2. 能设置轮廓铣削的加工方法。

3. 掌握刀具路径演示方法。

二、任务描述

在课题 1 的基础上，本课题将采用轮廓铣削的加工方法对图 9-39a 所示零件的外轮廓进行铣削加工，加工结果如图 9-39b 所示。

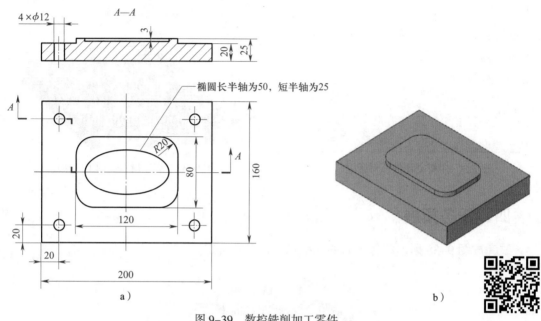

图 9-39　数控铣削加工零件
a）零件图　b）加工结果

三、任务实施

1. 创建新文件

（1）通过快捷方式图标启动 Creo Parametric 8.0 软件。

（2）在"主页"选项卡的"数据"组中单击"新建"按钮 ，系统弹出"新建"对话框。将"类型"设为"制造"，"子类型"设为"NC 装配"，在"文件名"文本框中输入"lunkuoxixiao"，取消选中"使用默认模板"复选框，单击"确定"按钮 ，如图 9-40 所示。

（3）系统弹出"新文件选项"对话框，在"模板"选项下选择"mmns_mfg_nc_abs"，其窗口界面如图 9-41 所示，单击"确定"按钮 ，完成文件"lunkuoxixiao"的创建工作，系统进入 NC 装配环境，将绘图区背景设为白色。

2. 调入参考模型

（1）在"制造"选项卡的"元件"组中单击"参考模型"溢出按钮 ，在按钮列表中单击"组装参考模型"按钮 ，系统弹出"打开"对话框。

（2）在"打开"对话框中选择文件名为"prt0902.prt"的模型，如图 9-42 所示。

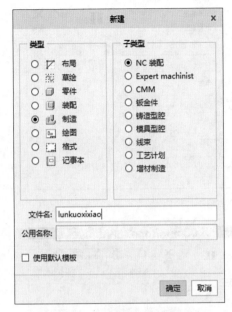

图 9-40　"新建"对话框

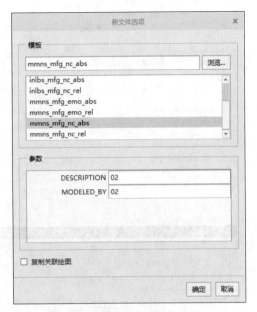

图 9-41　"新文件选项"对话框

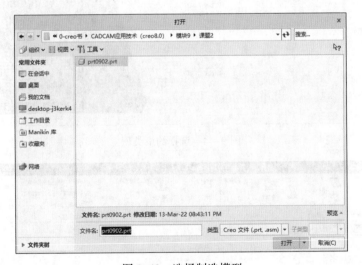

图 9-42　选择制造模型

（3）单击"打开"对话框中的"打开"按钮 ，系统弹出"元件放置"选项卡，如图 9-43 所示。

（4）在"放置"面板的"约束类型"下拉列表中单击"默认"按钮 ，选择默认约束类型，如图 9-44 所示。

（5）单击"元件放置"选项卡中的"确定"按钮 ，完成参考模型的创建工作，如图 9-45 所示。

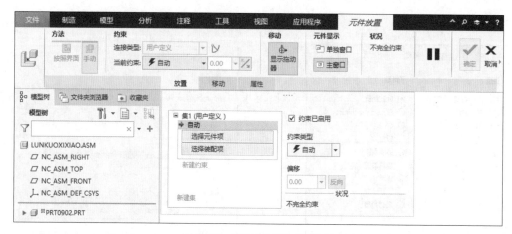

图 9-43 "元件放置"选项卡

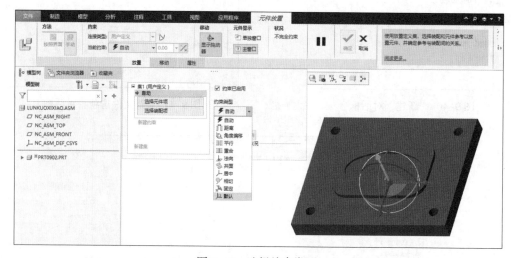

图 9-44 选择约束类型

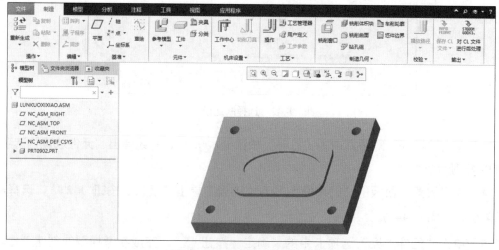

图 9-45 完成参考模型的创建

3. 创建工件

（1）在"制造"选项卡的"元件"组中单击"工件"溢出按钮 🗲 ，在按钮列表中单击"创建工件"按钮 ⟋ ｜ 创建工件 。

（2）在系统的提示下输入工件名称"volume_workpiece"，然后在提示栏中单击"接受值"按钮 ✔ 。

（3）系统弹出"特征类"菜单管理器，在菜单管理器的"特征类"下拉列表中选择默认选项"形状"，在"实体"下拉列表中选择"形状"，如图 9–46 所示。

（4）系统再次弹出"实体选项"菜单管理器，在"实体选项"下拉列表中选择"拉伸"和"实体"，单击"完成"按钮 **完成** ，如图 9–47 所示。

图 9–46　菜单管理器（1）　　　　　图 9–47　菜单管理器（2）

（5）系统弹出"拉伸"选项卡，如图 9–48 所示。

（6）单击"拉伸"选项卡"放置"面板中的"定义 ..."按钮 **定义...** ，在系统弹出的"草绘"对话框中选择"NC_ASM_TOP"基准平面为草绘平面，"NC_ASM_RIGHT"基准平面为草绘平面的参考平面，"方向"选择"下"，如图 9–49 所示。

（7）单击"草绘"对话框中的"草绘"按钮 **草绘** ，系统进入草绘环境。

（8）系统弹出"参考"对话框，选取"NC_ASM_RIGHT"基准平面和"NC_ASM_FRONT"基准平面为草绘平面的参考平面，然后单击"关闭"按钮 关闭 ，如图 9–50 所示。

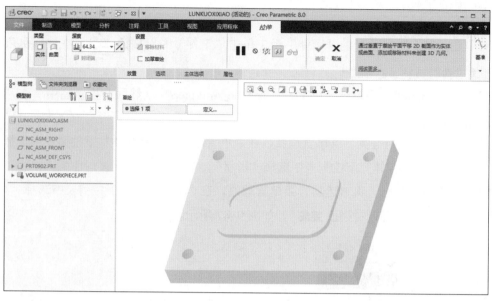

图 9-48 "拉伸"选项卡

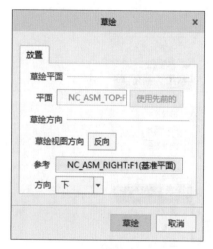

图 9-49 "草绘"对话框

图 9-50 "参考"对话框

（9）按图 9-51 所示绘制草图。

提示

> 也可以单击"草绘"选项卡"草绘"组中的"投影"按钮 □ 投影 绘制草图。

（10）在"草绘"选项卡的"关闭"组中单击"确定"按钮 ，完成草图绘制工作。

（11）单击"拉伸"选项卡的"深度"溢出按钮 ，在按钮列表中单击"到参考"按钮 到参考 ，选取图 9-52 所示的参考模型表面为拉伸终止面。

（12）单击"拉伸"选项卡中的"确定"按钮 ，完成工件的创建工作，如图 9-53 所示。

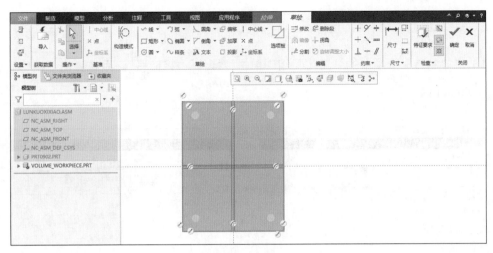

图 9-51　绘制草图

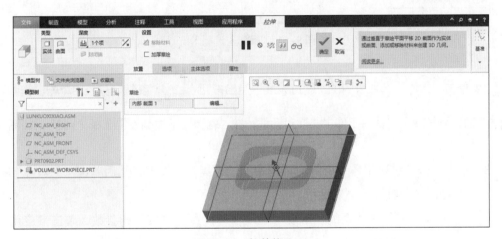

图 9-52　拉伸终止面

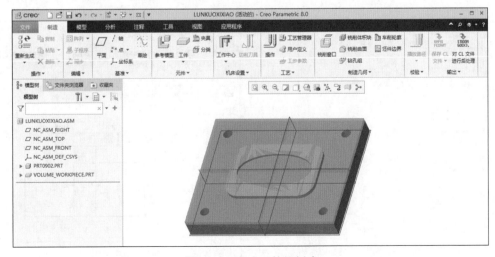

图 9-53　完成工件的创建

4. 操作设置

（1）在"制造"选项卡的"工艺"组中单击"操作"按钮 [操作]，系统弹出"操作"选项卡，如图 9-54 所示。

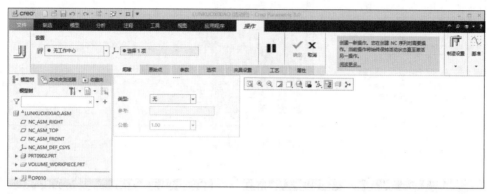

图 9-54 "操作"选项卡

（2）单击"操作"选项卡中的"制造设置"溢出按钮 [制造设置]，在按钮列表中单击"铣削"按钮 [铣削]，系统弹出"铣削工作中心"对话框，在"轴数"下拉列表中选择"3轴"，如图 9-55 所示。

（3）单击打开"铣削工作中心"对话框中的"刀具"选项卡，然后单击"刀具 ..."按钮 [刀具...]，系统弹出"刀具设定"对话框。

1）在"刀具设定"对话框的"常规"选项卡中设置刀具类型和参数，单击"应用"按钮 [应用]，在对话框中显示"T0001"刀具的相关参数，如图 9-56 所示。

图 9-55 "铣削工作中心"对话框

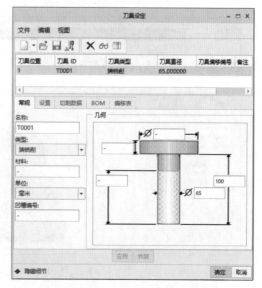

图 9-56 "刀具设定"对话框

2）单击"刀具设定"对话框中的"确定"按钮 **确定** ，完成刀具设定工作。

3）单击"铣削工作中心"对话框中的"确定"按钮 **确定** ，完成铣削中心的创建工作。

（4）单击"操作"选项卡中的"基准"溢出按钮 ，在按钮列表中单击"坐标系"按钮 ，系统弹出"坐标系"对话框。

（5）按住"Ctrl"键，依次选择"NC_ASM_FRONT"基准平面、"NC_ASM_RIGHT"基准平面和模型表面作为创建坐标系的三个参考平面，单击"确定"按钮 **确定** 完成坐标系的创建工作，如图 9–57 所示。

（6）单击"操作"选项卡中的"退出暂停模式，继续使用此工具。"按钮 ▶ ，此时系统自动选择新创建的坐标系作为加工坐标系。

（7）在"操作"选项卡的"间隙"面板中选择"类型"下拉列表中的"平面"选项，单击"参考"后的文本框，选取模型树中的坐标系"ACS0"，在"值"文本框中输入数值"5"，在"公差"文本框中输入数值"0.01"，此时可在图形窗口预览退刀平面，如图 9–58 所示。

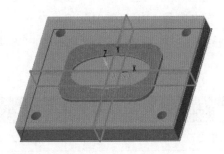

图 9–57　创建工件坐标系

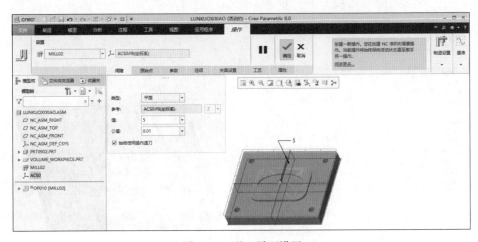

图 9–58　退刀平面设置

（8）单击"操作"选项卡中的"确定"按钮 确定 ，完成操作设置。

5. 加工方法设置

（1）在"铣削"选项卡的"铣削"组中单击"轮廓铣削"按钮 轮廓铣削 ，系统弹出"轮廓铣削"选项卡，如图 9-59 所示。

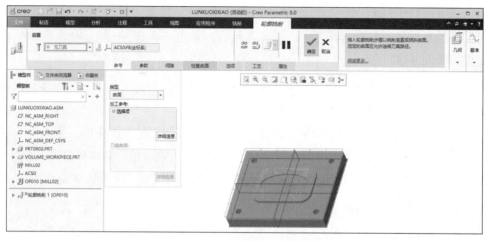

图 9-59 "轮廓铣削"选项卡

（2）在"轮廓铣削"选项卡的"设置"组中单击"刀具管理器"按钮 右侧的溢出按钮，在按钮列表中选择"01：T0001"刀具。

（3）单击打开"轮廓铣削"选项卡的"参数"面板，在面板中设置加工参数，如图 9-60 所示。

提示
可以通过更改"轮廓允许余量"保障精加工的尺寸精度。

（4）在"轮廓铣削"选项卡的"参考"面板中选择"类型"下拉列表中的"曲面"选项，选择所有外轮廓面（模型外轮廓的四周曲面），如图 9-61 所示。

图 9-60 "参数"面板

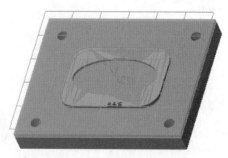

图 9-61 选择轮廓曲面

6. 演示刀具轨迹

（1）单击"轮廓铣削"选项卡中溢出按钮 ⫽▾ ，在按钮列表中单击"在图形窗口中显示刀具路径。"按钮 ⫽ ，系统弹出"播放路径"对话框，如图9-62所示。

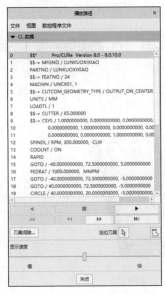

图9-62　"播放路径"对话框

（2）单击"播放路径"对话框中的"向前播放"按钮 ▶ ，观察刀具的走刀路线，如图9-63所示。

（3）单击"播放路径"对话框中的"CL数据"按钮 ▶ CL 数据 ，可以打开窗口查看生成的CL数据，如图9-64所示。

图9-63　刀具走刀路线

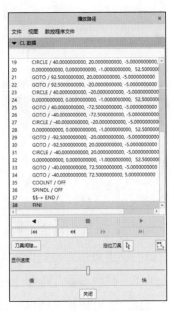

图9-64　查看CL数据

（4）单击"播放路径"对话框中的"关闭"命令按钮 关闭 ，刀具轨迹演示完毕。

7. 加工仿真

（1）单击"轮廓铣削"选项卡中溢出按钮 ，在按钮列表中单击"切削刀具从工件上移除材料时显示切削刀具的运动。"按钮 ，系统弹出"材料移除"选项卡，如图 9-65 所示。

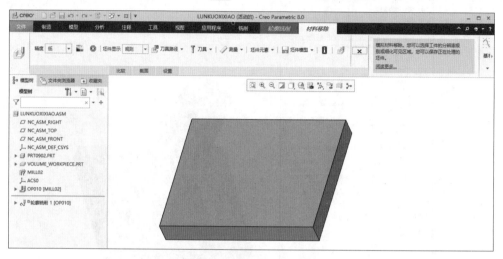

图 9-65 "材料移除"选项卡

（2）单击"材料移除"选项卡中的"启动仿真播放器"按钮 ，系统弹出"播放仿真"对话框，如图 9-66 所示。

（3）单击"播放仿真"对话框中的"播放仿真"按钮 ▶ ，观察刀具切削工件的运行情况，如图 9-67 所示。

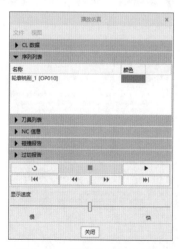

图 9-66 "播放仿真"对话框

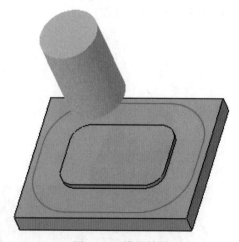

图 9-67 模拟结果

（4）单击"播放仿真"对话框中的"关闭"按钮 关闭 。

（5）单击"材料移除"选项卡中的按钮" x "，退出仿真环境。

（6）单击"轮廓铣削"选项卡中的"确定"按钮 确定 ，完成轮廓铣削工序的创建工作。

8. 切减材料

材料切减属于工件特征，可通过创建该特征来表示单独数控加工轨迹中从工件切减的材料。

（1）在"铣削"选项卡的"制造几何"组中单击"制造几何"溢出按钮 制造几何▼ ，在按钮列表中单击"材料移除切削"按钮 材料移除切削 ，系统弹出"NC 序列列表"菜单管理器，如图 9-68 所示。

图 9-68 "NC 序列列表"菜单管理器

（2）单击"轮廓铣削 1，操作：OP010"选项，系统弹出"材料移除"对话框，依次单击"自动"→"完成"，系统弹出"相交元件"对话框，如图 9-69 所示。

（3）在"相交元件"对话框中单击"自动添加（A）"按钮 自动添加(A) 和"选择表中的所有元件"按钮 ≡ ，最后单击"确定（O）"按钮 确定(O) ，完成材料切减工作，如图 9-70 所示。

图 9-69 "相交元件"对话框

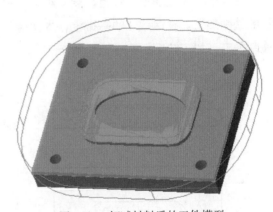

图 9-70 切减材料后的工件模型

9. 保存文件

至此，本课题任务全部完成。

在快速访问工具栏中单击"保存（S）"按钮 保存(S) ，系统弹出"保存对象"对话框，单击"确定"按钮 确定 ，完成文件的保存。

四、任务拓展

试完成图 9-71 所示零件外轮廓斜面的铣削加工，尺寸自定。

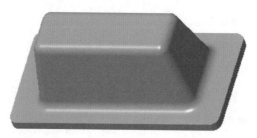

图 9-71　零件外轮廓斜面的铣削加工模型

课题 3　孔　加　工

一、学习目标

1．能完成孔加工的设置操作。

2．能设置孔加工的加工方法。

3．掌握刀具路径演示方法。

二、任务描述

在数控机床或加工中心上，除了对零件进行轮廓铣削和腔槽铣削加工，还经常需要进行孔的铣削加工。在课题 2 的基础上，本课题将对图 9-72a 所示零件上 4 个 $\phi12$ mm 的孔进行铣削加工，加工结果如图 9-72b 所示。

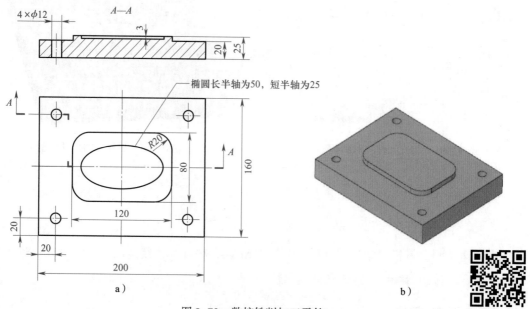

a ）

b ）

图 9-72　数控铣削加工零件

a）零件图　b）加工结果

三、任务实施

1. 创建新文件

（1）通过快捷方式图标启动 Creo Parametric 8.0 软件。

（2）在"主页"选项卡的"数据"组中单击"新建"按钮 ，系统弹出"新建"对话框。将"类型"设为"制造"，"子类型"设为"NC 装配"，在"文件名"文本框中输入"kongjiagong"，取消选中"使用默认模板"复选框，单击"确定"按钮 确定 ，如图 9–73 所示。

（3）系统弹出"新文件选项"对话框，在"模板"选项下选择"mmns_mfg_nc_abs"，其窗口界面如图 9–74 所示，单击"确定"按钮 确定 ，完成文件"kongjiagong"的创建工作，系统进入 NC 装配环境，将绘图区背景设为白色。

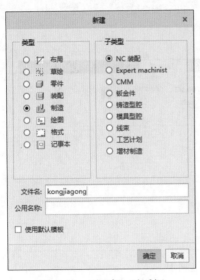

图 9–73　"新建"对话框

图 9–74　"新文件选项"对话框

2. 调入参考模型

（1）在"制造"选项卡的"元件"组中单击"参考模型"溢出按钮 参考模型 ，在按钮列表中单击"组装参考模型"按钮 组装参考模型 ，系统弹出"打开"对话框。

（2）在"打开"对话框中选择文件名为"prt0903.prt"的模型，如图 9–75 所示。

（3）单击"打开"对话框中的"打开"按钮 打开 ，系统弹出"元件放置"选项卡，如图 9–76 所示。

（4）在"放置"面板的"约束类型"下拉列表中单击"默认"按钮 默认 ，选择默认约束类型，如图 9–77 所示。

（5）单击"元件放置"选项卡中的"确定"按钮 确定 ，完成参考模型的创建工作，如图 9–78 所示。

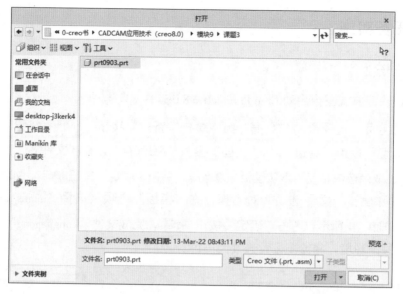

图 9-75　选择制造模型

图 9-76　"元件放置"选项卡

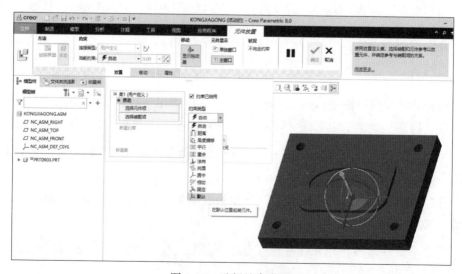

图 9-77　选择约束类型

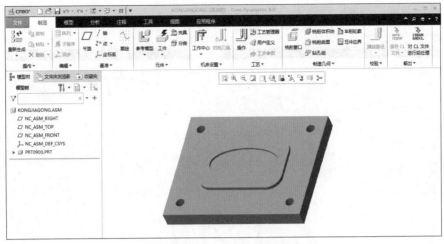

图 9-78　完成参考模型的创建

3.　创建工件

（1）在"制造"选项卡的"元件"组中单击"工件"溢出按钮 ，在按钮列表中单击"创建工件"按钮 创建工件 。

（2）在系统提示下输入工件名称"volume_workpiece"，然后在提示栏中单击"接受值"按钮 。

（3）系统弹出"特征类"菜单管理器，在菜单管理器的"特征类"下拉列表中选择默认选项"形状"，在"实体"下拉列表中选择"形状"，如图 9-79 所示。

（4）系统再次弹出"实体选项"菜单管理器，在"实体选项"下拉列表中选择"拉伸"和"实体"，单击"完成"按钮 完成 ，如图 9-80 所示。

图 9-79　菜单管理器（1）

图 9-80　菜单管理器（2）

（5）系统弹出"拉伸"选项卡，如图9-81所示。

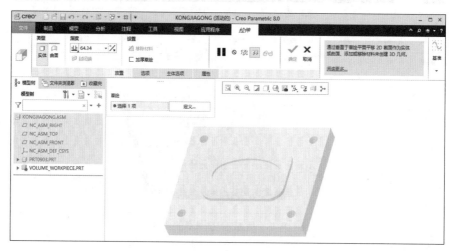

图9-81 "拉伸"选项卡

（6）单击"拉伸"选项卡"放置"面板中的"定义..."按钮 定义...，系统弹出"草绘"对话框，选择"NC_ASM_TOP"基准平面为草绘平面，"NC_ASM_RIGHT"基准平面为草绘平面的参考平面，"方向"选择"左"，如图9-82所示。

（7）单击"草绘"对话框中的"草绘"按钮 草绘 ，系统进入草绘环境。

（8）系统弹出"参考"对话框，选取"NC_ASM_RIGHT"基准平面和"NC_ASM_FRONT"基准平面为草绘平面的参考平面，然后单击"关闭"按钮 关闭 ，如图9-83所示。

图9-82 "草绘"对话框

图9-83 "参考"对话框

（9）按图9-84所示绘制草图。

提示

也可以单击"草绘"选项卡"草绘"组中的"投影"按钮 □ 投影 绘制草图。

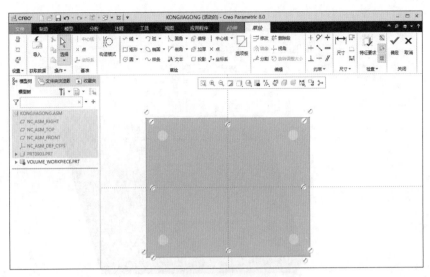

图 9-84　绘制草图

（10）在"草绘"选项卡的"关闭"组中单击"确定"按钮 ✓ ，完成草图绘制工作。

（11）单击"拉伸"选项卡的"深度"溢出按钮 ⊥ ，在按钮列表中单击"到参考"按钮 ⊥ 到参考，选取图 9-85 所示的参考模型表面为拉伸终止面。

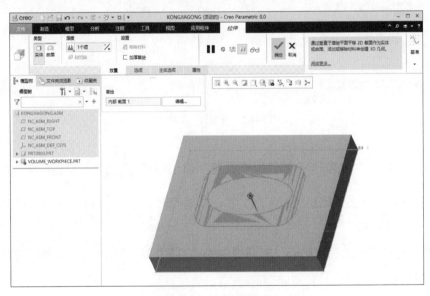

图 9-85　拉伸终止面

（12）单击"拉伸"选项卡中的"确定"按钮 ✓ ，完成工件的创建工作，如图 9-86 所示。

4. 操作设置

（1）在"制造"选项卡的"工艺"组中单击"操作"按钮 ⊔，系统弹出"操作"选项卡，如图 9-87 所示。

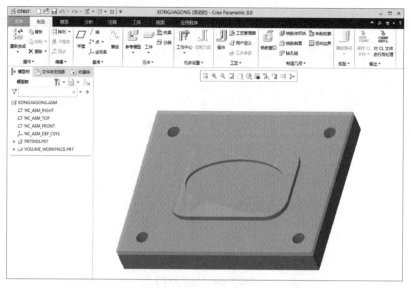

图 9-86　完成工件的创建

图 9-87　"操作"选项卡

（2）单击"操作"选项卡中的"制造设置"溢出按钮 ，在按钮列表中单击"铣削"按钮 ，系统弹出"铣削工作中心"对话框，在"轴数"下拉列表中选择"3轴"，如图 9-88 所示。

（3）单击打开"铣削工作中心"对话框中的"刀具"选项卡，然后单击"刀具 ..."按钮 ，系统弹出"刀具设定"对话框。

（4）在"刀具设定"对话框的"常规"选项卡中设置刀具类型和参数，单击"应用"按钮 ，在对话框中显示"T0001"刀具的相关参数，如图 9-89 所示。

（5）单击"刀具设定"对话框中的"确定"按钮 确定 ，完成刀具设定工作。

（6）单击"铣削工作中心"对话框中的"确定"按钮 确定 ，完成铣削中心的创建工作。

（7）单击"操作"选项卡中的"基准"溢出按钮 ，在按钮列表中单击"坐标系"按钮 ，系统弹出"坐标系"对话框。

图 9-88 "铣削工作中心"对话框

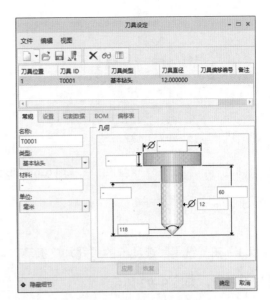

图 9-89 "刀具设定"对话框

（8）按住"Ctrl"键，依次选择"NC_ASM_FRONT"基准平面、"NC_ASM_RIGHT"基准平面和模型表面作为创建坐标系的三个参考平面，单击"确定"按钮 确定 完成坐标系的创建工作，如图 9-90 所示。

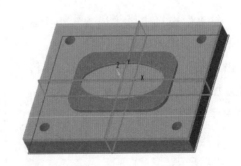

图 9-90 创建工件坐标系

（9）单击"操作"选项卡中的"退出暂停模式，继续使用此工具。"按钮 ▶ ，此时系统自动选择新创建的坐标系作为加工坐标系。

（10）在"操作"选项卡的"间隙"面板中选择"类型"下拉列表中的"平面"选项，单击"参考"后的文本框，选取模型树中的坐标系"ACS0"，在"值"文本框中输入数值"5"，在"公差"文本框中输入数值"0.01"，此时可在图形窗口预览退刀平面，如图 9-91 所示。

（11）单击"操作"选项卡中的"确定"按钮 确定 ，完成操作设置。

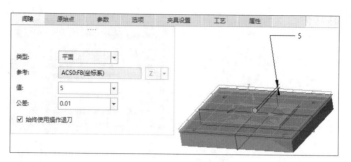

图 9-91　退刀平面设置

5. 加工方法设置

（1）在"铣削"选项卡的"孔加工循环"组中单击"标准"按钮 ，系统弹出"钻孔"选项卡，如图 9-92 所示。

图 9-92　"钻孔"选项卡

（2）在"钻孔"选项卡的"设置"组中单击"刀具管理器"按钮 右侧的溢出按钮，在按钮列表中选择"01：T0001"刀具。

（3）单击"钻孔"选项卡的"参数"面板，在面板中设置加工参数，如图 9-93 所示。

（4）单击"钻孔"选项卡"参考"面板中的"细节 ..."按钮 细节...，系统弹出"孔"对话框，如图 9-94 所示。

（5）在"孔"对话框中"孔"选项卡下选择"规则：直径"选项，在"可用"收集器选择"12"选项，单击"向右"按钮 ，将其加入"选定"列表中，如图 9-94b 所示。

（6）单击"孔"对话框中的"确定"按钮 确定，系统返回"参考"设置界面，如图 9-95 所示。

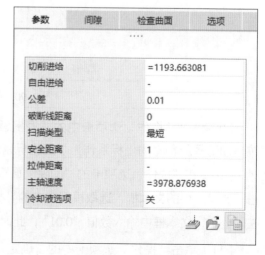

参数	间隙	检查曲面	选项
		····	
切削进给		=1193.663081	
自由进给		-	
公差		0.01	
破断线距离		0	
扫描类型		最短	
安全距离		1	
拉伸距离		-	
主轴速度		=3978.876938	
冷却液选项		关	

图 9-93　"参数"面板

a）　　　　　　　　　b）

图 9-94　"孔"对话框

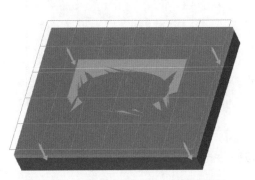

（7）单击"参考"面板中的"起始"溢出按钮 ，在按钮列表中单击"从选定曲面开始"按钮 ，单击零件上表面，将其设置为起始曲面，如图 9-96 所示。

（8）单击"参考"面板中的"终止"溢出按钮 ，在按钮列表中单击"加工至选定参考"按钮 ，单击零件下表面，将其设置为终止曲面，如图 9-97 所示。

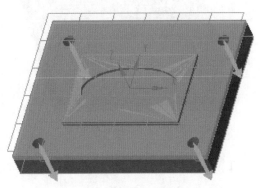

图 9-96　将零件上表面设置为起始曲面　　　图 9-97　将零件下表面设置为终止曲面

6. 演示刀具轨迹

（1）单击"钻孔"选项卡中溢出按钮 ，在按钮列表中单击"在图形窗口中显示刀具路径。"按钮 ，系统弹出"播放路径"对话框，如图 9-98 所示。

图 9-95　"参考"设置界面

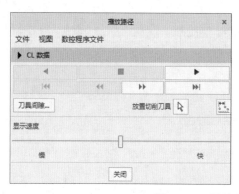

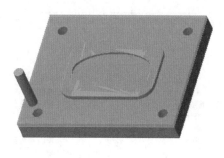

图 9-98　"播放路径"对话框

（2）单击"播放路径"对话框中的"向前播放"按钮 ▶ ，观察刀具的走刀路线，如图 9-99 所示。

（3）单击"播放路径"对话框中的"CL 数据"按钮 ▶ CL 数据 ，可以打开窗口查看生成的 CL 数据，如图 9-100 所示。

图 9-99　刀具走刀路线

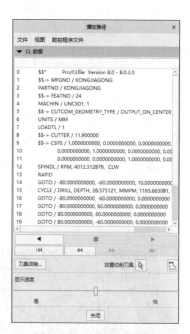

图 9-100　查看 CL 数据

（4）单击"播放路径"对话框中的"关闭"按钮 关闭 ，刀具轨迹演示完毕。

7. 加工仿真

（1）单击"钻孔"选项卡中溢出按钮 ，在按钮列表中单击"切削刀具从工件上移除材料时显示切削刀具的运动。"按钮 ，系统弹出"材料移除"选项卡，如图 9-101 所示。

（2）单击"材料移除"选项卡中的"启动仿真播放器"按钮 ，系统弹出"播放仿真"对话框，如图 9-102 所示。

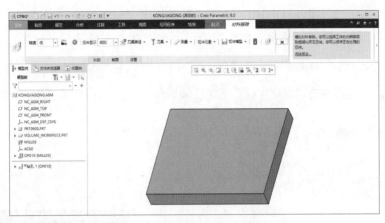

图 9-101 "材料移除"选项卡

（3）单击"播放仿真"对话框中的"播放仿真"按钮 ▶ ，观察刀具切削工件的运行情况，如图 9-103 所示。

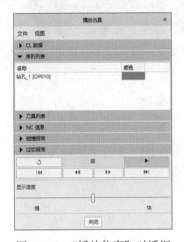

图 9-102 "播放仿真"对话框

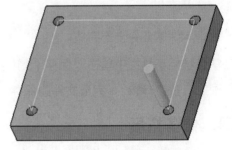

图 9-103 模拟结果

（4）单击"播放仿真"对话框中的"关闭"按钮 关闭 。

（5）单击"材料移除"选项卡中的按钮 " ✕ "，退出仿真环境。

（6）单击"钻孔"选项卡中的"确定"按钮 ✓ ，完成孔加工工序的创建工作。

8. 切减材料

材料切减属于工件特征，可通过创建该特征来表示单独数控加工轨迹中从工件切减的材料。

（1）在"铣削"选项卡的"制造几何"组中单击"制造几何"溢出按钮 制造几何▾ ，在按钮列表中单击"材料移除切削"按钮 材料移除切削 ，系统弹出"NC 序列列表"菜单管理器，如图 9-104 所示。

图 9-104 "NC 序列列表"菜单管理器

（2）单击"钻孔1，操作：OP010"选项，系统弹出"材料移除"对话框，依次单击"自动"→"完成"，系统弹出"相交元件"对话框，如图9-105所示。

（3）在"相交元件"对话框中单击"自动添加（A）"按钮 自动添加(A) 和"选择表中的所有元件"按钮 ，最后单击"确定（O）"按钮 确定(O) ，完成材料切减工作，如图9-106所示。

图9-105 "相交元件"对话框

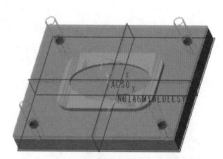

图9-106 切减材料后的工件模型

9. 保存文件

至此，本课题任务全部完成。

在快速访问工具栏中单击"保存（S）"按钮 保存(S) ，系统弹出"保存对象"对话框，单击"确定"按钮 确定 ，完成文件的保存。

四、任务拓展

试完成图9-107所示零件上6个孔的铣削加工。

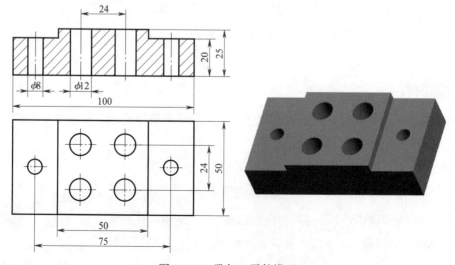

图9-107 孔加工零件模型

课题 4　腔槽加工

一、学习目标

1．能完成腔槽加工的设置操作。

2．能设置腔槽加工的加工方法。

3．掌握刀具路径演示方法。

二、任务描述

在课题 3 的基础上，本课题将采用腔槽加工的方法对图 9-108a 所示零件的内轮廓进行铣削加工，加工结果如图 9-108b 所示。

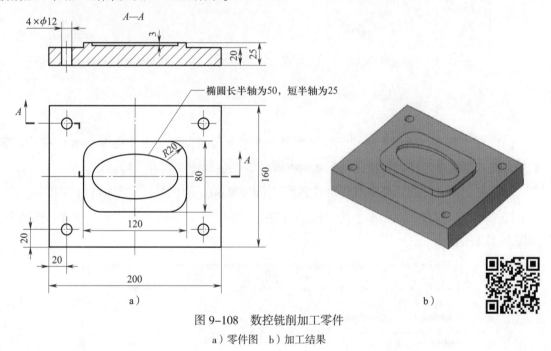

图 9-108　数控铣削加工零件

a）零件图　b）加工结果

三、任务实施

1．创建新文件

（1）通过快捷方式图标启动 Creo Parametric 8.0 软件。

（2）在"主页"选项卡的"数据"组中单击"新建"按钮 📄，系统弹出"新建"对话框。将"类型"设为"制造"，"子类型"设为"NC 装配"，在"文件名"文本框中输入"qiangcaojiagong"，取消选中"使用默认模板"复选框，单击"确定"按钮 确定，如图 9-109 所示。

（3）系统弹出"新文件选项"对话框，在"模板"选项下选择"mmns_mfg_nc_abs"，其窗口界面如图 9–110 所示，单击"确定"按钮 **确定**，完成文件"qiangcaojiagong"的创建工作，系统进入 NC 装配环境，将绘图区背景设为白色。

图 9-109 "新建"对话框

图 9-110 "新文件选项"对话框

2. 调入参考模型

（1）在"制造"选项卡的"元件"组中单击"参考模型"溢出按钮 **参考模型**，在按钮列表中单击"组装参考模型"按钮 **组装参考模型**，系统弹出"打开"对话框。

（2）在"打开"对话框中选择文件名为"prt0904.prt"的模型，如图 9-111 所示。

（3）单击"打开"对话框中的"打开"按钮 **打开**，系统弹出"元件放置"选项卡，如图 9-112 所示。

图 9-111 选择制造模型

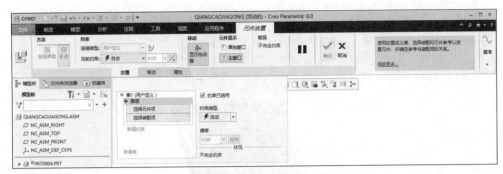

图 9-112 "元件放置"选项卡

（4）在"放置"面板的"约束类型"下拉列表中单击"默认"按钮 ⊔ **默认** ，选择默认约束类型，如图 9-113 所示。

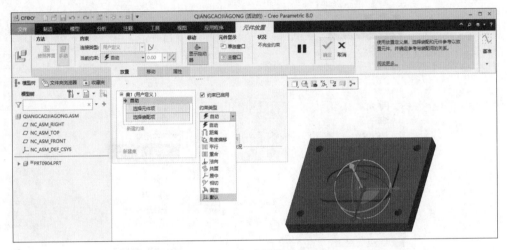

图 9-113 选择约束类型

（5）单击"元件放置"选项卡中的"确定"按钮 ✓，完成参考模型的创建工作，如图 9-114 所示。

3. 创建工件

（1）在"制造"选项卡的"元件"组中单击"工件"溢出按钮 ⚡ **工件** ，在按钮列表中单击"创建工件"按钮 ⬚ 创建工件 。

（2）在系统提示下输入工件名称"volume_workpiece"，然后在提示栏中单击"接受值"按钮 ✓ 。

（3）系统弹出"特征类"菜单管理器，在菜单管理器的"特征类"下拉列表中选择默认选项"形状"，在"实体"下拉列表中选择"形状"，如图 9-115 所示。

（4）系统再次弹出"实体选项"菜单管理器，在"实体选项"下拉列表中选择"拉伸"和"实体"，单击"完成"按钮 **完成** ，如图 9-116 所示。

（5）系统弹出"拉伸"选项卡，如图 9-117 所示。

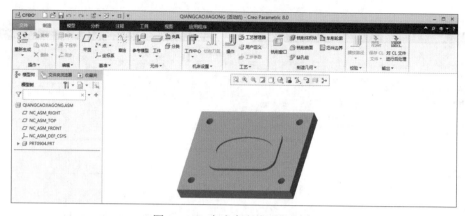

图 9-114　完成参考模型的创建

图 9-115　菜单管理器（1）

图 9-116　菜单管理器（2）

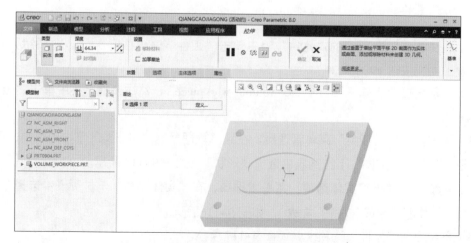

图 9-117　"拉伸"选项卡

（6）单击"拉伸"选项卡"放置"面板中的"定义 ..."按钮 **定义...**，系统弹出的"草绘"对话框，选择"NC_ASM_TOP"基准平面为草绘平面，"NC_ASM_RIGHT"基准平面为草绘平面的参考平面，"方向"选择"右"，如图 9-118 所示。

（7）单击"草绘"对话框中的"草绘"按钮 **草绘**，系统进入草绘环境。

（8）系统弹出"参考"对话框，选取"NC_ASM_RIGHT"基准平面和"NC_ASM_FRONT"基准平面为草绘平面的参考平面，然后单击"关闭"按钮 **关闭**，如图 9-119 所示。

（9）按图 9-120 所示绘制草图。

图 9-118　"草绘"对话框

图 9-119　"参考"对话框

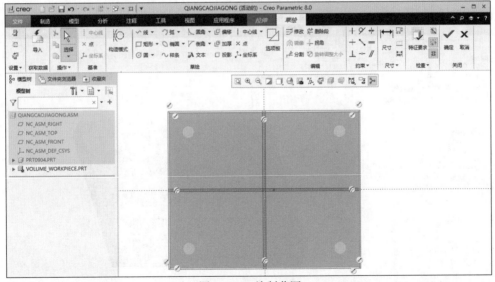

图 9-120　绘制草图

> **提示**
>
> 也可以单击"草绘"选项卡"草绘"组中的"投影"按钮 □ **投影**绘制草图。

（10）在"草绘"选项卡的"关闭"组中单击"确定"按钮 ✓确定，完成草图绘制工作。

（11）单击"拉伸"选项卡的"深度"溢出按钮 ⊥，在按钮列表中单击"到参考"按钮 ⊥ 到参考，选取图 9-121 所示的参考模型表面为拉伸终止面。

（12）单击"拉伸"选项卡中的"确定"按钮 ✓确定，完成工件的创建工作，如图 9-122 所示。

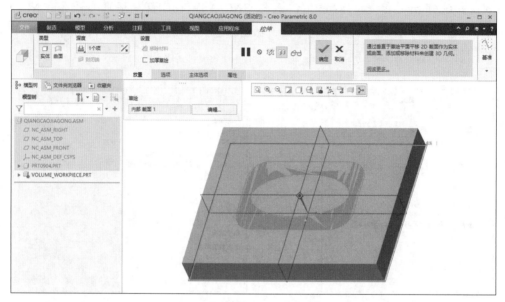

图 9-121　拉伸终止面

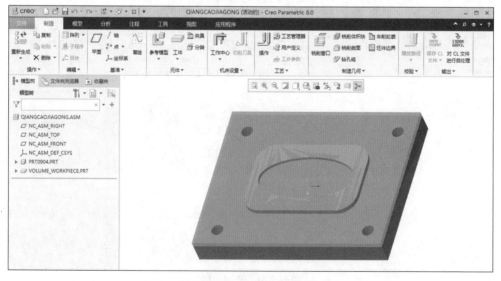

图 9-122　完成工件的创建

4. 操作设置

（1）在"制造"选项卡的"工艺"组中单击"操作"按钮 ⊥⊥操作，系统弹出"操作"选项卡，如图 9-123 所示。

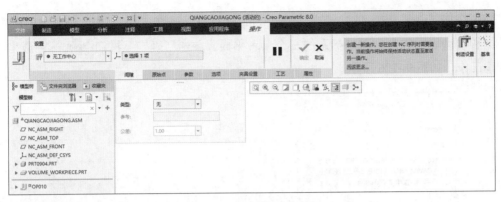

图 9-123 "操作"选项卡

（2）单击"操作"选项卡中的"制造设置"溢出按钮 <制造设置>，在按钮列表中单击"铣削"按钮 <铣削>，系统弹出"铣削工作中心"对话框，在"轴数"下拉列表中选择"3轴"，如图 9-124 所示。

（3）单击打开"铣削工作中心"对话框中的"刀具"选项卡，然后单击"刀具 ..."按钮 <刀具...>，系统弹出"刀具设定"对话框。

（4）在"刀具设定"对话框的"常规"选项卡中设置刀具类型和参数，单击"应用"按钮 <应用>，在对话框中显示"T0001"刀具的相关参数，如图 9-125 所示。

图 9-124 "铣削工作中心"对话框

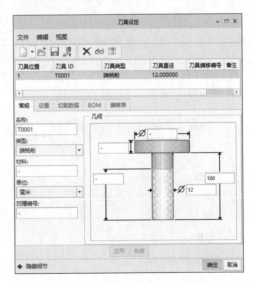

图 9-125 "刀具设定"对话框

（5）单击"刀具设定"对话框中的"确定"按钮 <确定>，完成刀具设定工作。

（6）单击"铣削工作中心"对话框中的"确定"按钮 <确定>，完成铣削中心的创建工作。

（7）单击"操作"选项卡中的"基准"溢出按钮 <基准>，在按钮列表中单击"坐标系"按钮 ↓，系统弹出"坐标系"对话框。

（8）按住"Ctrl"键，依次选择"NC_ASM_FRONT"基准平面、"NC_ASM_RIGHT"基准平面和模型表面作为创建坐标系的三个参考平面，单击"确定"按钮 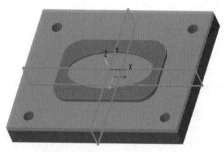 完成坐标系的创建工作，如图 9-126 所示。

图 9-126　创建工件坐标系

（9）单击"操作"选项卡中的"退出暂停模式，继续使用此工具。"按钮 ▶ ，此时系统自动选择新创建的坐标系作为加工坐标系。

（10）在"操作"选项卡的"间隙"面板中选择"类型"下拉列表中的"平面"选项，单击"参考"后的文本框，选取模型树中的坐标系"ACS0"，在"值"文本框中输入数值"5"，在"公差"文本框中输入数值"0.01"，此时可在图形窗口预览退刀平面，如图 9-127 所示。

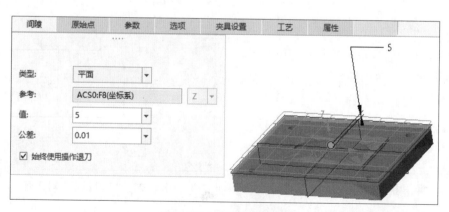

图 9-127　退刀平面设置

（11）单击"操作"选项卡中的"确定"按钮 ✓，完成操作设置。

5. 加工方法设置

（1）在"铣削"选项卡的"铣削"组中单击"铣削"溢出按钮 铣削 ▼ ，在按钮列表中选择"腔槽加工"按钮  腔槽加工，系统弹出"NC序列"菜单管理器，如图9-128所示。

（2）选中"NC序列"菜单管理器中的"刀具""参数""曲面"三个参数，单击"NC序列"菜单管理器中的"完成"按钮 **完成** ，系统弹出"刀具设定"对话框。

（3）单击"刀具设定"对话框中的"确定"按钮 确定 ，系统弹出"编辑序列参数'腔槽铣削'"对话框。

（4）在"编辑序列参数'腔槽铣削'"对话框中设置"基本"加工参数，如图9-129所示。

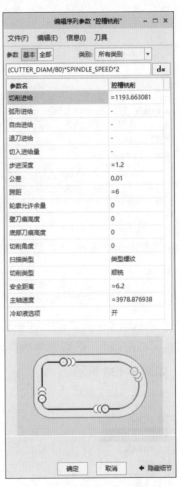

图9-128 "NC序列"菜单管理器　　　　图9-129 "编辑序列参数'腔槽铣削'"对话框

（5）单击"编辑序列参数'腔槽铣削'"对话框中的"文件（F）"按钮 文件(F) ，在下拉菜单中单击"另存为 ..."按钮 **另存为...** ，系统弹出"保存副本"对话框，如图9-130所示。

（6）单击"保存副本"对话框中的"确定"按钮 确定 ，保存加工参数。

提示

　　"保存副本"对话框中的所有参数均选择默认值。

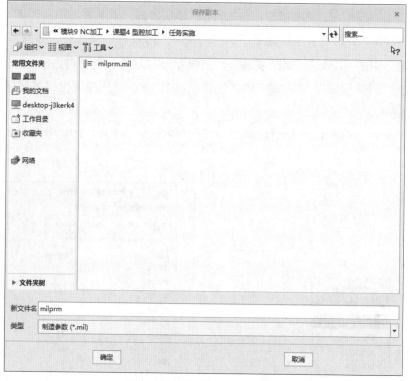

图 9-130 "保存副本"对话框

（7）单击"编辑序列参数'腔槽铣削'"对话框中的"确定"按钮 确定 ，完成加工参数设置工作。

（8）在"曲面拾取"下拉列表中单击"模型"按钮 模型 ，如图 9-131 所示。

（9）单击菜单管理器中的"完成"按钮 完成 ，系统弹出"选择"对话框，如图 9-132 所示。

（10）按住"Ctrl"键，选取零件内轮廓面（包括模型内轮廓的四周曲面和底面）为需要加工的平面，如图 9-133 所示。

图 9-131 "曲面拾取"下拉列表

图 9-132 "选择"对话框

（11）单击"选择"对话框中的"确定"按钮 **确定** 。

（12）单击菜单管理器中的"完成 / 返回"按钮 **完成/返回** ，完成 NC 序列的设置工作，系统再次弹出"NC 序列"菜单管理器，如图 9–134 所示。

图 9–133　选取加工面　　　　　　　　　图 9–134　"NC 序列"菜单管理器

6. 演示刀具轨迹

（1）在"NC 序列"菜单管理器"播放路径"组中单击"屏幕播放"按钮 **屏幕播放** ，系统弹出"播放路径"对话框，如图 9–135 所示。

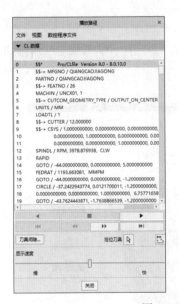

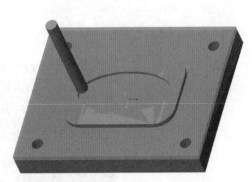

图 9–135　"播放路径"对话框

（2）单击"播放路径"对话框中的"向前播放"按钮 ▶，观察刀具的走刀路线，如图 9–136 所示。

（3）单击"播放路径"对话框中的"CL 数据"按钮 ▶ CL 数据 ，可以打开窗口查看生成的 CL 数据，如图 9–137 所示。

（4）单击"播放路径"对话框中的"关闭"按钮 关闭 ，刀具轨迹演示完毕。

图 9-136　刀具走刀路线

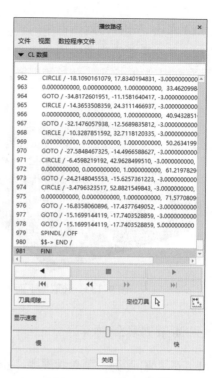

图 9-137　查看 CL 数据

7.　加工仿真

（1）单击"NC 序列"菜单管理器中的"NC 检查"按钮 **NC 检查** ，系统弹出"材料移除"选项卡，如图 9-138 所示。

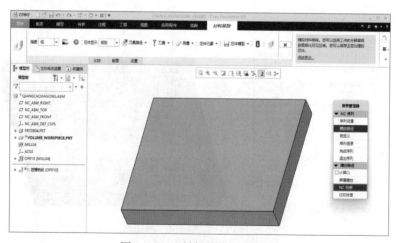

图 9-138　"材料移除"选项卡

（2）单击"材料移除"选项卡中的"启动仿真播放器"按钮 ，系统弹出"播放仿真"对话框，如图 9-139 所示。

（3）单击"播放仿真"对话框中的"播放仿真"按钮 ▶ ，观察刀具切削工件的运行情况，如图 9-140 所示。

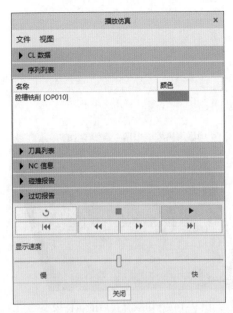

图 9-139　"播放仿真"对话框

图 9-140　模拟结果

（4）单击"播放仿真"对话框中的"关闭"按钮 关闭 。

（5）单击"材料移除"选项卡中的按钮 ✕ ，退出仿真环境。

（6）单击"NC 序列"菜单管理器中的"完成序列"按钮 完成序列 ，完成腔槽铣削工序的创建工作。

8. 切减材料

材料切减属于工件特征，可通过创建该特征来表示单独数控加工轨迹中从工件切减的材料。

（1）在"铣削"选项卡的"制造几何"组中单击"制造几何"溢出按钮 制造几何▼ ，在按钮列表中单击"材料移除切削"按钮 材料移除切削 ，系统弹出"NC 序列列表"菜单管理器，如图 9-141 所示。

图 9-141　"NC 序列列表"菜单管理器

（2）单击"腔槽铣削，操作：OP010"选项，系统弹出"材料移除"对话框，依次单击"自动"→"完成"，系统弹出"相交元件"对话框，如图 9-142 所示。

（3）在"相交元件"对话框中单击"自动添加（A）"按钮 自动添加(A) 和"选择表中的所有元件"按钮 ≡ ，最后单击"确定（O）"按钮 确定(O) ，完成材料切减工作，如图 9-143 所示。

9. 保存文件

至此，本课题任务全部完成。

在快速访问工具栏中单击"保存（S）"按钮 保存(S) ，系统弹出"保存对象"对话框，单击"确定"按钮 确定 ，完成文件的保存。

图 9-142 "相交元件"对话框

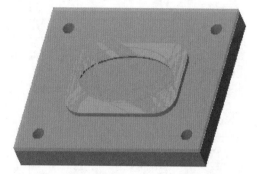

图 9-143 切减材料后的工件模型

四、任务拓展

试采用腔槽加工方法完成图 9-144 所示名片盒模具型腔槽的铣削加工。

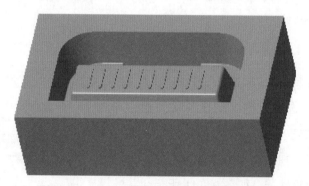

图 9-144 名片盒模具型腔槽的铣削加工模型